译者名单

主　译：刘　刚　陈惠鹏

副主译：蒋大鹏　李　纲　孙中杰　生　甡

译　者：董好龙　靳晓军　孙　蓓　王庆阳　熊向华　周康力

LABORATORY BIORISK MANAGEMENT

Biosafety AND Biosecurity

实验室生物风险管理
生物安全与生物安保

［美］雷诺兹·M.萨莱诺（Reynolds M. Salerno）
［美］詹妮弗·高迪索（Jennifer Gaudioso）｜著

刘　刚　陈惠鹏｜主译

清华大学出版社
北　京

Laboratory Biorisk Management: Biosafety and Biosecurity by Reynolds M. Salerno, Jennifer Gaudioso
ISBN：9780367658823
© 2015 by Sandia Corporation
CRC Press is an imprint of Taylor & Francis Group, an Informa business
Authorized translation from English language edition published by CRC Press, part of Taylor & Francis Group LLC; All rights reserved. 本书原版由 Taylor & Francis 出版集团旗下，CRC 出版公司出版，并经其授权翻译出版。版权所有，侵权必究。

Tsinghua University Press is authorized to publish and distribute exclusively the Chinese (Simplified Characters) language edition. This edition is authorized for sale in the People's Republic of China only, excluding Hong Kong, Macao SAR and Taiwan. No part of the publication may be reproduced or distributed by any means, or stored in a database or retrieval system, without the prior written permission of the publisher. 本书中文简体翻译版授权由清华大学出版社独家出版。此版本仅限在中华人民共和国境内（不包括中国香港、澳门特别行政区和台湾地区）销售。未经出版者书面许可，不得以任何方式复制或发行本书的任何部分。

Copies of this book sold without a Taylor & Francis sticker on the cover are unauthorized and illegal. 本书封面贴有 Taylor & Francis 公司防伪标签，无标签者不得销售。

北京市版权局著作权合同登记号　图字：01-2021-3334

图书在版编目（CIP）数据

实验室生物风险管理：生物安全与生物安保/（美）雷诺兹·M. 萨莱诺（Reynolds M. Salerno），（美）詹妮弗·高迪索（Jennifer Gaudioso）著；刘刚，陈惠鹏主译.—北京：清华大学出版社，2021.7
书名原文：Laboratory Biorisk Management: Biosafety and Biosecurity
ISBN 978-7-302-58621-0

Ⅰ.①实…　Ⅱ.①雷…②詹…③刘…④陈…　Ⅲ.①生物学—实验室管理—安全管理　Ⅳ.① Q-338

中国版本图书馆 CIP 数据核字（2021）第 131644 号

责任编辑：孙　宇
封面设计：吴　晋
责任校对：李建庄
责任印制：宋　林

出版发行：清华大学出版社
　　　　网　　址：http://www.tup.com.cn. http://www.wqbook.com
　　　　地　　址：北京清华大学学研大厦 A 座　　邮　　编：100084
　　　　社 总 机：010-62770175　　　　邮　　购：010-62786544
　　　　投稿与读者服务：010-62776969，c-service@tup.tsinghua.edu.cn
　　　　质量反馈：010-62772015，zhiliang@tup.tsinghua.edu.cn
印 装 者：三河市东方印刷有限公司
经　　销：全国新华书店
开　　本：165mm×235mm　　　　印　　张：14.5　　　　字　　数：286 千字
版　　次：2021 年 7 月第 1 版　　　　　　印　　次：2021 年 7 月第 1 次印刷
定　　价：138.00 元

产品编号：091939-01

原著者名单

William D. Arndt
Sandia National Laboratories
Albuquerque, New Mexico

Lisa Astuto Gribble
Sandia National Laboratories
Albuquerque, New Mexico

Susan Boggs
Sandia National Laboratories
Albuquerque, New Mexico

Stefan Breitenbaumer
Spiez Laboratory
Spiez, Switzerland

Benjamin Brodsky
Sandia National Laboratories
Albuquerque, New Mexico

LouAnn Burnett
Sandia National Laboratories
Albuquerque, New Mexico

Susan Caskey
Sandia National Laboratories
Albuquerque, New Mexico

Ross Ferries
HDR Architecture, Inc.
Atlanta, Georgia

Mark E. Fitzgerald
HDR Architecture, Inc.
Atlanta, Georiga

Jennifer Gaudioso
Sandia National Laboratories
Albuquerque, New Mexico

Lora Grainger
Sandia National Laboratories
Albuquerque, New Mexico

Natasha K. Griffith
University of California–Los Angeles
Los Angeles, California

Hazem Haddad
Jordan University of Science and
    Technology
Irbid, Jordan

Laura Jones
Sandia National Laboratories
Albuquerque, New Mexico

Ephy Khaemba
International Livestock Research
    Institute
Nairobi, Kenya

Daniel Kümin
Spiez Laboratory
Spiez, Switzerland

Monear Makvandi
Sandia National Laboratories
Albuquerque, New Mexico

Sergio Miguel
Medical Forensic Laboratory
Buenos Aires, Argentina

Uwe Müeller-Doblies
Epibiosafe
Surrey, United Kingdom

Patricia Olinger
Emory University
Atlanta, Georgia

William Pinard
Sandia National Laboratories
Albuquerque, New Mexico

Reynolds M. Salerno
Sandia National Laboratories
Albuquerque, New Mexico

Edgar E. Sevilla-Reyes
National Institute of Respiratory
    Diseases
Mexico City, Mexico

Mika Shigematsu
National Institute of Infectious
    Diseases
Tokyo, Japan

Edith Sangalang Tria
San Lazaro Hospital
Ministry of Health
Manila, Philippines

Dinara Turegeldiyeva
Kazakh Science Center for Quarantine
    and Zoonotic Diseases
Almaty, Kazakhstan

Laurie Wallis
Sandia National Laboratories
Albuquerque, New Mexico

Cecelia V. Williams
Sandia National Laboratories
Albuquerque, New Mexico

序 言

　　传染病仍然是全球主要的死亡原因，占世界死亡人数的近1/3。新兴病原体的出现，以及具有公共卫生意义的病原体的重新出现，加剧了传染病对全球的威胁。例如，据报道，在1973—2003年期间，共发现36种新发传染病。涉及病原微生物的研究和诊断活动对全球安全至关重要，因为这项研究阐明了知识，并产生了改善全球所有人的健康、幸福感、经济、生活质量和安全的产品。

　　技术的进步以及与之前完全不同的科学学科的相互渗透，带来了生物科学中前所未有的技术能力。这种技术进步的例子有脊髓灰质炎病毒的从头合成和1918年H1N1流感病毒的再创造，该病毒是西班牙流感大流行的诱因，这是有记录以来死亡人数最多的单一事件，造成全世界约5000万人死亡。

　　除了由自然界产生的病原微生物，包括新出现的或重新出现的疾病对公共健康和幸福造成的威胁之外，还有一种威胁是有意释放病原微生物，无论是通过国家支持的生物战还是通过有意使用病原体而引起的恐怖。2001年，在Amerithrax事件中，这种恐怖事件的影响得到了可怕的展示。高度提纯的（即武器化）炭疽芽孢杆菌芽孢被释放到毫无防备的公众身上，导致5人死亡，17名美国公民患病，以及不可估量的经济影响。

　　新兴疾病和故意释放病原微生物可能对公共卫生造成的威胁加在一起，不仅改变了美国的研究和公共卫生议程，也改变了世界各国的研究和公共卫生议程。例如，2003年，美国国家过敏和传染病研究所（National Institute of Allergy and Infectious Diseases, NIAID）建立了区域生物防御和新兴传染病研究中心（Regional Centers of Excellence for Biodefense and Emerging Infectious Diseases Research），作为发展和进行前沿研究的区域重点。设立这些中心是为了制定应对这些威胁的措施，包括疫苗、药物和诊断等。与此同时，美国国土安全部提供了财政支持，资助实验室基础设施的建设和扩展，以支持这一传染病研究计划。这种基础设施和资金的扩张并非美国独有，在国际上也可以观察到。

　　美国和其他国家的国家安全机构都对潜在的生物恐怖主义威胁表示关注，也都因此颁布了旨在控制和限制接触某些病原微生物的人员数量的条例。这种监管方法着眼于建立基于安保的基础设施和方案以管理重要的研究，这些研究旨在了解某些危险病原体的基础生物学并制定针对它们的医学对策。

　　生物安全与生物安保，虽然有着截然不同的概念，却有着千丝万缕的联系；在缺乏生物安保的情况下，人们不能认为生物安全计划是稳健的，而且最肯定的是，在缺乏对生物安全的强烈承诺的情况下，生物安保也不可能存在。很显然，对涉及病原微生物研究相关的风险进行整体管理是至关重要的。设备和基础设施的建设和维护、教育、培训和能力（不仅是科研人员，还有研究项目的所有保障人员）、全体工作人员的可靠性、公众宣传和政治支持、致力于生物风险管理（即生物安全和生物安保）的强有力领导和负责任的研究文化是生物科学研究，尤其是这个特定的研究领域必须整合的所有元素。

20世纪70年代早期到中期，一项名为"重组DNA技术"的新技术被开发利用。负责开发和利用这项工作的科学界也认识到，这项技术对社会的健康和福祉构成了潜在的风险和威胁。为了解决公众和政治问题，美国的科学界聚集在一起，在美国国立卫生研究院（National Institutes of Health, NIH）《涉及重组DNA分子研究的指导原则》的框架内起草指导方针，通过该指导方针可以系统地评估这类研究的生物安全风险，并通过该指导方针具体地缓解和管理生物安全风险。这些指导方针不是规定性的，而是基于性能的，允许在缓解这些风险的方式上具有灵活性。最关键的是，这些指导方针为科学家本身、他们的研究机构和资助机构提供了本地监督机制。虽然这种与病原微生物研究有关的生物安全风险的管理方法显然很重要，但是仅靠这种方法是不完整的，因为它没有以整体的方式处理生物风险。

本书提出了一个评估、缓解和管理生物风险的新模式，并称之为AMP：评估/缓解/性能。虽然这种新模式特定的个别组件目前正被用于建立在现有"生物安全等级"系统之上的生物安全方案，但许多生物安全方案未能全面地进行风险评估、风险缓解和性能评估。例如，在这些传统方法中，通常缺乏对生物安全和生物安保（生物风险）的全面风险分析。同样，在传统的基于生物安全等级系统讨论用于缓解风险的控制等级时（通常建立在包括工程控制、管理控制、实践和规程以及个体防护装备的缓解控制措施之上），很少对这些风险缓解策略的有效性进行定期评估。

2014年夏天，一些美国联邦机构的实验室发生了几起引起广泛关注的事件和事故，涉及一些世界上最危险的病原体（例如天花、炭疽芽孢杆菌、高致病性禽流感H5N1和埃博拉病毒）的潜在泄漏，这些事件和事故引起了公众的强烈负面反应，他们理所当然地害怕这些泄漏事件对公共健康造成的威胁。继公民的恐惧和由此产生的对进行这些研究的科学界的抵制之后，对这些政府机构的政治压力导致美国暂停了对涉及流感、严重急性呼吸综合征（severe acute respiratory syndrome, SARS）病毒和中东呼吸综合征冠状病毒（Middle East respiratory syndrome coronavirus, MERS-CoV）的重要研究的资助。对导致这些事件和事故的根本原因的调查显示，一个促成因素可能是安保程序（security procedures）优先于安全措施（safety practices）。

　　由于这些事件，美国卫生与公众服务部（Department of Health and Human Services, DHHS）部长下令对包括疾病控制预防中心（Centers for Disease Control and Prevention, CDC）在内的 DHHS 实验室的安全计划进行外部审查。这个独立的外部咨询小组向 CDC 提交的报告传达了许多关于这些事件的相同意见，并在本书第十章中详细阐述。该章对这些事件的案例研究分析得出的结论是，在这些事件发生时，CDC 缺乏一种全面的生物风险管理方法。事实上，外部咨询小组提出的许多建议都与本书中所介绍的风险管理综合方法相一致，并反映出该方法。

　　如前所述，涉及病原微生物的研究活动阐明了基本知识，并产生了改善全球人民的幸福感、经济和生活质量的产品和技术。科学界应该采取一种整体的方法来管理生物风险，这一点很重要，因为生物风险管理是首席研究员、实验科学家、保障人员、学生、博士后研究员以及组织和资助这一重要研究的机构领导者共同承担的责任。此外，同样重要的是，科学界大声和自豪地谈论其研究活动的益处，能够教育和获得公众对这项工作的支持和接受。激励年轻人熟悉和热衷于基础科学的益处也是至关重要的。

约瑟夫·卡纳布罗基　博士（Joseph Kanabrocki, Ph.D.）
安全研究中心副总裁助理
芝加哥大学微生物学教授

前　言

　　本书的中心前提是生物研究、临床、诊断和生产 / 制造界需要在其设施及运行中接受和实施生物风险管理系统。在大多数国家，现行系统根据通用的、预先定义的生物安全等级和 / 或规定的生物安保条例，缓解意外感染、意外泄漏以及有意滥用病原体和毒素的风险。尽管在生命科学界规模相对较小，并且专门开展危险生物的研究仅限于几个国家和场所的情况下，这种方法可能已经足够了，但是在过去 20 年里，生命科学在范围方面得到了显著的扩大，而且在复杂性方面得到了显著的提高。这种增长的大部分不仅扩展到北美和西欧，并深入到发展中国家。简单地说，有更多的人在更多的地方工作，甚至是创造比以往任何时候都更危险的病原体和毒素，而且没有迹象表明这种趋势会在未来减少。

　　这种扩张不可避免地增加了风险。过去 20 年，世界各地的生物科学设施发生了多起安全和安保事件，包括北美和西欧所谓的精密设施发生的许多著名事件。显然，基于生物安全等级和安保法规的现行系统不够有效。生物科学界应该从经历过灾难性事故的其他高风险行业中汲取一些教训，这些行业已经理智地发展出了自己的安全和安保方法，远远超出了通用的、预先定义的技术清单。这些行业几乎普遍采用现在称为风险管理的系统。本书敦促全球生物科学界在灾难性事故威胁到整个生物科学事业之前，接受生物风险管理。

　　本书被分成 11 个独立的章节，每一章都关注生物风险管理系统的不同元素。来自世界各地的各行业专家参与撰写了每一章，证明本书所支持的生物风险管理系统在全球范围内是适用的。第一章对生物风险管理进行了界定，详细介绍了生物安全和生物安保领域的历史，并通过与其他行业的灾难进行比较，提出了实施生物风险管理以预防重大事故的案例。第二章介绍了 AMP 模型，它是一个框架，使用评估、缓解和性能组件来构建和实施一个全面的生物风险管理系统。第三章定义了风险评估过程，并解释了如何评估和优先化处理各种风险，并确保风险评估适合生物风险管理系统。第四章阐述了如何利用风险评估来指导设计策略，以避免对设施进行过度设计和浪费宝贵资源。

　　第五章评估了不同缓解措施的作用，包括实验室实践和规程、安全和安保设备以及人员管理。缓解措施的具体组合应根据风险评估结果进行确定，并根据具体的性能指标进行评价。第六章讨论了灵活的和适应性强的培训计划比严格的标准化合规计划更有效，因为它可以战略性地实施，以便在许多不同的场景和环境中管理风险，并能够应对新的危险或威胁的挑战。

　　第七章认为以可靠性为中心的维护应该是生物风险管理维护计划的框架。第八章提倡针对积极主动的活动和结果，利用具体的性能指标，而不是依赖故障数据，以有效地改变和改进生物风险管理系统。第九章建议，一个全面的生物风险管理系统必须包括一个风险沟通计划，旨在从内部和外部的角度解决正常运行中的紧急情况。

　　第十章是案例研究，研究了 2014 年 CDC 以及 NIH 发生的生物安全事故。最后，第十一章通过分析当前生物风险管理理解和方法的差距和不足，确定了生物风险管理界面临的一些最重要的挑战。同时也为今后加强生物风险管理实践提供了一系列的机遇。

致 谢

如果没有我们的良师益友、同事、朋友和家人的巨大努力、承诺和支持，这本书是不可能被写出来的，甚至是不可能被尝试的。过去十多年来，我们在世界各地的工作塑造了我们不断发展的生物风险管理观。我们没有创造出生物风险管理的领域，但幸运的是，我们能加入到那些帮助塑造其当前形态的人当中。尽管如此，世界各地仍有数百名专家成功地完成了每天从事危险生物材料工作的风险管理，我们有幸学习他们中的许多人的经验。

特别感谢我们领域内的许多技术专家对我们的支持和关心，他们教授、指导和鼓励我们就如何最好地管理在研究、诊断和临床实验室以及医疗保健领域操作生物材料的风险进行理性讨论。许多专家为这本书做出了贡献。在那些不是本书的作者，但值得我们承认和深为赞赏的人中，包括斯特凡·瓦格纳（Stefan Waggener）、保罗·亨特利（Paul Huntly）、威普斯·哈尔凯尔－努森（Vips Halkaer-Knudsen）、吉姆·韦尔奇（Jim Welch）、莫林·埃利斯（Maureen Ellis）、鲍勃·埃利斯（Bob Ellis）、尼古莱塔·普雷维萨尼（Nicoletta Previsani）、英格德·卡林斯（Ingegerd Kallings）、乔·科兹洛瓦克（Joe Kozlovak）、黛布拉·亨特（Debra Hunt）和希瑟·希利（Heather Sheeley）。所有这些导师对我们影响深远，我们谦卑地称他们为同事。

我们还感谢美国生物安全协会（American Biological Safety Association, ABSA）、欧洲生物安全协会（European Biosafety Association, EBA）、亚太生物安全协会（Asia-Pacific Biosafety Association, APBA）、国际生物安全协会联合会（International Federation of Biosafety Associations, IFBA）、世界卫生组织（World Health Organization, WHO）、世界动物卫生组织（World Organization for Animal Health, OIE）和欧洲标准化委员会（European Committee for Standardization, CEN）与我们的合作。美国国务院生物安保参与计划和美国国防部威胁降低局的合作性生物参与计划给了我们双方以及我们在桑迪亚的实施计划机会，让我们有机会与世界各地的数百个机构和数千名科学家进行合作，以推进生物风险管理。所有这些代表美国政府的国际活动也有助于形成我们对这个问题的看法。

这本书是与桑迪亚国际生物威胁降低（International Biological Threat Reduction, IBTR）计划的工作人员多次讨论的结果。几名IBTR工作人员参与了一些章节的编写，其他几名IBTR工作人员则对一些章节的草稿进行了广泛地同行评审。IBTR团队规模太大，这里无法一一提及，但我们感谢他们对生物风险管理工作的不懈努力和贡献。不过，有一些人尤其值得特别提及。杰森·博尔斯（Jason Bolles）、莱尔·贝克（Lyle Beck）和劳里·沃利斯（Laurie Wallis）帮助这本书制作了图表。劳里·沃利斯从头到尾独自管理着整个图书项目，提醒作者完成他们的章节，让编辑们继续工作，与律师谈判，确保适当的审查和批准，并与 CRC 出版社的工作人员保持沟通。没有劳里，这本书就看不到曙光；我们无法对劳里的努力表达足够的感激。

桑迪亚国家实验室为这本书提供了资金支持。我们特别感谢副总裁吉尔·赫鲁比（Jill Hruby）和主任罗德尼·威尔逊（Rodney Wilson）支持和资助这个项目。我们还要感谢桑迪亚实验室的知识产权律师格雷格·杜德尼科夫（Greg Doudnikoff），他与 CRC 出版社签订了合同。我们特别感谢桑迪亚实验室全球安全与合作中心主任罗德尼·威尔逊对我们生物风险管理工作关键技术的指导和持久方案支持。

我们还得到了 CRC 出版社编辑的大力协助和鼓励。执行编辑芭芭拉·诺维茨（Barbara Norwitz）和项目协调员凯特·埃弗雷特（Kat Everett）在整个项目期间都非常乐于合作。他们的耐心、忍耐、鼓励和专业是无价的。

如果没有这些伟大的导师和同事的巨大贡献，这本书是不可能完成的，我们无法表达对他们所有人的深深感激。不过，我们需要为这份手稿的所有错误和缺点负责。

最后，我们向其他的重要人物，珍妮弗·萨莱诺（Jennifer Salerno）和达米安·唐克期（Damian Donckels）表示最深切的感谢。他们中的每一个人都为我们致力于推动生物风险管理事业做出了贡献。没有他们的支持和鼓励，这本书就会逊色不少。

新墨西哥州阿尔伯克基

关于主编

雷诺兹·M. 萨莱诺（Reynolds M. Salerno）
是新墨西哥州阿尔伯克基市（Albuquerque,
New Mexico）桑迪亚国家实验室合作性威胁
降低计划（Cooperative Threat Reduction
Programs）的高级经理。该计划通过降低全
球生物、化学和核威胁，强化美国和国际安
保。作为公认的实验室生物安保方面的领先
专家，萨莱诺和他的桑迪亚团队在实验室生
物安全、生物安保、生物防护以及传染病诊
断和控制方面开展了国际化工作。萨莱诺是
《实验室生物安全手册》（CRC 出版社，2007
年）的共同作者。作为 WHO 的技术顾问，他

是 2009 年 12 月在俄罗斯新西伯利亚，科特索沃，国家病毒学和生物技术研究中
心（State Research Center of Virology and Biotechnology, VECTOR）检查最高防
护（天花）实验室的 WHO 国际小组成员。他是 WHO 培训师课程"生物风险管理高
级培训计划"（Biorisk Management Advanced Training Program）的主要开发人员，
该课程于 2010 年在 WHO 全部六个区域实施。他目前是国际生物安全协会联合会董
事会副主席。萨莱诺于 1997 年获得耶鲁大
学博士学位。

珍妮弗·高迪索（Jennifer Gaudioso）在
新墨西哥州阿尔伯克基市桑迪亚国家实
验室领导 IBTR 计划和国际化学威胁降
低（International Chemical Threat
Reduction, ICTR）计划。这些计划通过促
进安全、安保和负责任地使用危险的生物
和化学因子，强化美国和国际安保。他们
组织了许多国际会议、培训和讲习班，以
建立各地解决这些问题的能力。该团队
目前在 40 多个国家专门就生物安保和化

学安保问题提供咨询。高迪索及其桑迪亚团队与 WHO 和 IFBA 等国际伙伴互相合作。OIE 的实验室生物风险管理合作中心（Collaborating Centre for Laboratory Bionisk Management）是她的一个项目。高迪索曾在美国国家科学院生命科学两用性问题教育委员会（Committee on Education on Dual Use Issues in the Life Sciences）和他们的高等级防护生物实验室全球扩张对生物安保挑战预测委员会（Committee on Anticipating Biosecurity Challenges of the Global Expansion of High Containment Biological Laboratories）任职。她在众多期刊发表了文章，并在美国和国际会议上公开了她的研究成果。她还与人合著了《实验室生物安全手册》（CRC 出版社，2007 年）。高迪索曾在桑迪亚的机构生物安全委员会任职，是美国生物安全协会的活跃成员。她在康奈尔大学获得化学博士学位。

目 录

第一章

引言　生物风险管理案例

雷诺兹·M.萨莱诺和珍妮弗·高迪索

摘要

这一介绍性章节叙述了实验室生物安全和生物安保的历史，试图解释依赖于预先定义的生物安全等级、病原体风险分级和生物安保规定的当前模式的起源。这段历史表明，生物风险管理的基本概念在目前的模式出现之前就已经清楚地表达出来了，但不幸的是，它已经被一个显著扩大的业界所丢弃。在总结了20世纪90年代和21世纪生物科学实验室发生的许多安全和安保事故之后，本章论证了当前模式的不足，认为生物科学技术的飞速进步迫使业界重新考虑确保安全和安保的传统方法。然后，本章回顾了许多不同行业中发生的一系列灾难性事故，结果展示了通用的、基于规则的管理系统如何被放弃，转而采用基于性能的、整体的风险管理系统方法的过程。实质性风险管理政策、标准和预期的实施大大减少了这些行业的事故数量和严重程度。生物科学界在吸取这些基本经验教训之前，不应等待其领域发生灾难。

实验室生物安全与生物安保

生物风险管理包括实验室生物安全和生物安保。30多年来，实验室生物安全业界一直依赖预先定义的生物安全等级[①]。实验室生物安保的历史比生物安全要短得多，但它主要是基于规定性法规。在这两种情况下，生物安全和生物安保实践通常依赖于通用生物因子风险分类、生物安全等级或规定，事实上，这些风险分

---

① 根据《WHO 实验室生物安全手册》第 3 版（2004 年），"实验室设施可以分为基础实验室 – 生物安全 1 级、基础实验室 – 生物安全 2 级、防护实验室 – 生物安全 3 级和最高防护实验室 – 生物安全 4 级。根据操作不同风险等级微生物所需的实验室设计特点、建筑构造、防护设施、仪器、操作以及操作程序来决定实验室的生物安全等级。"

类、生物安全等级或规定是假定开展所有相同因子的工作都具有相同程度的风险，而不管工作的性质、地点或由谁负责。禽流感的诊断工作应该在与位于明尼阿波利斯（Minneapolis）和雅加达（Jakarta）基本相同的实验室中进行，如果实验室的外观相同，意外泄漏的风险也基本相同。当然，任何在生物研究和诊断领域有实际经验的人，特别是生物安全专家，都会认识到这一说法的荒谬简单性，但对于许多想要建立一个新的生物科学设施的人来说，公布的指导方针使他们相信达到规定的生物安全等级等同于该设施的生物安全。

对于实验室生物安保来说，情况可能更糟。由于生物科学界的大多数专业人员在执法或反恐方面的经验或专业知识很少，缺乏生物科学背景的决策者制定了规则，规定了开展特定因子或毒素工作的每个设施的技术安保系统。设施或其人员的特殊情况、位置、因子以及开展这些因子工作的性质似乎无关紧要。从监管者的角度来看，在其管辖范围内开展某种危险因子工作的所有设施应采用相同的安保方法。这种简化的方法不仅不可避免地会导致一些设施中的安保资源浪费，以及与其他设施中的安保方面的显著差距，而且最令人不安的是，它阻碍了科学领导层在安保问题上进行理性参与。这种态度不可避免地会导致自满，并随着时间的推移增加设施的脆弱性。

实验室生物安全简史

了解实验室生物安全和生物安保的发展历史具有一定的指导意义。出版的历史大多源自北美和西欧。生物安全作为一个知识领域，许多起源至少可以追溯到美国生物武器计划，该计划在冷战期间非常活跃，最终于1969年被尼克松总统（President Nixon）终止。1943年，艾拉·L.鲍德温（Ira L. Baldwin）成为德特里克（Detrick）营（最终成为德特里克堡）的第一位科学主任，并负责建立生物武器项目（US Department of Army，2014）。美国开发生物武器显然是出于防御目的：使美国能够在受到此类武器攻击时作出相应的反应。第二次世界大战结束后，德特里克营被指定为生物研究和开发的永久性机构。鲍德温从一开始就明白，该项目必须制定具体措施，以保护营地的人员和周围社区免受该项目日常工作中高传染性病原体的危害。生物安全必然是生物武器发展的内在组成部分①。鲍德温立即指派纽厄尔·A.约翰逊（Newell A. Johnson）设计任何必要的改进以确保安全。约翰逊让德特里克营地的一些顶尖科学家了解他们的工作性质，并开发了特定的技术解决方案，如Ⅲ级安全柜和层流罩，以解决他们的特定风险（US Department of Army，2014）。随着时间的推移，约翰逊和他的同事认识到有必要与其他机构分享他们的技术难点和解决方案，这些机构也是美国生物武器计划的一部分，并于1955年开始每年举行一次会议，讨

---

① 可以公平地假设，在这个时候甚至之前，英国、苏联和日本已经制定了生物安全措施，作为其生物武器开发计划的一部分。

论生物安全问题。这一年会最终促使美国生物安全协会（American Biological Safety Association, ABSA）于 1984 年成立，年会也很快发展成为 ABSA 年会（Barbito and Kruse, 2014）。

虽然美国生物武器攻防项目是发展生物安全系统方法的最有贡献的文献记载之一，但这些先驱者认可了其他人对该领域的贡献。例如，阿诺德·韦德姆（Arnold Wedum）在 1907 年和 1908 年的德国科学期刊上引用了机械移液器用于防止实验室获得性感染的描述（Wedum, 1997）。通风橱现在被称为生物安全柜，它是几乎无所不在的工程控制系统的早期前身，也是在美国生物武器计划之外首次被记录在案的。宾夕法尼亚州的一家制药公司在 1909 年开发了一种通风橱，用于操作结核分枝杆菌（*Mycobacterium tuberculosis*）（Kruse 等，1991）。结核病是导致哥德堡细菌生物学实验室（Goteborg Bacteriological Laboratory）1954 年采用类似通风橱的驱动因素（Lind, 1957）。这些早期的努力帮助生物科学界开始更广泛地采用这一新生生物安全领域的原则。

大约在美国正式放弃其生物武器计划的同时，国际社会积极致力于根除天花（College of Physicians of Philadelphia, 2014）。[①] 根除天花运动于 1967 年正式开始，它也对生物安全领域的演变产生了重大影响。1963—1978 年期间，英国的实验室发生了一系列天花感染。当时，英国有 80 例天花感染病例可追溯到两个经官方认可的天花实验室（Shooter, 1980；Furmanski, 2014）。其中最令人震惊的事故发生在 1978 年 8 月，在 1975 年最后一起野生大天花病例和 1977 年最后一起野生小天花病例之后。伯明翰大学医学院的医学摄影师珍妮特·帕克（Janet Parker）在实验室上方一层的暗室里工作，实验室正在对活天花病毒进行研究。帕克在工作中感染了这种疾病，然后感染了她母亲，帕克成为最后一个死于天花的人。她的母亲幸存下来，她的 300 名同事和密切接触者被隔离。在这一事故发生之前，WHO已通知医学微生物学部门负责人亨利·贝斯顿（Henry Bedson），他的设施不符合WHO 的指导方针。贝斯顿没有做出任何 WHO 建议的改变。帕克死后不久，贝斯顿自杀，据称是因为他在这场悲剧中的过失（College of Physicians of Philadelphia, 2014）。

在 1967—1979 年间，国际社会每年花费 2300 万美元根除天花后（Center for Global Development, 2014），实验室工作人员的意外感染和死亡以及实验室外人员的二次传播引起了全球对生物安全的严重关注（例如 Pike, 1976[②]），并直接促使世界卫生大会，将天花剩余库存合并为两个地点：美国 CDC 和俄罗斯国家病毒

---

① WHO 于 1967 年启动了强化根除天花方案。当时，天花在非洲东部和南部的 12 个国家或地区流行，在非洲西部和中部 11 个国家或地区流行，在亚洲 7 个国家或地区流行，在美洲的巴西流行。世界卫生大会于 1980 年宣布消灭天花。

② 这项开创性的研究记录了 3921 例历史病例，其中 2465 例发生在美国，造成了 164 例死亡。

学和生物技术研究中心（称为 VECTOR）。此外，这场悲剧还催生了一些生物安全倡议的雏形。1974 年，美国 CDC 发布了《基于危险的病原因子分类》（The Classification of Etiological Agents on the Based of Hazard），该分类引入了一个概念，即建立具有相似特征的感染性微生物组群相关风险相对应的防护等级，或所谓的因子风险分级（US Centers for Disease Control and Prevention，1974）。两年后，美国 NIH 出版了《NIH 关于涉及重组 DNA 分子的研究指南》，其中详细描述了微生物操作、仪器和设施保障措施，这些措施对应于四个物理防护等级的提升（US National Institutes of Health，1976）。

这些指南为 1983 年正式引入的生物安全实践规范奠定了基础，当时 WHO 公布了其《实验室生物安全手册》（Laboratory Biosafety Manual）的第一版（World Health Organization，1983），随后于 1984 年 CDC 和 NIH 联合发布了《微生物和生物医学实验室的生物安全》（Biosafety in Microbiological and Biomedical Laboratories，BMBL）第一版（US Department of Health and Human Services，1984）。这些文件建立了在开展某些微生物工作时应加以实施的生物安全防护等级的模式。生物安全等级的提高被指定用于对人类健康构成了越来越大的风险的微生物。可以理解的是，生物安全等级侧重于缓解意外感染或泄漏风险的技术手段。尽管生物安全等级阐述了工程控制、管理控制和实践的结合，但重点显然是设备和设施控制。具体的技术和物理屏障与每一个生物安全等级有关，但没有强调风险评估。事实上，这意味着专家已完成了风险评估，他们已经将这些因子进行风险分级，并为每一个生物安全等级建立了具体的控制措施。很快就出现了一个"生物安全官（biosafety officers）"群体，他们在生物科学机构中发挥了管理作用，以确保根据实验室规定的生物安全等级制定适当的设备和设施控制措施。

不幸的是，20 世纪 80 年代初采用的生物安全等级模式似乎忽视了 20 多年前首次出现的一些关于生物安全的开创性工作。布鲁克斯·菲利普斯（Brooks Phillips）在访问了 11 个国家的 102 个实验室之后于 1961 年发表了一份关于生物安全的研究报告并得出结论，预防实验室的意外泄漏和感染需要一种广泛、系统的方法，不应局限于技术控制措施的实施：可以形成一个"整体实验室（whole laboratory）"的概念，在这一概念中，可以重视诸如管理、培训、建筑施工、通风和过滤、消毒剂、免疫以及特殊设备和技术的使用等不同的子模块。每个人可以问一些相关的问题。不同类型的实验室在多大程度上需要微生物安全？哪些子模块最重要？从成本的角度来看，这些新开发的应用是否完全合理？（Phillips，1961）。

此外，菲利普斯总结说，在他访问的机构中仅有 43% 的管理层落实了其安全责任。如果没有明确的管理层指导和支持，任何生物安全控制措施的实施都将不可靠或持续有效。相反，在个体安全问题上，领导层对工作人员是否选择使用可行的风险缓解措施具有显著的影响。例如，感染性液体口吸移液的风险几乎是公认的。但是在领导层没有坚持使用机械移液器的实验室里，当工作人员因为太忙而不使用"更费时"的机械移液器时，他们会使用口吸移液。当实验室领导强制要求使用机械移液器而不是口吸移液时，合规性很好，几乎没有投诉，技术人员为领导关心他们的健康感到自豪（Phillips，1961）。

菲利普斯还举例说明了实验室设计对安全的影响，例举了建筑特点，如大小和形状、房间大小和布局、通风以及感染区域的隔离。他在访问的基础上对一系列实验室设计进行了评估，以证明它们对生物安全的影响，他认为许多最近建造的实验室没有把生物安全作为优先事项来优化其设计或运行。他指出了当今实验室主任仍然熟悉的挑战："他们经常发现自己没有足够的关于实验室危险、实验室疾病发生频率或最近建筑设计信息发展的信息，然而这些信息是增加建筑资金的有力论据所必需的"（Phillips，1961）。早在1961年，菲利普斯就认识到，设计良好的建筑可以而且应该支持最终用户安全和安保的执行工作。建筑布局和由此产生的工作流程是创建公共和私人区域的重要元素，这些区域对安全和安保都至关重要。

美国陆军生物学研究实验室（US Army Biological Research Laboratories）1944—1969年间的工业健康与安全主任阿诺德·韦德姆（Arnold Wedum）被公认为生物安全的先驱之一，按照《微生物和生物医学实验室生物安全》的说法，"他为评估操作感染性微生物的风险和识别生物危险，以及开发实践、设备和机构的控制保障奠定了基础"（US Department of Health and Human Services，2009）。1966年，韦德姆和他在德特里克堡的同事、微生物学家莫顿·雷特曼（Morton Reitman）分析了实验室暴发的多种流行病学研究，表明实验室外没有与实验室无关的人发生感染。他们得出的结论是，对于大多数研究和诊断工作来说，一级屏障是足够的，并且不需要过滤废气，除非在实验室开展干燥的微粉化微生物颗粒的工作或在带有搅拌器的充气罐类中培养病原体。韦德姆和雷特曼提出的基本观点是，实验室的设计应以特定机构开展的具体风险评估工作为基础（Reitman and Wedum，1966）。

韦德姆和雷特曼并不是唯一提倡这种观点的人。早在1954年，罗尔夫·萨克斯霍姆（Rolf Saxholm）就发现了离心过程中实验室获得性结核感染的风险。为了缓解这种风险，他开发了一种无须对肺结核标本进行离心的方法。尽管他证明了其方法的实用性，但这一方法在挪威以外从未被广泛接受（Saxholm，1954）。1961年，布鲁克斯·菲利普斯记录了不同实验室如何开发不同的技术解决方案来有效地缓解相同的风险。例如，为了降低痰样本离心过程中暴露于肺结核气溶胶的风险，英国帝国化学工业实验室（Imperial Chemical Industries Laboratory）将离心机放置在通风罩中，而其他实验室在离心分离前将离心管放置在保护性的箱子中（Phillips，1961）。

尽管这些基础的生物安全著作已经出版，但20年后颁布的预先定义的生物安全等级模式似乎消除了对特定地点和特定工作风险评估的期望。相反，机构管理者可以依靠预先定义的因子风险分类和生物安全等级来进行设计指导。风险评估等同于确定了将在特定实验中使用因子的材料安全数据单。韦德姆和雷特曼倡导的全面风险评估变得越来越罕见。结果，美国和其他地方的许多实验室被"过度设计（overdesigned）"，浪费了宝贵的资源，这些资源本来可以被分配给其他更有效的生物安全控制措施。

实验室生物安保简史

一旦对危险病原体滥用的担忧变得越来越普遍，这种基于因子或预先定义等级的风险观点就渗透到实验室生物安保领域。在拉里·韦恩·哈里斯（Larry Wayne Harris）以虚假借口订购鼠疫耶尔森菌（*Yersinia pestis*）后，美国政府于1996年颁布了所谓的管制因子规定（select agent regulations），以规范性地管制清单上的生物因子从一个机构转移到另一个机构（US Code of Federal Regulations，1996）。如果机构转移了该清单上的因子，那么规定确定存在滥用风险。如果一个机构没有转移该清单上的因子，那么政府认为没有滥用的风险。2001年恐怖袭击和Amerithrax袭击事件之后，美国政府稍微改变了看法：修订后的管制因子规定现在要求对在美国使用或存储了新的、更长的清单上的一个或多个因子的任何设施采取特定的安保措施（US Code of Federal Regulations 2005）。然而，政府再次承担了识别风险的责任，清单上所有因子的风险都被认为是相同的。不在清单上的因子的安保风险被确定得如此之低或不存在，以至于不需要对该特定因子采取安保措施。在生物科学界多年来就清单上因子的生物安保风险与清单外因子没有生物安保风险这种简单的二分法提出投诉后，2012年修订了《管制因子规定》，以创建两级管制因子：构成故意滥用风险最大的一级因子，和其余的管制因子。这一变化旨在使规定更加基于风险，对一级因子强制采取额外的安保措施（US White House，2010）。然而，向生物科学界传递的明确信息仍然是，各个机构不必进行自身的安保风险评估，也不必设计最合适的安保系统来缓解其独特的风险。相反，传达的信息是，遵守法规是缓解风险的充分形式。几乎没有必要进行全风险管理。

其他国家也对生物科学机构实施了相对简单和规范性的生物安保规定。新加坡的《生物因子和毒素法案》（Biological Agents and Toxins Act）在范围上与美国的规定相似，但不合规的行为将受到更严厉的处罚（Republic of Singapore，2005）。韩国于2005年修订了《传染病预防法案》（Act on Prevention of Infection Diseases），要求开展所列"高度危险病原体"工作的机构实施实验室生物安全和生物安保要求，以防止丢失、被窃、转移、泄漏或其他滥用（Government of South Korea，2005）。根据日本最近修订的传染病控制法，日本厚生劳动省（Ministry of Healthy，Labor，and Welfare）制定了四份管制因子的明细表，这些因子在持有、运输和其他活动中需要遵守不同的报告和处理要求（Government of Japan，2007）。加拿大对开展 3 级或 4 级人类病原体工作的机构进行加拿大防护等级（containment level，CL）3 级和 4 级认证（Public Health Agency of Canada，2014）。2008 年，丹麦议会通过了一项法律，授权卫生和疾病预防部长（Minister of Health and Prevention）管理所列生物因子的持有、制造、使用、储存、销售、购买或其他转移、分发、运输和处置（Kingdom of Denmark，2008）。

　　但在所有情况下，基于预先定义的因子清单的受监管安保措施模式都是相同的。如果一个机构受这些生物安保规定的约束，那么它必须做的所有事情就是，如果它开展或存储某种清单上因子的工作，就必须执行规定的安保措施。生物安保实施已成为一项基于政府制定检查表的纯粹的管理活动。对这些因子开展工作、拥有并最终负责的负责人进行风险评估和管理成了多余的活动。如果不需要，为什么要做呢？

近年来的生物安全和生物安保事故

　　我们认为，生物科学界过于依赖预先定义的解决方案集，即因子风险分类、生物安全等级和生物安保法规。这种依赖已将实验室生物安全和生物安保降至生物科学设施的管理底层。这些通用的因子风险分类、生物安全等级和生物安保法规几乎消除了 20 世纪 60 年代该领域尚处于初级阶段时对严格的、基于风险的评估和解决方案的追求。相反，我们现在在实验室生物安全和生物安保方面常常自满，而且普遍缺乏全面管理系统来减轻风险。

　　特别是自 20 世纪 90 年代中期该领域开始显著扩张和发展以来，这种自满直接导致了生物科学机构的一系列安全和安保事故。这些事故的性质表明了基于因子风险分类、生物安全等级和生物安保法规的生物安全和生物安保模式的根本弱点。这些事故的不断增加预示着生物科学领域的灾难，除非生物安全和生物安保模式发生了巨大变化。

　　最近发生了许多实验室获得性感染事故，这些感染可归因于没有穿戴基本的个体防护装备及没有遵循简单良好的实验室规范。例如，2001 年，《新英格兰医学杂志》（New England Journal of Medicine）发表了一份关于美国 50 多年来第一例类鼻疽病例的报告。一位 33 岁的微生物学家，在马里兰州弗雷德里克（Frederick，Maryland）的美国陆军传染病医学研究所（US Army Medical Research Institute of Infectious Diseases，USAMRIID）开展鼻疽伯克霍尔德菌（Burkholderia mallei）工作，他经常不戴手套。人们认为感染途径是他的皮肤暴露。他的病情持续了几个月，并且在几个月后变得更加严重，其治疗因缺乏与类鼻疽相关的临床经验而变得复杂（Srinivansan 等，2001）。1996 年在罗德岛（Rhode Island）一个临床微生物学实验室工作的 19 名医学技术人员中，有 6 人感染了宋氏志贺菌（*Shigella sonnei*）。对分离物培养的研究表明，感染的宋氏志贺菌菌株与实验室保存的对照菌株几乎相同，并且暴露但未受感染的一名医学技术学生正在使用该菌株。这个学生是实验室里唯一经常戴手套的人。但是，他没有遵循其他实验室流程，包括使用单独的处理水槽来处理工作样本。相反，他使用了一个更方便的洗手池，这使得宋氏志贺菌污染了洗手池。反过来，使用水槽水龙头把手的同事感染了宋氏志贺菌。如果实验室管理人员坚持正确使用手套和水槽，那么就不太可能发生这 6 例意外感染（Mermel 等，1997）。

在实验室里，针头刺伤仍然是个问题。在过去的十年里，有许多重大的针头刺伤事故。例如，2004 年，USAMRIID 的一名研究人员在 BSL-4 防护实验室中，在对感染了鼠适应性扎伊尔型埃博拉病毒的小鼠使用注射器时受到了针头刺伤（Kortepeter 等，2008）。同样在 2004 年，俄罗斯 VECTOR 的一名研究人员在被装有埃博拉病毒的针头刺伤后死亡（Miller，2004）。据报道，2004 年新墨西哥大学（University of New Mexico）的一名研究人员"被炭疽针头刺戳"（The Sunshine Project，2007）。另据报道，2005 年芝加哥大学（University of Chicago）的一名工作人员"被带有 BSL-3 管制因子的受感染仪器刺破了自己的皮肤。它很可能是被炭疽或鼠疫污染的针头"（The Sunshine Project，2007）。德国汉堡伯纳德诺克特热带医学研究所（Bernard Nocht Institute for Tropical Medicine，Hamburg，Germany）的一名研究人员在 2009 年开展埃博拉病毒工作时意外地用针刺伤了自己（The Canadian Press，2009）。

近年来在防护方面的失误也导致了疾病在实验室以外社区的传播。2000 年，在俄罗斯符拉迪沃斯托克（Vladivostok），8 名 11~14 岁的儿童在玩耍废弃的天花疫苗安瓿后生病。原因很可能是附近一家公共卫生站的净化和处理程序不当（Byers，2009）。2004 年 3—5 月，两名实验室工作人员在使用不当灭活的病毒后感染了严重急性呼吸综合征（SARS）。这导致社区中另外 7 人受到感染（US Centers for Disease Control and Prevention，2004）。2007 年 8 月，口蹄疫病毒从英国皮尔布赖特村（Pirbright，United Kingdom）的一个实验室泄漏到环境中，导致了该疾病在当地的大规模暴发。此次泄漏最可能的原因是现场排水系统状况恶化导致液体废弃物处置不当（Health and Safety Executive，2007）。

在同一时期，主要的生物科学机构也发生了几起著名的安保事件。美国联邦调查局（Federal Bureau of Investigations，FBI）指控 USAMRIID 的研究员布鲁斯·伊文斯（Bruce Ivins）操作和传播炭疽造成伤害。具体来说，FBI 声称，2001 年，伊文斯通过美国邮政局向美国各地的收件人邮寄了几封含有炭疽芽孢的信件，导致 5 人死亡，17 人患病（Federal Bureau of Investigation，2011）。2004 年，得州理工大学（Texas Tech University）教授托马斯·巴特勒（Thomas Butler）在报告说实验室里有 30 瓶鼠疫菌丢失后，被判入狱两年，并被处以多项罚款。在引发生物恐怖主义恐慌后，他签署了一份声明，说他在清理实验室之前发生的一次事故时意外销毁了样本。然而，目前还不清楚这些样本的情况。巴特勒后来放弃了他签署的声明，并表示样品可能已经被销毁，但他不记得了（Tanne，2003）。在 2007 年对得州农工大学（Texas A&M University）进行的一次常规检查中，CDC 指出，该大学未向 CDC 管制因子和毒素部门报告在其 2003 年 5 月至 2005 年 6 月期间的 9 次实验中对伯氏立克次氏体（*Coxiella burnetii*）进行的一系列限制性气溶胶实验（US Centers for Disease Control and Prevention，DSAT，2007）。加拿大温尼伯（Winnipeg）国家微生物学实验室的前研究员偷了 22 瓶埃博拉病毒遗传物质，于 2009 年 5 月试图穿越美加边境时被发现（CBC News，2009）。美国的各种实验室也存在一系列记录在案的库存差异（US Centers for Disease Control and Prevention，DSAT，2007；Palk，2009；Sherman，2009；Margolin and Sherman，2005）。

在认识到 20 世纪 90 年代末和 21 世纪初发生的大量生物科学设施的安全和安保事故后，2007 年出版的《微生物和生物医学实验室生物安全》（第五版）的编辑强调需要在该领域进行更全面的风险评估。它指导从业人员根据因子的危险评估风险，考虑特定实验室规程的危险，然后“最终确定适当的生物安全等级并根据风险选择其他预防措施”（US Centers for Disease Control and Prevention，DSAT，2007）。然而，这一指导仍然只是嵌入在生物安全等级和因子风险分类的历史模式中。

生物风险管理模式开始出现

2008 年，美国国会两党联合委员会（bipartisan US congressional commission）发布了《世界面临风险》（*World at Risk*）报告，其中包括许多建议，要求处理危险病原体的生物科学实验室实施统一的实验室生物风险管理框架，以增强其安全和安保性（Commission on the Prevention of WMD Proliferation and Terrorism，2008）。在本报告发表之前，来自 24 个国家的专家齐聚一堂，重新审议传统的生物安全模式。2008 年，CEN 发布了一份关于实验室生物风险管理的专题协议，该协议强调严格的、实验特定的和设施特定的风险评估和缓解，以及以持续改进为重点的性能管理监控。该文件被称为 CWA 15793，它摒弃了基于生物安全等级的传统方法，在国际上广受好评，并于 2011 年更新（European Committee for Standardization，2011）。国际社会暂无其他同类文件。

自其出版以来，世界各地的许多机构已启动实施 CWA 15793 的进程，以便更好地管理其设施中的生物风险。然而，北美的许多组织，包括一些政府机构，仍然对生物风险管理的价值持怀疑态度，并表示其为简单的生命科学界的额外财政负担（Steenhuysen and Begley，2014）。撰写本文时，国际标准化组织（International Organization for Standardization，ISO）提出了一项新的实验室生物风险管理的新工作项目建议。如果得到成员国的批准，该项目将致力于开发生物风险管理的 ISO 国际标准，这在生物科学领域尚属首次。

尽管 CWA 15793 已经发布，但美国的生物科学家和机构接受生物风险管理方面的进展依然缓慢，生物风险管理是一种严格评估风险、决定如何缓解那些被认为不可接受的风险，并建立机制不断评估控制措施的有效性的文化。2013 年，加州大学洛杉矶分校（University of California–Los Angeles）发布了具有里程碑意义的实验室安全国际调查的初步结果。在 2400 名科学家中，几乎一半的人经历过从动物咬伤到化学或生物吸入的伤害。30% 的受访者表示，他们至少目睹了一次需要医疗专业人员治疗的重大伤害。也许最有趣的是美国和英国科学家在使用风险评估方面的差异。在英国，卫生安全执行局（Health and Safety Executive）要求进行风险评估，近 2/3 的科学家称他们定期进行风险评估。而在美国，只有 1/4 的科学家承认他们进行了正式的风险评估；超过一半的美国科学家说他们只是"非正式地"评估风险（van Noorden，2013）。显然，生物风险管理还没有融入美国的生物科学思想体系。

不幸的是，甚至在世界上一些最先进的生物科学设施中，高知名度的实验室事故仍然有些司空见惯。2012 年，CDC 报告说，2004—2010 年间，美国发生了 727 起盗窃、丢失或泄漏管制因子的事件，导致 11 起实验室获得性感染（Henkel 等，2012）。2014 年初，位于佐治亚州亚特兰大（Atlanta，Georgia）的 CDC 一个实验室在不经意间将低致病性流感样本与高致病性 H5N1 流感交叉污染，并将材料转移到未经授权开展 H5N1 工作的实验室。CDC 直到收到接收样本的其中一个机构通知后才知道这个错误。同年晚些时候，多达 84 名工作人员在亚特兰大的 CDC 无意中接触到活的炭疽杆菌菌株（Russ and Steenhuysen，2014）。一个 BSL-3 实验室的科学家在将材料转移到三个 BSL-2 实验室之前，未能将细菌灭活，并忽略了验证灭活效果。

生物科学研究风险的新焦点

这些不太光彩的安全和安保记录已使公众、甚至一些科学界人士，质疑开展危险生物因子工作的基本原理。2003 年，波士顿大学医学中心（Boston University Medical Center）获得了 NIH 的资助，作为美国新生物防御研究战略的一部分，该中心将建设两个国家生物防护实验室之一的国家新发传染病实验室（National Emerging Infectious Disease Laboratory）。然而在 2014 年，由于公众的长期反对，生物安全 4 级实验室的研究还没有开始，波士顿市长寻求通过一项法令"考虑到保障措施可能失效，禁止 4 级研究以作为适当的预防措施"（Boston Globe Editorial，2014）。2011 年，荷兰鹿特丹伊拉斯谟医学中心（Erasmus Medical Center）由罗恩·福奇尔（Ron Fouchier）领导的研究人员，以及威斯康星大学麦迪逊分校

（University of Wisconsin–Madison）由川冈吉弘（Yoshihiro Kawaoka）领导的研究人员，分别在各自的研究中，人为地将甲型 H5N1 流感病毒从一只雪貂传染给另一只雪貂（Herfst 等，2012；Imai 等，2012）。由于这项研究使用了一种已建立的人类流感的动物模型，它有效地创造了一种目前在自然界中不存在的潜在流感大流行株。2014 年，威斯康星研究团队结合了几种禽流感病毒的基因，构建了一种类似于 1918 年西班牙流感病毒的新有机体，这种病毒也能在雪貂体内有效传播（Watanabe 等，2014）。许多科学家争论意外泄漏、意外感染或蓄意滥用这种所谓的功能获得研究的风险，不会胜过有关禽流感如何自然和遗传演变成特别危险物质的知识增加所带来的科学效益。根据 BSL-3 设施中实验室相关感染的历史记录，马克·利普思奇（Marc Lipsitch）和艾莉森·加瓦尼（Alison Galvani）得出结论，在 10 年的时间内，由新型流感病毒流行株造成至少一种实验室获得性感染的风险为 20%，这可能引发疾病的广泛传播（Lipsitch and Galvani，2014）。虽然在功能获得研究的合法性问题上双方都有激烈的争论，但这一问题的根本关注点在于实验室生物安全和生物安保。

生物科学界已经敏锐地意识到与生物研究相关的风险，特别是它可能被滥用于恶意目的，或者它可能导致产生具有独特性质的新型病原体，甚至可能是一种全新的威胁病原体。2004 年，美国国家科学院发表了所谓的 Fink 报告，该报告定义了 7 类令人关注的实验，并提出了一系列建议，以在不妨碍进行合法研究的情况下防止滥用生物学（National Research Council 2004）。不幸的是，Fink 报告没有指出改进实验室生物安全和生物安保实践的必要性，只是建议"联邦政府依靠现行法律和法规的实施，并由国家生物安保科学咨询委员会（National Science Advisory Board on Biosecurity，NSABB）定期审查，来保护生物材料和监督使用这些材料的工作人员"（National Research Council 2004）。然而，NSABB 自 2005 年成立以来，没有对实验室生物安全和生物安保进行过实质性审查。

合成生物学的迅速发展进一步凸显了重新评估当前基于病原体风险级别、生物安全等级和安保法规的生物安全和生物安保系统的关键需求。合成生物学利用 DNA合成和测序能力方面的重大最新改进，致力于创造设计和构建生物有机体的技术，通常这些有机体是全新的或具有独特的特征。这些新的生物因子显然不会出现在现有的病原体风险级别或管制病原体清单上，也不会整齐地归入传统的生物安全等级中。可以论证和理解的是，随着合成生物学的出现，生物伦理学领域变得更加强大：传统的生物安全和生物安保方法在很大程度上似乎无关紧要，因此公众必须越来越依赖相关科学家的道德行为来确保安全和安保。值得注意的是，合成生物学领域最近开始认识到有必要开发更强有力的风险识别和风险评估方法（Pauwels 等，2013）。荷兰遗传修饰委员会（Commission on Genetic Modification，COGEM）2013 年的一项研究得出结论，目前的风险评估方法可能足以满足当今合成生物学的需要，但在没有已知的参考有机体或引入的特性不可预测的情况下，不足以解决风险（Commission on Genetic Modification，2013）。2010 年，美国国家科学院的一份报告总结道，"用于监督管制病原体的基于序列的预测系统，目前是不可能的，在不久的将来也将是不可能的"（National Research Council，2010）。

显然，生物科学技术的快速进步迫使业界重新考虑确保安全和安保的传统方法。生物技术对抗新发传染病对公众和经济健康所造成的威胁的能力，以及全球对这项技术的可及性，也导致了世界各地精密实验室的迅速扩张（Fonkwo，2008）。特别是在传统的、基于规则的生物安全模式保持不变的情况下，灾难性生物安全或生物安保事故的风险几乎每天都在增加。今天，生物科学界需要在对重大灾难负责之前，发展并采用一种新的、基于性能的方法来管理生物科学的风险。本书认为生物风险管理就是解决方案。

从其他行业吸取教训

1961 年，G. B. 菲利普斯（G.B.Phillips）指出，"从广义上讲，为职业感染创造有利条件的态度和活动与导致工业事故发生的态度和活动类似"（Phillips，1961）。我们还相信，了解不同行业如何处理安全和安保问题，可以学到很多东西。特别是那些经历过重大事故、涉及大规模生命损失的行业，被迫重新评估其安全计划，并且几乎普遍认为风险管理方面的缺陷是这些事故的主要原因。因此，这些行业采用了基于性能的、整体的风险管理模式。通用的、基于规则的管理系统已经被摒弃。生物科学界不应该等到灾难在其领域发生时才吸取这些基本教训。以下章节描述了一些灾难性事故，它们迫使生命科学界以外的不同行业采用广泛的风险管理系统。它还表明，已经实施了实质性风险管理政策、标准和预期的行业已经显著降低了事故的数量和严重性。

联合碳化物公司，博帕尔，1984 年

1984 年 12 月 3 日，印度博帕尔联合碳化物公司农药厂（Union Carbide pesticide plant，Bhopal，India）泄漏了一团含有 40 吨甲基异氰酸酯（methyl isocyanate，MIC）气体的大型有毒蒸气云。盛行风把化学云带到博帕尔市上空，使 50 多万人暴露其中。报告的死亡和受伤人数差异很大，但最近的研究表明，博帕尔的 MIC 污染导致 10000 多人死亡，多达 20000 胎儿死亡，另有 50000 人受伤或致残（Broughton，2005）。这起事故仍然被认为是工业史上最严重的化工厂灾难。

在常规管道清洁活动中，水被错误地导入两个大型 MIC 储槽中的一个造成此次泄漏。MIC 与水混合会引起放热反应，并导致大量有毒混合物形成，最终通过工厂的火炬塔泄漏到大气中。工厂有许多旨在防止此类泄漏的保障措施，但几

乎所有这些预防措施都处于失效状态或未受到监控（American University，2014；Manaan，2005）。

博帕尔灾难是一个典型的例子，说明从执行管理到每个储罐操作人员，组织的每一个层面都存在着严重的管理不善。例如，看到 MIC 储罐压力表上压力增加的操作人员认为维护不良的压力表给出的读数是错误的。尽管火炬塔的设计目的是将工厂排放的任何蒸气放空，但它的功能不正常。在事故发生时，联合碳化物公司无法提供 MIC 毒性的具体细节以及暴露人员所需的即时治疗方案。公司没有制定应急预案。工厂管理团队均为印度国民，都被判处两年监禁，联合碳化物公司 CEO 保释后逃离印度（Karasek，2014）。

博帕尔最显著的积极遗产是广泛采用工艺安全作为专业工程学科，并作为全世界化工行业的一项要求。1988 年，美国化学理事会（American Chemistry Council）开始实施一个最初在加拿大开发的项目，叫做责任关怀（Responsible Care），以降低对工人和环境的潜在化学风险。3 年后，国际化学贸易协会理事会（International Council of Chemical Trade Associations，ICCTA）成立，其主要目标之一是促进全世界的责任关怀实践。责任关怀计划现在扩展到 47 个国家，相当于全球 85% 的化学品生产国。1990 年，随着《清洁空气法案修正案》（*Clean Air Act Amendments*）的通过，美国职业安全与健康管理局（Occupational Safety and Health Administration，OSHA）被要求创建并实施"高度危险化学品的工艺安全管理"（Process Safety Management of Highly Hazardous Chemicals，PSM）。该 PSM 标准是一个全面的程序，集成了技术、规程和管理实践（Manaan 等，2005）。

切尔诺贝利核电站，1986 年

1986 年 4 月 26 日，在乌克兰（当时是苏联的一部分）普里皮亚特镇（Pripyat）附近的切尔诺贝利核电站（Chernobyl Nuclear Power Plant）在进行未经授权的系统测试期间，突然出现了电力输出激增。在试图紧急关闭的过程中，反应堆容器破裂，引发放射性火灾，一股放射性沉降物被送入大气层。主要成分为碘和铯放射性核素的烟柱飘过苏联西部大部分地区和欧洲部分地区。约 15 万平方公里受到污染，白俄罗斯、俄罗斯和乌克兰的 500 多万人受到影响。据估计，超过 33 万人从污染最严重的地区撤离并被重新安置。大约 24 万名工人参加了修复工作，他们在反应堆周围 30 公里的区域内工作，现在这一区域已经无人居住。超过 30 名的反应堆工作人员和应急人员很快死于辐射照射，多达 4000 人最终死于该事故（International Atomic Energy Agency，2006）。

切尔诺贝利事故是一个有缺陷的反应堆设计的结果，其运行人员训练不足，也没有任何安全文化。工厂的设计很大程度上依赖于遵守管理控制和安全操作规程。然而，很少对核电站运行人员进行关于这些管理和规程控制是什么以及未能实施这些控制的安全影响的培训（International Nuclear Safety Advisory Group，1992；Engineering Failures，2009）。

切尔诺贝利灾难发生后，对所有与切尔诺贝利核反应堆相似类型的核反应堆进行了重大的安全设计修改。自动关闭机制现在运行得更快，其他安全机制也得到了改善，还安装了自动检测设备。此外，对反应堆工作人员进行的安全培训大幅增加，并加强了对运行和管理系统以及监管监督的关注。美国核工业发起了一个称为核动力运行研究所（Institute of Nuclear Power Operations）的自我监管机构，其任务是促进"最高安全性和可靠性等级（highest level of safety and reliability）"（Karasek，2014）。此外，美国核管理委员会（Nuclear Regulatory Commission）开始评价风险评估、管理体系、基于性能的指标以及监管框架的作用（Walker and Wellock，2010）。

α 钻井石油平台，1988 年

1988 年 7 月 6 日，位于苏格兰阿伯丁（Aberdeen，Scotland）东北 120 英里处北海上，由西方集团（Occidental Group）运营的 α 钻井石油平台发生天然气爆炸。在 22 分钟内，随后的火灾导致石油平台上 228 人中的 167 人死亡。α 钻井从海底提取石油，并加工天然气。它作为一个枢纽，连接其他两个钻井石油平台的输气管道。事故发生时，α 钻井每天出口的石油量约 12 万桶，天然气约 3300 万标准立方英尺（National Aeronautics and Space Administration，2013）。

事故发生当天，一名工人在日常维护期间拆除了 α 钻井平台上 A 泵的压力安全阀，并将其更换为一个圆形金属板（称为盲端法兰）。由于他无法完成维护，他填写了一份表格，说明 A 泵没有准备好运行，不应该启动。在随后的当晚轮班期间，B 泵出现故障，除非 A 泵可以重新启动，否则将停止所有海上生产。由于找不到维修文件，并且认为 A 泵安全可以使用，工人启动了 A 泵，导致高压气体泄漏和爆炸。其他两个钻井石油平台的天然气生产没有关闭，为 α 钻井的大规模火灾提供了持续的燃料（Karasek，2014）。

天然气从 A 泵逸出引发了最初的爆炸，但启动 A 泵的重大决定是由于缺乏一个可靠的过程，以确保工人在轮班期间对技术系统的维护状态和可操作性的记录和沟通。此外，α 钻井平台上没有防爆墙，另外两个钻井石油平台未能关闭石油和天然气供应，因此不能遏制初始火灾，并引发了更大的火灾（Scott，2011）。

这场灾难的官方调查被称为"卡伦勋爵报告"（Lord Cullen Report）（Cullen，1990），报告提出了 106 项关于北海安全规程（North Sea safety procedures）变更的建议，所有这些建议都得到了业界的认可，包括成立一个新的英国政府组织，即健康与安全执行局（Health and Safety Executive，HSE）。卡伦勋爵在一次纪念这场悲剧 25 周年的演讲中说："我发现这不仅仅是技术或人为失误。与通常情况一样，此类失误表明了安全管理中的潜在弱点"（Oil and Gas Industry Association，2013）。除了许多技术和基础设施故障外，培训、监测和审计也比较薄弱，没有从以前的相关事故中汲取教训，也没有实施疏散程序。也许最重要的是，西方集团还没有对主要危险进行风险评估，并决定如何控制它们。根据卡伦的说法，"安全管理的质量是根本性的，这在很大程度上取决于各级有效的安全领导和全体员工对安全优先的承诺"（Harris，2013）。

得克萨斯城炼油厂，2005 年

2005 年 3 月 23 日，得克萨斯城炼油厂（Texas City Refinery）拥有和经营的英国石油公司（British Petroleum，BP）北美分公司发生爆炸和火灾，造成 15 人死亡，180 人受伤，经济损失超过 15 亿美元。得克萨斯城炼油厂是美国第三大炼油厂，截至 2000 年 1 月，每天的输入量为 43.7 万桶（Wikipedia，2014）。

事故发生是由于易燃液体原料从没有配备火炬的放空罐泄漏，导致爆炸和火灾。根据 BP 公司自己的事故调查报告，事故的原因是"重于空气的碳氢化合物蒸汽在接触到火源后燃烧，火源很可能是没有熄火的汽车发动机"（British Petroleum，2005）。

据美国化工安全与危险调查委员会（Chemical Safety and Hazard Investigative Board）称，这场灾难是由技术错误和故障以及"BP 公司各级组织和安全的缺陷"造成的，特别是 BP 公司董事会没有对公司的安全文化和重大事故预防方案进行有效的监督。工厂管理层错误地认为低人身伤害率是工艺安全性能的正确指标；机械完整性程序导致了工艺设备"运行至故障"；而安全政策和规程要求以"勾选框"的思想运行；工厂缺乏安全报告和学习文化；安全活动和目标侧重于改善个人安全指标，而不是工艺安全和管理安全系统（US Chemical Safety and Hazard Investigation Board，2007）。

BP 公司随后委托的独立报告评价了所有北美炼油厂在内 BP 公司企业的安全管理制度、安全文化和监督，被称为贝克小组报告（Baker Panel Report）。报告发现，"每个炼油厂对严重的工艺安全风险存在明显的自满情绪"，BP 公司的企业安全管理体系"无法确保对风险进行充分的识别和严格的分析"，以及"无法有效地测量和监控工艺安全性能"。报告中的前两项建议包括在 BP 公司最高级管理层设置"工艺安全领导（Process safety leadership）"，建立和实施"综合全面的工艺安全管理系统（integrated and comprehensive process safety management system）"（Baker 等，2007）。

福岛核电站，2011 年

2011 年 3 月 11 日，日本东海岸发生里氏 9.0 级地震，引发了一场海啸，沿海岸 560 平方公里被淹没在几米深的水下。地震导致东京电力公司（Tokyo Electric

Power Company，TEPCO）拥有和运营的福岛第一核电站（Fukushima Daiichi Nuclear Power Plant）的安全系统出现故障。由此产生的放射性物质泄漏最终被国际核事故分级宣布为7级"严重事故"（历史上仅有的两个7级事故之一）。专家估计，灾难期间泄漏了90万太贝（terabecquerels）的放射性物质（Reuters，2012）。16万人从福岛周边地区撤离；600人在疏散过程中死亡（McGreal，2012）。核电站周围的区域仍然具有严重的辐射，几十年内将无法居住。福岛灾难造成的总经济损失估计从2500亿美元到5000亿美元不等（Starr，2012）。斯坦福大学（Stanford University）科学家最近的一项研究表明，福岛核辐射很可能导致180多起癌症和130人死亡，其中大多数是在日本（Ten Hoeve and Jacobson，2012）。

日本政府独立调查委员会的报告列举了"导致福岛核电站措手不及的大量错误和故意疏忽"，并得出结论，福岛"是一场天灾人祸——这本来可以也应该预见和预防。它的影响可以通过更有效的人为反应来缓解"。委员会没有批评任何特定个人的能力，但认为根本原因是"为决策和行动提供了错误理论的组织和监管系统"。特别是，报告指责政府、监管机构和TEPCO"基于组织自身利益，而非公共安全利益"相互勾结。监管机构独立于"政治舞台、核能发展部门和运营商就是一种嘲弄。"批评日本文化的孤立性，报告指责监管机构"对从海外引进新的知识和技术持消极态度"（National Diet of Japan，2012）。

核电站的运营商TEPCO受到了最严厉的批评："TEPCO没有履行其作为私营公司的职责……TEPCO的风险管理实践说明了这一点"。尽管TEPCO意识到海啸可能导致核电站完全断电，并且海水泵的腐蚀可能损坏反应堆堆芯，但TEPCO选择不采取任何措施来降低或消除这些风险。TEPCO只关心"对其自身运营的风险"。除了接受这些灾难性风险外，TEPCO还没有针对任何严重事故的应对措施："没有操作或培训方案"。相反，在应急响应期间，TEPCO服从首相办公室，避免透明化，并且不愿意承担责任。在其建议中，报告声称"TEPCO必须进行重大的企业改革，包括以安全为唯一优先事项的治理和风险管理以及信息披露"（National Diet of Japan，2012）。

γ-12核设施，2012年

2012年7月28日，三名抗议者闯入田纳西州橡树岭（Oak Ridge，Tennessee）的γ-12核武器生产机构。在使用简单的工具切断四道警戒栅栏后，抗议者在没有被现场安全措施干扰的情况下污损了高浓缩铀材料设施（Highly Enriched Uranium Materials Facility，HEUMF）的外壁。最后，一名保护部队官员被派去评估警报，但他没有注意到抗议者，直到他们接近他的车并"投降"。幸运的是，这些抗议者不是恐怖分子，他们并不打算实施核破坏行为或窃取高浓缩铀用于核武器。

美国能源部总检察长（Department of Energy's Inspector General，DOE IG）对该

事故的调查显示，"多个系统在多个层面上发生故障。例如，我们发现了令人不安的迹象：警报响应不及时、关键安保设备维护故障、过度依赖补救措施、对安保协议的误解、通信不畅以及合同和资源管理方面的弱点"（US Department of Energy，2012）。该地有一个新的入侵检测系统，错误报警率异常高。警卫通常会用摄像机来确认是否有入侵者，以此来回应警报。但是由于摄像机已经坏了几个月，没有一个明确的维修计划，警卫常被派去检查警报器。然而，守卫们已经变得掉以轻心，厌倦了调查假警报。由于沟通不畅，官员们错误地认为敲打 HEUMF 外壁的抗议者是工厂维修的工人。最终对形势做出反应的官员没有立即保护该地区或拘留抗议者。DOE IG 调查表明，该机构没有充分考虑到手无寸铁的抗议者袭击现场的风险，也没有准备应对此类事故。根据该报告，"这些官员的行为与形势的严重性和现有规程不符"（US Department of Energy，2012）。

美国的核安保受到严格管制和高度审查。尽管有规章制度和专门用于保护核材料、技术和专业知识的资源，但安保系统的管理和监督却基本崩溃，缺乏健全的安保风险管理文化。哈佛大学（Harvard University）关于核安保的一份报告指出，从 γ–12 事故中学到的主要教训是："人和组织很重要——糟糕的安保文化会严重破坏安保，即使在拥有现代化安保设备、大量安保开支、严格的安保规则和定期安保测试的设施上也是如此。"（Bunn 等，2014）。国家核安保管理局（National Nuclear Security Administration）局长托马斯·达戈斯蒂诺（Thomas D'Agostino）对总检察长的报告作出回应，称这起事故"唤醒了整个核体系"，并承诺进行一系列"结构和文化变革"，以改进现有的核安保风险管理系统（US Department of Energy，2012）。

制药工业

20 世纪，制药行业发生了一系列危机，为国际药品的生产、检验和销售创造了一个实质性监管环境。1937 年 6 月，马森吉尔（SE Massengill）公司在全美国分销了 633 批液态的磺胺类药物。磺胺类药物以粉末和片剂的形式被用于治疗链球菌感染。为了形成液态形式，该公司将磺胺溶解在一种致命的二乙二醇醚中。在当时，食品和药品法不要求对新药进行药理学研究。1937 年 9 月，15 个州的 107 人死于液态磺胺。在这起事故之后，美国立即颁布了法律，要求制造商在药品上市前证明其安全性（Ballentine，1981；Meadows，2006a）。

20 世纪 50 年代末，沙利度胺（thalidomide）作为镇静剂在欧洲、澳大利亚和日本上市，并用于治疗孕妇的恶心症状。在广泛使用沙利度胺的几年内，大约有 10000 名儿童出生时患有海豹肢畸型（phocomelia）（Lenz，1988）。除四肢缩小异常外，沙利度胺的其他影响包括先天性心脏病、内耳和外耳畸形以及眼部异常（Miller and Strömland，1999）。到 1961 年，大多数国家已经禁止销售和使用沙利度胺，并很快通过了法律，要求制药公司证明所有产品的预期用途的安全性和有效性（Braithwaite and Drahos，2000）。

1982 年，出于未知的原因，某个恶毒的人或团体用含氰化物的胶囊代替了泰诺强效胶囊，重新密封包装，并把它们放在芝加哥地区几家药店和食品店的货架上。购买了毒胶囊后，7 名毫无防备的人惨死。不久之后，通过了一项法律将篡改包装消费品的行为定为犯罪（Ten Berge，1990；Meadows，2006a）。

WHO 在 20 世纪 60 年代引入了第一个关于制造、加工、包装或持有成品药品的良好生产规范（good manufacturing practices，GMP）指南，许多国家随后根据 WHO 指南制定了自己的 GMP 指南。1975 年，WHO 开始将药品监管国际化，要求出口药品的国家认证这些公司为经授权进入国内市场的药品制造商，并对其生产设施进行定期检查，以符合药品生产质量管理规范（WHO，2003；Brhlikova 等，2007）。

GMP 规则的出台是制药行业在产品质量和安全方面的一次重大飞跃。然而，GMP 过程本身仍然是一个反应性的监管过程。20 世纪 70 年代和 80 年代经常发布修订后的 GMP，以解释体系中的每一个新议题或感知到的问题。产品标签和清洁验证就是这种反应性监管方法的例子。

GMP 规章制度传播的一个缺点是，在制药行业日益国际化的时候，各国的技术要求存在差异。1990 年，成立了人用药品注册技术要求国际协调会议（International Conference on Harmonisation of Technical Requirements for Registration of Pharmaceuticals for Human Use，ICH），以帮助降低医疗保健和研发成本，并尽量减少向公众提供新的有效治疗的延误（ICH，2014）。

20 世纪 90 年代初的美国立法机关也表达了这样一种愿望，即允许患者更快地获得有希望的疗法，为行业创造一个更有效的监管流程以更快地销售新药，并增加行业的收入和利润。到 20 世纪 90 年代末，人们对药品审批速度加快的关注无意中导致了对安全考虑的忽视。事实上，在 20 世纪 90 年代末，有大量的药物退市，这导致公众认为药物安全系统处于危机之中（Friedman 等，1999 年；Institute of Medicine，2006）。

主要侧重于技术和物理控制措施的 GMP 规章制度并没有解决所有的药物安全挑战。通过借鉴其他行业的经验，制药行业认识到需要采取基于风险的药物安全方法。随着越来越多的药物上市并被患者使用，制药行业需要持续积极地重新评估风险，而不是仅仅在最初的药物批准阶段才关注安全性和有效性。到 2005 年，ICH 发布了 ICH Q9，"质量风险管理（quality risk management）"，据美国注射剂协会（Parenteral Drug Association）称，"是一个系统化的过程，用于评估、控制、沟通和审查整个产品生命周期中药品质量的风险"（O'Mahony，2011）。质量风险管理的实施经常被认为是导致本世纪初戒毒人数大幅减少和药品安全危机结束的原因。

食品工业

食品生产部门也经历了许多严重事故，迫使该行业实施现代风险管理体系和全球标准。尤其是有两次大灾难使食品生产业摇摇欲坠。

1986年，英国的牛开始患上被称为疯牛病（mad cow disease）的疾病，到1987年，英国农业部承认该国暴发了牛海绵状脑病（bovine spongiform encephalopathy，BSE）。据估计，在20世纪80年代，由于以肉和骨粉的形式被喂养其他牛的残余物，超过46万头感染了BSE的牛进入了人类的食物链。1989年，美国禁止从已知存在BSE的国家进口活牛、绵羊、野牛和山羊。最终，在1996年3月，英国政府承认BSE可以传染给人类，并引起一种变异形式的克雅病（Creutzfeldt–Jakob disease，vCJD）。英国立即销毁了450万头牛，欧盟禁止进口英国牛肉，这一禁令持续了10多年。然而，自疫情暴发以来，已有200多人死于vCJD，有证据表明他们食用了受污染的牛肉（Valleron等，2001；University of Edinburgh，2009；Center for Food Safety，2014）。

1993年，美国的玩偶匣（Jack in the Box）快餐店开始特别促销怪兽汉堡（Monster Burger），以很低的折扣出售三明治。广告宣传非常成功，以至于对这种汉堡的需求使餐馆应接不暇。最终，美国西部73家玩偶匣快餐店出售了未熟的汉堡，这些汉堡感染了当时鲜为人知的大肠杆菌O157：H7，超过730人患病。4名儿童死亡，178名其他受害者遭受永久性伤害，包括肾和脑损伤（US Centers for Disease Control and Prevention，1993；Benedict，2011；Manning，2010）。尽管此前在美国有22起记录在案的大肠杆菌O157：H7暴发，导致35人死亡，但"玩偶匣"的疫情引发了广泛而引人关注的媒体报道，参议员理查德·杜宾（Richard Durbin）在2006年将其描述为"牛肉工业历史上的关键时刻"（US Senate，2006）。

这两个重大事故，以及这个时期的许多其他食品污染事故，迫使食品工业重新审视自己的工艺和标准。大肠杆菌成为所有国家卫生部门需要报告的疾病，美国农业部将大肠杆菌O157：H7重新归类为绞碎牛肉中的掺杂物（an adulterant in ground beef），并开始定期检测。受疫情暴发后玩偶匣快餐立即采取行动的启发，美国食品药品监督管理局（Food and Drug Administration，FDA）制定了危险分析和关键控制点（Hazard Analysis and Critical Control Points，HACCP）计划。第一项HACCP法规于1997年生效。[①] HACCP是一项基于科学的倡议，涉及识别潜在危险和风险、监控目标关键控制点、记录和审查结果。它是一个积极主动的管理系统，

---

① 1995年，FDA建立了海鲜食品HACCP，并于1997年生效。FDA于1998年为肉类和家禽加工厂制定了HACCP计划。FED于2001年制定了果汁HACCP法规，并于2003年生效（US Food and Drug Administration，2014）。

旨在预防危险，而不是对污染物作出反应的反应过程（Meadows，2006b）。

此后不久，唯一独立的消费品零售商和制造商全球网络——消费品论坛发起了全球食品安全倡议（Global Food Safety Initiative，GFSI），以引领全球食品安全管理体系的持续改进。GFSI定义了整个食品供应链的食品安全要求，以涵盖饲养、分销和包装等问题，并帮助制定国际标准和期望。[①] 今天，有一系列食品安全管理的国际标准，例如ISO 22000系列标准，帮助组织识别和控制食品安全危险，实施全面的食品安全管理体系（International Organization for Standardization，2005）。

至少在一定程度上，由于这些行业和监管机构努力建立风险管理文化和体系，美国的食源性病原体导致的疾病发生率在1999年至2010年之间显著下降。根据CDC 2010年的一份报告以及来自CDC食源性疾病主动监测网络（Foodborne Disease Active Surveillance Network，FoodNet）的数据，在过去十年中，被五种主要细菌病原体之一污染的食品的感染率下降了至少25%（Osterholm，2011；Scallan等，2011）。

航空业

今天，航空业被世界公认为最安全的运输工具之一。根据国际民用航空组织（International Civil Aviation Organization，ICAO）的数据，在过去的60年中，航空业的安全性能指标提高了130倍以上（Graham，2010）。最显著的进步出现在过去的十年左右。2012年是航空业自1945年以来最安全的一年，全世界只有475人死亡，不到2000年1147人死亡人数的一半（Mouawad and Drew，2013）。

显然，航空业已经认识到，它的成功必须建立在不断改善安全的基础上。航空安全的卓越业绩是一个仍处于安全管理问题前沿的行业的结果。特别是，航空业是最早定义组织安全的主要行业之一，并将风险管理系统作为减少航空事故发生频率和影响的重要组成部分。

ICAO在研究了多年的航空事故和航空安全之后，于2003年首次发布了其开创性的《安全管理手册》（Safety Management Manual，SMM）。ICAO于2013年发布了第三版SMM。SMM描述了三个历史时期的航空安全进展（International Civil Aviation Organization，2013）。

从20世纪初到60年代末，航空业作为一种大众运输形式出现，航空事故和灾难与技术因素和技术故障有关。因此，安全工作的重点是事故后调查和技术改进，以及最终的法规合规性和监督，这些工作还侧重于航空安全的技术组成部分。重大技术进步和安全法规的改进，使这一时期的航空事故发生率显著降低。

从20世纪70年代初到90年代中期，航空安全专家认识到，事故的发生不简单是因为技术落后或缺乏监管，而是由于人的行为失误。人因科学的应用主要集

---

① 全球食品安全倡议于2000年启动（Global Food Safety Initiative，2014）。

中在个体的作用和其对安全技术要素的理解和应用上。具体来说，航空安全强调了如何将操作人员及其行为与技术最安全、最有效地结合起来。

从 20 世纪 90 年代中期开始，航空安全专家开始从系统的角度看待这一问题，承认组织因素对航空安全的贡献等于或大于人员和技术因素。引入组织事故的概念，并认识到组织文化和政策对风险控制有效性的影响。传统的事故数据收集和分析由一种积极主动的方法进行补充，该方法评估和监测安全风险，并确定新出现的安全问题。安全管理系统是专门为缓解组织事故的可能性和严重性而开发的。

2006 年，ICAO 开始授权其每个成员国实施一项安全计划，以建立安全目标并跟踪实现这些目标的性能。与此同时，ICAO 要求各航空公司、机场、空中交通运营商和飞机维护组织建立安全管理体系，以持续识别和评估危险和风险，并在事故发生前采取风险缓解措施（International Civil Aviation Organization，2007）。这些风险管理系统原则很快被国际非政府航空安全团队所接受，并反映在新的政府监管举措中。[①]

生物风险管理

显然，风险管理系统在许多行业都很常见，尤其是那些事故可能产生重大后果的行业。上一节中描述的出现严重后果事故的根本原因远远超出了技术或人为故障范围，几乎总是反映出安全或安保管理中潜在的失误。实施了主动风险管理系统的严重后果行业已经显著减少了事故的数量和严重性。

尽管许多其他行业在实施正式的风险管理系统方面取得了进展，但在生物科学中还没有公认的国际生物风险管理系统。这本书旨在定义新的模式。

生物风险管理旨在改造传统的，基于预先定义的生物安全等级和规定性、检查表式的生物安保规定、几乎仅限于技术和技术解决方案以及操作人员的表现和行为的实验室生物安全和生物安保领域。依赖这种传统方法会存在着一种偏见，即拥有更多资源的机构，或来自更发达国家或地区的机构，从定义上来说，比资源较少的机构更安全和更安保。此外，在传统模式下，生命科学机构中的安全与安保几乎总是存在于两个完全独立的层面中，没有在机构层面上对机构的风险进行评估和管理。因此，这些独立的安全和安保程序作为管理职能来执行，所有责任都交给所谓的生物安全官，后者通常被视为（并得到补偿）监督者或监管者，他们通常必须在反对科学任务和科技人员的情况下工作。

相比之下，生物风险管理系统强调对机构中每个人的角色和责任的深度，并确保最高管理层对系统负有最终责任。风险管理系统将优先考虑理智的、基于证据的决策。风险评估是一种评价机构所有风险的实质性活动，是基于机构的独特操作，而不是一般的病原体风险声明或病原体风险级别。缓解措施是根据管理层基于风险的决定实施的，而不是根据预先定义的生物安全等级描述。不仅要预先评价风险，而且要不断评估生物风险管理系统的性能，以帮助预测可能发生的问题以及如何发生。生物风险管理系统概念具有明确的可扩展性，适用于研究实验室、生产设施、医院或现场调查。此外，由于生物风险管理明确以性能为导向，低资源环境下的机构可以像发达国家的机构一样有效地实施生物风险管理。

虽然新的模式从未被轻易或迅速地接受，而且每个行业都习惯于遵循传统程序和先前的实践经验，但我们坚信，生物风险管理的理论和概念在国际上正获得强劲的发展势头。显然，生物风险管理的未来是光明的。我们希望这本书能进一步定义和促进生物风险管理的发展。

参考文献

American University. 2014. Bhopal Disaster. TED Case Studies, Case 233. http://www1. american.edu/ted/bhopal.htm. (accessed August 13, 2014).

Baker III, James A., F.L. Bowman, G. Erwin, S. Gorton, D. Hendershot, N. Leveson, S. Priest, I. Rosenthal, P.V. Tebo, D.A. Wegmann, and L.D. Wilson. 2007. The Report of the BP U.S. Refineries Independent Safety Review Panel. January. http://www. bp.com/liveassets/bp_internet/globalbp/globalbp_uk_english/SP/STAGING/local_ assets/assets/pdfs/Baker_panel_report.pdf.

Ballentine, Carol. 1981. Taste of Raspberries, Taste of Death: The 1937 Elixir Sulfanilamide Incident. *FDA Consumer Magazine*. June. http://www.fda.gov/ aboutfda/whatwedo/history/productregulation/sulfanilamidedisaster/default.htm.

Barbeito, Manuel S., and R.H. Kruse. 2014. A History of the American Biological Safety Association. http://www.absa.org/abohist1.html (accessed April 11, 2014).

Benedict, Jeff. 2011. *Poisoned: The True Story of the Deadly E. coli Outbreak That Changed the Way Americans Eat*. Buena Vista, VA: Inspire Books.

Boston Globe Editorial. 2014. 'Level 4' Disease Research Can Be Safe, Belongs in America's Medical Capital. Boston Globe. April 13. http://www.bostonglobe.com/ opinion/editorials/2014/04/13/level-disease-research-can-safe-belongs-america-medical-capital/sShOiraz03EUmSRX9JCueO/story.html.

Braithwaite, John, and P. Drahos. 2000. *Global Business Regulation*. Cambridge, UK: Cambridge University Press.

Brhlikova, Petra, I. Harper, and A. Pollock. 2007. Good Manufacturing Practice in the Pharmaceutical Industry: Working Paper 3, Workshop on Tracing Pharmaceuticals in South Asia. University of Edinburgh. July 2-3. https: //www.csas.ed.ac.uk/__data/assets/pdf_file/0011/38828/GMPinPharmaIndustry.pdf.

British Petroleum. 2005. Fatal Accident Investigation Report: Isomerization Unit Explosion, Texas City, Texas. December 9. http://www.bp.com/liveassets/bp_internet/us/bp_us_english/STAGING/local_assets/downloads/t/final_report.pdf.

Broughton, Edward. 2005. The Bhopal Disaster and Its Aftermath: A Review. *Environmental Health: A Global Access Science Source*, 4: 6.

Bunn, Matthew, M.B. Malin, N. Roth, and W.H. Tobey. 2014. Advancing Nuclear Security: Evaluating Progress and Setting New Goals. Harvard University, Kennedy School, Belfer Center for Science and International Affairs. March. http://belfercenter.ksg.harvard.edu/files/advancingnuclearsecurity.pdf.

Byers, K.B. 2009. Biosafety Tips. *Applied Biosafety*, 14(2): 99-102.

The Canadian Press. 2009. Canadian- Made Ebola Vaccine Used after German Lab Accident. http://www.cbc.ca/news/technology/canadian-made-ebola-vaccine-used-after-german-lab-accident-1.827949 (posted March 20, 2009).

CBC News. 2009. Winnipeg Researcher Charged with Smuggling Ebola Material into U.S. May 13. http://www.cbc.ca/news/canada/winnipeg-researcher-charged-with-smuggling-ebola-material-into-u-s-1.774725.

Center for Food Safety. 2014. Timeline of Mad Cow Disease Outbreaks. http://www.centerforfoodsafety.org/issues/1040/mad-cow-disease/timeline-mad-cow-disease-outbreaks (accessed April 2014).

Center for Global Development. 2014. Case 1: Eradicating Smallpox. http://www.cgdev.org/page/case-1-eradicating-smallpox (accessed August 12, 2014).

College of Physicians of Philadelphia. 2014. The History of Vaccines. http://www.historyofvaccines.org/content/timelines/smallpox (accessed August 12, 2014).

Commercial Aviation Safety Team. 2014. http://www.cast-safety.org (accessed April 2014).

Commission on Genetic Modification. 2013. Synthetic Biology—Update 2013: Anticipating Developments in Synthetic Biology. CGM/130117-01. January.

Commission on the Prevention of WMD Proliferation and Terrorism. 2008. *World At Risk*. http://www.pharmathene.com/World_at_Risk_Report.pdf.

Cullen, Lord W. Douglas. 1990. *The Public Inquiry into the Piper Alpha Disaster*. 2 vol.

London: HM Stationery Office.

Engineering Failures. 2009. Engineering Failures: Chernobyl. Case Studies in Engineering. http://engineeringfailures.org/?p=1 (posted July 10, 2009).

European Committee for Standardization. 2011. CEN Workshop Agreement (CWA) 15793— Laboratory Biorisk Management.

Federal Bureau of Investigation. 2011. Amerithrax or Anthrax Investigation. http://www. fbi.gov/anthrax/amerithraxlinks.htm (accessed August 12, 2014).

Fonkwo, Peter. 2008. Biosecurity Challenges of the Global Expansion of High- Containment Biological Laboratories. *EMBO Reports*, 9(Suppl 1): S13-S17. doi: 10.1038/embor. 2008.110. http://www.ncbi.nlm.nih.gov/pmc/articles/PMC3327542/.

Friedman, M.A., J. Woodcock, M.M. Lumpkin, J.E. Shuren, A.E. Hass, and L.J. Thomson. 1999. The Safety of Newly Approved Medicines: Do Recent Market Removals Mean There Is a Problem? *Journal of the American Medical Association*, 12(281): 18.

Furmanski, Martin. 2014. Laboratory Escapes 'Self- Fulfilling Prophecy' Epidemics. Center for Arms Control and Nonproliferation. February 17. http://armscontrolcenter. org/Escaped_Viruses- final_2-17-14.pdf.

Global Food Safety Initiative. 2014. http://www.mygfsi.com (accessed April 2014).

Government of Japan. 2007. Amendment of the Infectious Diseases Control Law, Japan, as of June 2007. *Infectious Agents Surveillance Report*, 28: 185-188. http://idsc.nih. go.jp/iasr/28/329/tpc329.html.

Government of South Korea. 2005. Prevention of Contagious Disease Act.

Graham, Nancy. 2010. Aviation Safety: Making a Safe System Even Safer. Video message. International Civil Aviation Organization. October 1. http://www.icao. int/Newsroom/Presentation%20Slides/Streaming%20video%20message%20-%20 Aviation%20Safety.pdf.

Harris, Anne. 2013. Piper Alpha 25 Years On—Have We Learned the Lessons? *Engineering and Technology Magazine*, 8: 7. http://eandt.theiet.org/magazine/2013/ 07/never-stop-learning.cfm.

Health and Safety Executive. 2007. Final Report on Potential Breaches of Biosecurity at the Pirbright Site 2007. December 20. http://www.hse.gov.uk/news/2007/finalreport. pdf (accessed August 12, 2014).

Henkel, Richard D., T. Miller, and R.S. Weyant. 2012. Monitoring Select Agent Theft, Loss and Release Reports in the United States—2004-2010. *Applied Biosafety*, 17(4).

Herfst, Sander, E.J.A. Schrauwen, M. Linster, S. Chutinimitkul, E. de Wit, V.J. Munster, E.M. Sorrell, T.M. Bestebroer, D.F. Burke, D.K. Smith, G.F. Rimmelzwaan, A.D.M.E. Osterhaus, and R.A.M. Fouchier. 2012. Airborne Transmission of Influenza A/ H5N1 Virus between Ferrets. *Science*, 336(6088): 1534-1541.

ICH (International Conference on the Harmonisation of Technical Requirements for Registration of Pharmaceuticals for Human Use). 2014. History/ About ICH. http://www.ich.org/about/history.html (accessed September 20, 2014).

Imai, Masaki, T. Watanabe, M. Hatta, S.C. Das, M. Ozawa, K. Shinya, G. Zhong, A. Hanson, H. Katsura, S. Watanabe, C. Li, E. Kawakami, S. Yamada, M. Kiso, Y. Suzuki, E. Maher, G. Nermann, and Y. Kawaoka. 2012. Experimental Adaptation of an Influenza H5 HA Confers Respiratory Droplet Transmission to a Reassortant H5 HA/ H1N1 Virus in Ferrets. *Nature*, 486(7403): 420-428.

Institute of Medicine. 2006. *The Future of Drug Safety: Promoting and Protecting the Health of the Public*. Washington, DC: National Academies Press. http://www.iom.edu/Reports/2006/The-Future-of-Drug-Safety-Promoting-and-Protecting-the-Health-of-the-Public.aspx

International Atomic Energy Agency. 2006. Chernobyl's Legacy: Health, Environmental, and Socio- Economic Impacts. In *The Chernobyl Forum: 2003-2005*. 2nd rev. version. http://www.iaea.org/Publications/Booklets/Chernobyl/chernobyl.pdf.

International Civil Aviation Organization. 2007. Global Aviation Safety Plan. July. http://www.icao.int/WACAF/AFIRAN08_Doc/gasp_en.pdf.

International Civil Aviation Organization. 2013. Safety Management Manual. Document 9859, AN/474, 3rd ed. http://www.skybrary.aero/bookshelf/content/bookDetails.php?bookId=644.

International Nuclear Safety Advisory Group. 1992. INSAG-7: The Chernobyl Accident— Updating of INSAG-1. Safety Series 75. International Atomic Energy Agency, Vienna. http://www-pub.iaea.org/MTCD/publications/PDF/Pub913e_web.pdf.

International Organization for Standardization. 2005. ISO 22000: Food Safety Management. http://www.iso.org/iso/home/standards/management-standards/iso22000.htm (accessed April 2014).

Karasek, Gary. 2014. Top 10 Major Accidents That Influenced the World. Parts 3-5. http://www.actiononrisk.com/2011/01/top-10-major-accidents-that-influenced-the-world-part-3/, http://www.actiononrisk.com/2011/01/top-10-major-accidents-that-influenced-the-world-part-4/, http://www.actiononrisk.com/2011/04/top-10-major-accidents-that-influenced-the-world-part-5/ (accessed April 2014).

Kingdom of Denmark. 2008. Act on Securing Certain Biological Agents, Delivery Systems and Related Material. Law 69. Adopted by the Danish Parliament on the 3rd hearing, June 12.

Kortepeter, Mark G., J.W. Martin, J.M. Rusnak, T.J. Cieslak, K.L. Warfield, E.L. Anderson, and M.V. Ranadive. 2008. Managing Potential Laboratory Exposure to Ebola Virus by Using a Patient Biocontainment Care Unit. *Emerging Infectious Diseases*, 14(6). doi: 10.3201/eid1406.071489.

Kruse, Richard H., W.H. Puckett, and J.H. Richardson. 1991. Biological Safety Cabinet. *Clinical Microbiology Reviews*, 207-241.

Lenz, W. 1988. A Short History of Thalidomide Embryopathy. *Teratology*, 38: 3.

Lind, Arne. 1957. Ventilated Cabinets in a Tuberculosis Laboratory. *Bulletin of the World Health Organization*, 16(2): 448-453.

Lipsitch, Marc, and A. Galvani. 2014. Ethical Alternatives to Experiments with Novel Potential Pandemic Pathogens. *PLoS Medicine*, 10.1371.

Manaan, M. Sam, ed. 2005. *Lee's Loss Prevention in the Process Industries: Hazard Identification, Assessment, and Control*. 3rd ed., Vol. 3, Appendix 5—Bhopal.

Manaan, M. Sam, H.H. West, K. Krishna, A.A. Aldeeb, N. Keren, S.R. Saraf, Y.S. Liu, and M. Gentile. 2005. The Legacy of Bhopal: The Impact over the Last 20 Years and Future Direction. *Journal of Loss Prevention in the Process Industries*, 18: 218-224.

Manning, Shannon. 2010. Escherichia coli Infections. 2nd ed. New York: Chelsea House.

Margolin, Josh, and T. Sherman. 2005. 3 Plague- Infected Lab Mice Missing. *Seattle Times*. http://seattletimes.com/html/nationworld/2002498338_plague16.html (posted September 16).

McGreal, Ryan. 2012. 17 Months Later, Fukushima Daiichi Offers Bitter Lesson in Risk Management. *Raise the Hammer*. August 9. https: //raisethehammer.org/ article/1641/17_months_later_fukushima_daiichi_offers_bitter_lessons_in_risk_ management.

Meadows, Michelle. 2006a. A Century of Ensuring Safe Foods and Cosmetics. *FDA Consumer Magazine*, The Centennial Edition. January- February. http://www.fda.gov/AboutFDA/WhatWeDo/History/FOrgsHistory/CFSAN/ucm083863.htm.

Meadows, Michelle. 2006b. Promoting Safe and Effective Drugs for 100 Years. *FDA Consumer Magazine*. January- February. http://www.fda.gov/AboutFDA/WhatWeDo/History/ProductRegulation/PromotingSafeandEffectiveDrugsfor100Years/.

Mermel, Leonard A., S.L. Josephson, J. Dempsy, S. Parenteau, C. Perry, and N. Magill. 1997. Outbreak of Shigella sonnei in a Clinical Microbiology Laboratory. *Journal of*

Clinical Microbiology, 35(12), 3163-3165.

Miller, Judith. 2004. Russian Scientist Dies in Ebola Accident at Former Weapons Lab. *New York Times*. May 25. http://www.nytimes.com/2004/05/25/international/europe/25ebol.html (accessed August 12, 2014).

Miller, Marilyn T., and K. Strömland. 1999. Thalidomide: A Review, with a Focus on Ocular Findings and New Potential Uses. *Teratology*, 60: 3.

Mouawad, Jad, and C. Drew. 2013. Airline Industry at Its Safest since the Dawn of the Jet Age. *New York Times*. February 11. http://www.nytimes.com/2013/02/12/business/2012was-the-safest-year-for-airlines-globally-since-1945.html?pagewanted=all&_r=0.

National Aeronautics and Space Administration. 2013. *The Case for Safety: The North Sea Piper Alpha Disaster*. NASA Safety Center System Failure Case Study 7: 4. May.

National Diet of Japan. 2012. The Official Report of the Fukushima Nuclear Accident Independent Investigation Commission. http://warp.da.ndl.go.jp/info: ndljp/pid/3856371/naiic.go.jp/wp-content/uploads/2012/09/NAIIC_report_lo_res10.pdf.

National Research Council. 2004. Biotechnology Research in the Age of Bioterrorism. Committee on Research Standards and Practices to Prevent the Destructive Application of Biotechnology, Washington, DC.

National Research Council. 2010. Sequence- Based Classification of Select Agents: A Brighter Line. Committee on Scientific Milestones for the Development of a Gene- Sequence- Based Classification System for the Oversight of Select Agents, Washington, DC.

Oil and Gas Industry Association. 2013. Piper 25, Presented at Oil and Gas UK Annual Conference, Aberdeen, UK, June 18-20. http://www.oilandgasuk.co.uk/events/Piper25.cfm?frmAlias=/Piper25/ (accessed April 2014).

O'Mahony, Ann. 2011. Quality Risk Management: The Pharmaceutical Experience. PDA presentation in Galway, Ireland. November 11. http://www.pda.org/docs/default-source/website-document-library/chapters/presentations/ireland/quality-risk-management—the-pharmaceutical-experience.pdf?sfvrsn=6.

Osterholm, Michael T. 2011. Foodborne Disease in 2011—The Rest of the Story. *New England Journal of Medicine*, 364: 10.

Palk, Justin M. 2009. USAMRIID Finds 9, 200 Disease Samples It Didn't Know It Had. *Frederick News- Post*. http://www.fredericknewspost.com/archive/article_dd4e2f576720-5615-9a76-bdf5c443c333.html?mode=jqm (posted June 18).

Pauwels, Katia, R. Mampuys, C. Golstein, D. Breyer, P. Herman, M. Kaspari, J.C. Pagés, H. Pfister, F. van der Wilk, and B. Schönig. 2013. Event Report: SynBio Workshop (Paris 2012)—Risk Assessment Challenges of Synthetic Biology. *Journal of Consumer Protection and Food Safety*, 8(3): 215-226.

Phillips, G. Brooks. 1961. Technical Study 35: Microbiological Safety in U.S. and Foreign Laboratories. Fort Detrick, MD.

Pike, Robert M. 1976. Laboratory- Acquired Infections: Summary and Analysis of 3, 921 Cases. *Health Laboratory Science*, 13(2): 105-114.

Public Health Agency of Canada. 2014. Compliance: Registration, Permits, Inspection and Enforcement. http://www.phac-aspc.gc.ca/lab-bio/permits/index-eng.php (last modified July 17, 2014).

Reitman, Morton, and A.G. Wedum. 1966. Microbiological Safety. Public Health Report, 71: 659-665.

Republic of Singapore. 2005. Biological Agents and Toxins Act. Bill 26/2005. Passed September 20. http://www.biosafety.moh.gov.sg/bioe/ui/pages/links/abt_bata.htm.

Reuters. 2012. Utility Says It Underestimated Radiation Released in Japan. *New York Times*. May 24. http://www.nytimes.com/2012/05/25/world/asia/radioactive-release-at-fukushima-plant-was-underestimated.html?_r=0.

Russ, Hillary, and J. Steenhuysen. 2014. CDC Reassigns Director of Lab Behind Anthrax Blunder. Reuters. June 24. http://www.reuters.com/article/2014/06/23/us-usa-anthrax-idUSKBN0EY0A020140623.

Saxholm, Rolf. 1954. Experiments with a New Culture Method for Tubercle Bacilli. *American Review of Tuberculosis*, 69: 304-306.

Scallan, Elaine, R.M. Hoekstra, F.J. Angulo, R.V. Tauxe, M.A. Widdowson, S.L. Roy, J.L. Jones, and P.M. Griffin. 2011. Foodborne Illness Acquired in the United States—Major Pathogens. *Emerging Infectious Diseases*, 17: 1. doi: 10.3201/eid1701.091101p1.

Scott, Willie. 2011. Piper Oil Rig Disaster. Bright Hub Engineering. http://www.brighthubengineering.com/marine-history/116049-piper-alpha-oil-rig-disaster/ (updated November 10, 2011).

Sherman, Ted. 2009. UMDNJ Facility Loses Two Plague- Infected Dead Lab Mice. *The Star- Ledger*. http://www.nj.com/news/index.ssf/2009/02/dead_lab_mice_lost_from_umdnj.html (posted February 7, 2009).

Shooter, Reginald A. 1980. *Report of the Investigation into the Cause of the 1978 Birmingham Smallpox Occurrence*. London: HMSO.

Srinivansan, Arjun, C.N. Kraus, D. DeShazer, P.M. Becker, J.D. Dick, L. Spacek, J.G. Bartlett, W.R. Byrne, and D.L. Thomas. 2001. Glanders in a Military Research Microbiologist. *New England Journal of Medicine*, 345(4): 256-258.

Starr, Steven. 2012. Costs and Consequences of the Fukushima Daiichi Disaster. Physicians for Social Responsibility. http://www.psr.org/environment-and-health/environmental-health-policy-institute/responses/costs-and-consequences-of-fukushima.html (posted November 2012).

Steenhuysen, Julie, and S. Begley. 2014. CDC Didn't Heed Own Lessons from 2004 Anthrax Scare. Reuters. June 30. http://www.reuters.com/article/2014/06/29/us-usa-anthrax-risks-insight-idUSKBN0F40DY20140629.

The Sunshine Project. 2007. News Release: Texas A&M Bioweapons Accidents More the Norm than the Exception. July 3.

Tanne, Janice H. 2003. Infectious Diseases Expert Convicted over Missing Plague Bacteria. *BMJ*. doi: 10.1136/bmj.327.7427.1307-. http://www.ncbi.nlm.nih.gov/pmc/articles/PMC1146509/.

ten Berge, Dieudonne. 1990. *The First 24 Hours: A Comprehensive Guide to Successful Crisis Management*. Colchester, VT: Blackwell Business.

Ten Hoeve, John E., and M.Z. Jacobson. 2012. Worldwide Health Effects of the Fukushima Daiichi Nuclear Accident. *Energy and Environmental Science*. June. doi: 10.1039/ c2ee22019a. http://web.stanford.edu/group/efmh/jacobson/TenHoeveEES12.pdf.

University of Edinburgh. 2009. Variant Creutzfeld- Jakob Disease: Current Data (October 2009). National Creutzfeldt- Jakob Disease Surveillance Unit (NCJDSU), University of Edinburgh. October.

US Centers for Disease Control and Prevention. 1974. *Classification of Etiological Agents on the Basis of Hazard*. 4th ed.

US Centers for Disease Control and Prevention. 1993. Update: Multistate Outbreak of Escherichia coli O157: H7 Infections from Hamburgers—Western United States, 1992- 1993. *Morbidity and Mortality Weekly Report*, 42(14).

US Centers for Disease Control and Prevention. 2004. China Reports Ninth Recent Possible SARS Case. Health Advisory. April 29.

US Centers for Disease Control and Prevention, DSAT. 2007. Letter from DSAT Director to Responsible Official, Texas A&M University. Division of Select Agents and Toxins. August 31.

US Chemical Safety and Hazard Investigation Board. 2007. *Investigation Report:*

Refinery Explosion and Fire, Texas City, Texas, March 23, 2005. Report 2005-04-I-TX. March. http://www.csb.gov/assets/1/19/csbfinalreportbp.pdf.

US Code of Federal Regulations. 1996. 42 CFR Part 72: Additional Requirements for Facilities Transferring or Receiving Select Agents. October 24, 1996.

US Code of Federal Regulations. 2005. 42 CFR Part 73: CDC Select Agent Regulations. 7 CFR Part 331 and 9 CFR Part 121: APHIS Select Agent Regulations. http://www.selectagents.gov/Regulations.html.

US Department of Army. 2014. The History of Fort Detrick. http://www.detrick.army.mil/cutting_edge (accessed April 11, 2014).

US Department of Energy. 2012. *Special Report: Inquiry into the Security Breach at the National Nuclear Security Administration's Y-12 National Security Complex*. DOE/IG-0868. Office of the Inspector General. August. http://energy.gov/sites/prod/files/IG-0868_0.pdf

US Department of Health and Human Services. 1984. *Biosafety in Microbiological and Biomedical Laboratories*. 1st ed.

US Department of Health and Human Services. 2009. B*iosafety in Microbiological and Biomedical Laboratories*. 5th ed., p. 3.

US Federal Aviation Administration. 2010. Press Release—FAA Proposes Safety Management Systems for Airlines. November 4. https: //www.faa.gov/news/press_releases/news_story.cfm?newsid=12118.

US Food and Drug Administration. 2014. Snapshot of Food Safety Milestones in the History of the FDA. http://www.fda.gov/Food/GuidanceRegulation/FSMA/ucm238505.htm (last updated August 5).

US National Institutes of Health. 1976. Recombinant DNA Research Guidelines. *Federal Register*, 41(131): 27902-27943.

US Senate. 2006. Food Safety: Current Challenges and New Ideas to Safeguard Consumers. Hearing of the Committee on Health, Education, Labor, and Pensions, US Senate. November 15. http://www.gpo.gov/fdsys/pkg/CHRG-109shrg31620/html/CHRG109shrg31620.htm.

US White House. 2010. Executive Order 13546—Optimizing the Security of Biological Select Agents and Toxins in the United States. http://www.whitehouse.gov/the-press-office/executive-order-optimizing-security-biological-select-agents-and-toxins-united-stat.

Valleron, Alain- Jacques, P.Y. Boelle, R. Will, and J.Y. Cesbron. 2001. Estimation of Epidemic Size and Incubation Time Based on Age Characteristics of vCJD in the United Kingdom. *Science* 294(5547). doi: 10.1126/science.1066838.

Van Noorden, Richard. 2013. Safety Survey Reveals Lab Risks. *Nature*, 493: 3.

Walker, J. Samuel, and T.R. Wellock. 2010. *A Short History of Nuclear Regulation, 1946-2009*. US Nuclear Regulatory Commission. October. http://pbadupws.nrc.gov/docs/ML1029/ML102980443.pdf.

Watanabe, Tokiko, G. Zhong, C.A. Russell, N. Nakajima, M. Hatta, A. Hanson, R. McBride, D.F. Burke, K. Takahashi, S. Fukuyama, Y. Tomita, E.A. Maher, S. Watanabe, M. Imai, G. Neumann, H. Hasegawa, J.C. Paulson, D.J. Smith, and Y. Kawaoka. 2014. Circulating Avian Influenza Viruses Closely Related to the 1918 Virus Have Pandemic Potential. *Cell Host and Microbe*, 15(6): 692-705.

Wedum, Arnold G. 1997. History and Epidemiology of Laboratory- Acquired Infections. *Journal of the American Biological Safety Association*, 2(1): 12-29.

Wikipedia. 2014. Texas City Refinery Explosion. http://en.wikipedia.org/wiki/Texas_City_Refinery_explosion (accessed April 2014).

World Health Organization. 1983. *Laboratory Biosafety Manual*. 1st ed.

World Health Organization. 2004. *Laboratory Biosafety Manual*. 3rd ed.

World Health Organization. 2003. *WHO Good Manufacturing Practices: Main Principles for Pharmaceutical Products*. 37th Report. WHO Expert Committee on Specifications for Pharmaceutical Preparations, Geneva, Annex 4.

第二章

AMP 模式

丽莎·阿斯图托·格里布尔（Lisa Astuto Gribble），伊迪丝·桑加朗·特里亚（Edith Sangalang Tria）和劳里·沃利斯（Laurie Wallis）

摘要

所有从事生物因子和毒素工作的组织都有责任安全地开展工作。生物风险管理，如 CEN 研讨协议（CWA）15793：2011 所定义，是"控制与实验室和设施中生物因子和毒素的操作或储存和处置相关的安全和安保风险的系统或过程。"有效实施这类管理是一个涉及所有组织利益相关方和机构层面的复杂过程。在任何组织中建立和维持一个高效的生物风险管理系统都需要时间、资源和持续的监督和努力。

AMP 模型是支持生物风险管理实施的一种简单而有效的方法。该模型由三个基本组成部分组成：评估（assessment，A）、缓解（mitigation，M）和性能（performance，P）。没有这三个组成部分，任何生物风险管理系统都不是完整的或全面的。[①]

简介

从事生物因子和毒素工作的组织有责任安全可靠地开展工作。实现安全和安保需要管理所有生物风险，无论是在实验室、医院或职业健康环境中。CWA 15793：2011 将生物风险管理定义为"控制与实验室和设施中生物因子和毒素的操作或储存和处置相关的安全和安保风险的系统或过程"（European Committee for Standardization，2011）。

生物风险管理是一个新的领域，它的正式起源可以追溯到 21 世纪初，在许多危险的生物实验室事件之后，例如 2001 年的 Amerithrax 攻击和 2003~2004 年亚洲

---

① AMP 模型首先由 WHO 在其生物风险管理高级培训师计划中阐明，该计划于 2010 年制定并首次实施。

的实验室获得性 SARS 感染。作为回应，相关的国际科学和政策界寻求建立一种统一的生物风险管理方法，以提高对生物风险的认识，并建立世界各地生物安全和生物安保活动改进的一致性。

生物风险管理中的评估、缓解和性能没有一个是新概念。事实上，几十年来，每一个组成部分都被各种工业部门独立采用。风险识别和评估历史悠久，但直到 20 世纪 80 年代初才得到正式认可（Environmental Protection Agency，2004；Kaplan and Garrick，1981）。从那时起，风险分析和评估领域不断扩大，已成为众多企业和行业不可或缺的一部分。正如引言中所讨论的，航空业是一个非常依赖风险评估的行业的良好案例，因为航空业在日常运营中面临重大风险，以及其他与客户安全和关系、公司声誉和价值、飞机维护和安保等相关的风险。历史上，航空业的安全是建立在对过去灾难性航空事件的反应性分析的基础上的。如今，随着风险分析的引入以及对所有风险领域的识别和管理，国际航空业的安全水平已经达到了显著的高度（International Civil Aviation Organization，2013）。

缓解策略可能是实现安全和安保的最常见的管理方法。风险控制措施的创建、设计、开发和销售是一项横跨许多行业、价值 10 亿美元的业务。缓解控制措施为减轻风险提供了不可或缺的工具和经验。历史上，企业和行业首先寻求缓解措施，以直接减轻或消除其风险。当然，购买一种特定的技术或设备来减轻风险要比制定一个有多个利益相关方的组织如何考虑风险的战略要容易得多；后者的方法往往需要一个公司在如何管理和有意义地缓解风险方面进行模式转变。

最后，了解组织的安全记录以及如何最好地评价其安全性能对于组织的总体任务和目标至关重要。尽管许多行业依赖性能指标，例如跟踪"无安全事故发生天数"，而不是评估和优化流程，但医疗行业在近 250 年来一直依赖于评估其性能和提供优质护理（Loeb，2004）。

显然，评估、缓解和性能是任何业务流程中的关键要素，包括风险管理。然而，在生物风险管理系统中，这三个组成部分中的每一个部分都不是单独处理的，而是由图 2.1 所示的 AMP 模型（World Health Organization，2010）共同进行的。AMP 模型要求控制措施以稳健的风险评估为基础，并持续评价控制措施的有效性和适宜性。已被识别的风险可以缓解（避免、限制或转移到外部实体）或接受。

AMP 模型的每一个组成部分对有效的生物风险管理系统都有同等的作用。就像三条腿的凳子一样，如果其中一个组件或腿被忽略或

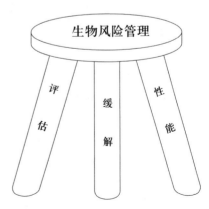

图 2.1　AMP 模型
如果没有任何一条腿支持，生物风险管理这个凳子将不合格

没有以一种有意义和全面的方式解决，生物风险管理系统就会失败。与其他通常侧重于缓解措施的风险管理模型相比，AMP 则同样注重评估和性能。尽管简单，AMP 模型在实施生物风险管理时至关重要。在完成最初一轮评估、缓解和性能步骤后，及时建立一个快照，生物风险管理系统则继续不断地重新评估和评价当前系统，并根据需要进行改进。

本章的以下章节将分别介绍并描述三个 AMP 部件。后续章节将提供更详细的解释。

评估

生物风险管理系统的第一个基本组成部分是对实验室中存在的风险进行评估。风险可以描述为可能性（或概率）和不良事件后果的组合。它通常被描述为一个数学方程式：风险 $=f$（可能性，后果）。风险可以基于危险或威胁。[①] 风险评估是帮助确定、缓解和管理实验室风险的基本过程。一个好的风险评估系统可以为减轻实验室风险的决策提供信息。第 3 章 "风险评估" 对风险评估方法进行了更详细的综述。

风险评估的结果指导工作人员选择适当的生物安全措施（包括微生物实践和选择适当的安全设备）、安保措施（包括受控进入生物因子存在的实验室）和其他设施保障措施，以缓解风险至可接受或可管理的水平。在许多情况下，执行良好的风险评估结果证明，可以使用相对简单的措施来控制某些风险，例如适当地清理溢出物和飞溅物，减少坠落危险，以及锁定含有感染性病原体的储存区。当然，控制其他风险可能需要投入更多的资源，以适当地缓解这些风险。同时，风险评估结果应体现实验室培训的目标。如果风险评估的结果显示感染的可能性和后果很低，可以使用最低限度的个体防护装备（如手套和工作服），工作人员显然不需要使用昂贵的个体防护装备或接受更高防护措施的培训。但是，需要注意的是，尽管风险评估是一个帮助消除或减轻特定领域风险的重要工具，但根据工作性质，实验室的整体风险永远无法完全消除。在任何开展生物因子和毒素工作的实验室中，总是存在一定程度的风险。

进行正式的风险评估有很多好处。其主要优势是提高个人以及设施内生物材料的安全和安保水平，确保周围社区和环境的安全。另一个好处是最有效地以节省资源为目标。风险评估的结果可以节省机构的资金，防止成本高昂、不必要的过度缓解或实施不当的控制措施。风险评估的结果可以支持实验室空间改造的高级规划，包括证明特定设施或设备的需求。风险评估过程还可用于评价和验证应

---

① 危险是一种具有潜在危害的起源、情况或行为；威胁是指意图或有能力造成伤害的人。

急计划，以及关键设备和设施的预防性维护计划。

风险评估结果的质量完全取决于进行风险评估时收集的信息的质量。换句话说，风险评估需要收集和评价准确的信息。指定参与风险评估的人员应十分熟悉实验室的工作活动、其生物因子持有量、程序、设备和人员，以及它们如何影响实验室的风险。进入风险评估过程的所有信息必须由参与管理生物风险的机构人员收集和评估，包括实验室主任、首席研究员、实验室工作人员以及安全和安保专业人员等有关人员。

国际社会许多人认识到风险评估对于减轻生物实验室风险的重要性。生物风险评估是许多国家的一项法律义务，这些国家制定了生物安全法规，作为通知或授权程序的一部分，或作为确定所需风险缓解措施的基础。许多关于生物安全的主要指导文件，包括 WHO 的《实验室生物安全手册》、美国的《微生物和生物医学实验室生物安全》以及国际共识文件 "CEN 研讨协议（CEN Workshop Agreement）15793：2011——实验室生物风险管理（Laboratory Biorisk Management）"（简称 CWA 15793），都强调风险评估是管理这些风险的基本规划步骤（European Committee for Standardization，2011；World Health Organization，2004；US Department of Health and Human Services，2009）。

需要注意的是，稳健的风险评估必须针对特定的实验室、状况或设施。每个设施都有不同的特点和设备，每个机构在风险缓解或接纳方面都有不同的观点。设施中使用的程序，以及执行这些程序的个人的知识、技能和能力，几乎从未完全相同。单一的通用病原体风险评估（例如，由加拿大公共卫生机构发布的病原体安全数据表。Public Health Agency of Canada，2014）不足以进行生物风险管理，因为它只评价病原体，而不评价影响风险的其他任何因素。但是，这些对病原体特征的描述通常提供能强化风险评估的背景信息。

何时进行和审查实验室风险评估

当实验、过程、材料和技术改变时，风险也会随之改变。在开始任何新工作之前，实验室工作人员应始终执行并记录风险评估。当设施发生显著变化或正在进行的工作的基本性质发生变化时，也应完成风险评估。不管怎样，即使在静态条件下，也必须对实验室风险进行定期评估。即使实验或过程没有发生变化，生物风险仍然可能发生变化；因此，应至少每年进行一次风险评估和审查。会改变风险环境并需要重新评估的活动或事件的例子包括：

- 新的感染性因子、毒素、试剂或其他危险物质；
- 新的动物种类、模型或生物因子给药途径；
- 不同的规程和实践；
- 新设备；

- 人员变动；
- 消耗性材料（PPE、容器、废弃物处理材料、培养基等）制造商或供应商的变更；
- 由于设备老化或不能充分维修 / 维护而无法有效运行；
- 科学理论与技术的进展（新模式）；
- 搬迁或改造；
- 最近发生的事故、实验室获得性感染（laboratory-acquired infection，LAI）、盗窃或违反安保规定；
- 国家或地区疾病状态的变化（疾病流行或根除）；
- 当地基础设施（电力、水、道路）的变化；
- 国家、地区或当地威胁或安保环境的变化。

在审查风险评估结果后，应根据需要确定、实施或修订适当的缓解措施。

风险评估中的共同角色和责任

风险评估过程不应仅由实验室的生物风险管理顾问或生物安全专业人员启动或执行；相反，高质量的风险评估是实验室或设施中众多人员参与的结果。

此外，风险评估是实验室和大型设施内每个人的重要责任。在一个实验室中，风险的最佳评估者通常是那些在实验室工作的人，和那些最熟悉因子和其他有价值的实验室材料，以及实验实践和过程的人。因此，实验室生物安全和生物安保风险评估应由首席研究员、科学家、研究人员（或风险评估小组）和生物风险管理顾问或生物安全专业人员共同负责。生物安全专业人员应负责启动风险评估过程，并对机构实验室内存在的所有生物风险的识别保持高度警惕。对于生物安保风险评估，机构安保专业人员也应尽可能参与。第 3 章介绍了各种风险评估的用户及其职责。

一旦识别并沟通了所有风险，相关实验室和机构的工作人员应共同努力，有效地控制或减轻风险，使其达到可接受的水平。实验室工作人员和其他利益相关方可以共同确定执行操作特定有机体任务所需的必要生物安全做法。这应与其他负责机构合作，如机构生物安全委员会（Institutional Biosafety Committee，IBC）或生物风险管理委员会、医院感染控制委员会和患者安全委员会、环境健康与安全部门、实验室质量保证委员会或任何动物护理和使用委员会。

缓解

生物风险管理模型的第二个基本组成部分是缓解。生物风险缓解措施是基于强有力的实验室风险评估的行动和控制措施，旨在减轻或消除与生物因子和毒素相关的风险。评估风险决定了在减轻和消除这些特定风险方面最有效的行动和控制措施。由于风险评估未完成或不够完善，设施通常会实施不必要或不适当的缓解措施。在许多情况下，这些措施并不能减轻风险，反而会增加风险。一个例子是一个实验室内常见错误，某实验室被商业供应商说服购买了一个不必要且昂贵的Ⅲ级手套箱，但未能充分培训工作人员如何使用该手套箱或进行日常维护或认证。这种情况可能使实验室工作人员比购买该设备前更容易受到感染。

历史上，传统的生物安全方法强调物理缓解措施，而忽略或不恰当地识别同样重要的其他因素。例如，许多设施已投入大量资源购买和安装摄像头，以减轻实验室中存在的生物安全和生物安保风险。生物科学机构通常购买复杂的设备或投资于新员工的培训计划。目前可用的缓解措施数目众多、种类繁多，事实上，许多措施也在减轻生物风险方面发挥着至关重要的作用。然而，关键是要认识到，仅仅采取缓解措施并不足以有效地实施生物风险管理计划。缓解只是生物风险管理过程的一个组成部分。

缓解控制措施

总体而言，生物风险缓解可分为五个控制领域。缓解控制的第一类是消除或替代。消除包括不做预期的工作，或决定不开展特定的生物因子工作。显然，消除可以最高程度地减轻风险。一个众所周知的消除的全球例子是，国际社会决定在世界上仅有的两个 WHO 参考实验室——美国佐治亚州亚特兰大的 CDC 和俄罗斯 VECTOR 封存和保留引起天花的生物因子（大天花，Variola major）的所有已知库存。这一决定消除了世界上除了两个实验室以外的天花研究的风险。然而，在许多情况下，消除风险并不总是可行的。对于这些情况，可能有必要使用替代品，或将已识别风险的来源替换或交换为另一个比原始风险危害 / 威胁小的来源。例如，一个实验室对引起急性致命性炭疽病的炭疽芽孢杆菌（*Bacillus anthracis*）进行研究，可以替换为一种不太危险的实验替代品，例如苏云金杆菌（*Bacillus thuringiensis*），这是一种世界上最常用于生物农药研究的有机体。这一决定将大大减轻感染风险，同时可能不会影响研究目标。此外，苏云金杆菌的使用也消除了实验室对提高生物安全和污染处理的需求。

第二类缓解控制措施是工程控制。这些控制措施是对工作站、设备、生产设施或工作环境的任何其他相关方面进行的物理变化，可减轻或防止暴露于危险。生物安全柜是工程控制的一个例子，可分为三级保护；Ⅰ级和Ⅱ级安全柜设计有单向、层流气流，用于将潜在污染的空气与工作人员隔离并经 HEPA 过滤器后再排放到环境中。Ⅲ级安全柜增加了额外的严格防护，使用气密手套箱和其他功能。即使是锁定实验室门的简单方法也是与安保相关的工程控制的一个例子。

第三类缓解控制统称为管理控制。这些控制是用于控制风险的政策、标准和指南。实验室工作人员的熟练程度和能力培训将被视为管理控制。显示生物危害或警告标志、标记和标签、控制访客和工作人员进入，以及记录书面标准操作规程都是管理控制的形式。

实践和规程构成第四类缓解控制措施。这包括操作应尽量减少飞溅、喷雾和气溶胶以避免 LAI 或遵循标准操作规程（Standard Operating Procedures，SOP）。

最后一类缓解控制措施是个体防护装备（PPE）。这些装备是工作人员在实验室中为防止化学品、毒素和致病性危害而穿戴的设备。手套、工作服和呼吸器都是 PPE 的例子。PPE 被认为是效率最低的控制措施，因为它只保护穿戴 PPE 的人，而且是在正确使用 PPE 时。例如当出现其失效或不当使用、材料撕裂或制造缺陷等问题时都可能导致暴露。

由于风险是可能性和后果的函数，因此认识到缓解措施如何影响风险方程式非常有用。工程控制、管理控制、实践和规程以及 PPE 的实施都可以降低风险的可能性。替代将影响方程中的后果；消除危险将完全消除风险。评估风险并了解各种风险的可能性和后果非常重要，因为它们为控制措施的战略决策奠定了基础。

虽然所有五种缓解控制措施都很重要，并有助于缓解生物风险，但没有一种措施能够完全有效地控制或减轻所有风险。此外，每种方法都有明显的优缺点。例如，实验室的空气处理系统可以有效地减轻空气中的病原体从实验室中逸出的风险，但该系统对保护实验室内的员工几乎起不到作用。此外，该系统的安装、运行和维护成本可能很高，并且需要稳定的专用电源。有关缓解措施及其优缺点的更多详细示例，请参阅第 5 章 "重新思考缓解措施"。

一般来说，缓解风险的最有效方法是考虑控制措施的组合。控制层级的概念描述了缓解措施的有效性顺序（从效率最高到效率最低），并暗示在选择和实施控制措施以减轻风险时应考虑该顺序。然而，根据设施或情况，层级中较低的缓解措施实际上可能比层级中较高的缓解措施更有效。决策者还必须评估组织的优势、资源、责任、人员知识和能力以及其他属性，以确保针对应用情况适当地实施缓解措施。

显然，世界各地的许多设施和实验室在缓解生物风险方面面临挑战，因为它们的组织和财政资源非常有限。许多实验室没有解决其安全或安保风险的机制，或者它们现有的程序和管理系统是临时的，没有得到管理层的充分支持。世界各地实验室面临的其他困难包括：缺乏可持续的电力供应、机构基础设施不完备、与地理区域有关的安保问题、多变的天气条件和地质灾害、人员培训不足、国家和国际法规或指南不明确或不存在。尽管如此，当实验室人员决定采用基于风险的方法来缓解其实验室中存在的生物风险时，他们能够更好地了解直接影响工作人员及其家庭和社区的安全和安保风险。基于风险的方法还可以使工作人员采取必要的措施，在其特定环境中以最有意义的方式减轻这些风险，而不是采取规定性的缓解风险方法，因为无论是在发达地区还是在发展中地区，所有实验室都可能无法实现或可持续。因此，重要的是要认识到，在不同实验室、不同机构、不同国家和地区之间，具体的减轻风险措施会存在很大差异。

性能

性能是生物风险管理模型的第三个支柱。性能管理是一个系统化的过程，旨在提高组织目的和目标的水平。机构管理和评价其性能的能力直接有助于其发展和改进。具有这种洞察力的管理系统比没有这种洞察力的组织有直接优势。许多研究清楚地表明，具有综合和平衡的性能管理系统的机构可以比其同行取得更好的组织成果（Lingle and Schiemann，1996；Ahn，2001；Ittner 等，2003；Lawson 等，2005；Said 等，2003；Sandt 等，2001）。如今，几乎所有成功的公司都非常重视并采用了某种性能管理活动，以期提高质量。在性能管理系统上投入巨资的行业包括化工业、金融业和零售业（Jovasevic-Stojanovic and Stojanovic，2009；IBM，2009；Mullie and Hill，2004）。

性能管理，属于 AMP 模型，为一个组织可以实质上理解和有效地降低其运行风险到一个可接受的水平提供了直接的证据。如果缺乏或仅部分实施性能评估，功能完备的生物风险管理系统（或任何其他管理系统）将受到严重损害。性能评估的主要目标是确保实施的缓解措施确实减轻或消除了风险。性能评估也有助于突出生物风险策略的有效性。如果措施无效或被证明是不必要的，可以取消或更换。重新评估整体缓解策略可能更为适当。

在传统生物安全系统中，与缓解相比，性能历来受到的关注最少。原因多种多样。在任何管理体系中，性能评估的有效实施需要组织成熟度和领导力、专用资源和特定培训的坚实基础。它还需要一种确定成功或失败的高质量方法。衡量性能不是一个短期目标或可以购买的东西，而是一个长期的、不断发展的目标，它是一个必须随着时间推移不断评估和调整的迭代过程。最重要的是，管理层必须完全致力于持续的评估和改进。在实施性能管理工具和策略时，组织中通常存在需要克服的固有障碍。例如，常见的挑战包括缺乏组织学习文化、人员抵制变革、不信任管理层和缺乏动力。

然而，当成功实施时，性能管理可能是组织能够接受的最强大的干预措施之一。事实上，许多领域和行业已经使用性能管理来提高生产力、更有效地重新分配资源以及增加利润。医疗行业在各个运行领域都采用了性能管理。例如，2012年，弗吉尼亚州卫生部门（Virginia Department of Health）制定了一项性能改进计划，确定了多项战略，每年节省 120 多万美元信息成本，并创建了一个更高效的在线系统，减少了冗余的管理流程和成本，并将医疗补助计划的注册人数提高了32%（US Centers for Disease Control and Prevention，2012）。

实验室生物风险管理指南

为了更好地减轻实验室中的生物风险并规范生物风险管理方法，国际社会制定了"CEN 研讨协议——实验室生物风险管理"（CWA 15793：2011）。CWA 采用了一种管理系统方法，一种整合了最佳实践和规程的框架，有助于确保一个组织能够有效地实现其所有目标。CWA 15793 提高了对生物安全和生物安保风险的认识，并改进了国际实验室协作和安全协调。它还可以作为新的或修订的法律或法规的基础，并最终支持实验室认证／认可和审计／检查。

CWA 15793 是一个基于目标的文件，它依赖于可接受的最佳实践。虽然它是为补充其他管理标准（如 ISO 9001、ISO 14001 和 OHSAS 18001）而设计的，但它不是特定于某个国家的。重要的是，组织和其他用户必须认识到 CWA 15793 不是技术规范。相反，它是一个面向性能的文件，描述了需要实现的目标；每个组织必须决定如何满足这些期望。此外，遵守本文件是完全自愿的。CWA 15793 是一份具有开创性的国际生物风险管理文件，虽然它没有明确定义 AMP 模型，但 AMP 模型的所有组成部分在 CWA 15793 中都有论述。因此，CWA 15793 将在本书的许多章节中提到。

计划－执行－检查－处理

当管理层认识到运行不顺利，实验室错误发生得太频繁时，用适当的流程来找到解决方案是很有用的。20 世纪 50 年代，W·爱德华兹·戴明（W.Edwards Deming）提出，在一个组织内进行变革或解决问题所需的必要过程应在一个简单的连续反馈循环中进行管理。他对这个过程进行了描述并将其转化为一个循环和迭代的四步图，称为计划－执行－检查－处理（plan–do–check–act，PDCA）模型，现在通常被称为戴明循环（Deming cycle）或戴明轮（Deming wheel）（Deming，1950），如图 2.2 所示。

图 2.2 PDCA 循环

生物风险管理系统通常依赖于 PDCA 循环；而且 CWA 15793 也建立在 PDCA 模型的基础上。在实验室中实施 CWA 15793 的大多数工作都集中在仅针对 AMP 模型性能方面的 PDCA 模型上。但是，PDCA 也可以并且应该被用于 AMP 模型的评估和缓解组件。成功实施 PDCA 可以使组织的效率、有效性和问责制等质量指标得到可衡量的改进。

PDCA 循环的步骤是：

1. **计划**：计划变更并制定目标。在这一步中，应该考虑组织的位置和需要的位置。应建立目标和流程，以实现靶标和目标。

2. **执行**：实施计划，执行流程，并监测变化。

3. **检查**：分析实际结果并与预期结果进行比较。审查监测，分析结果，并确定所得经验。衡量性能。评估如何控制风险以及是否实现目标。

4. **处理**：要求采取纠正措施，解决实际结果和计划结果之间的差异。分析差异以确定原因。根据所得经验进行处理。利用所得来规划新的改进，重新开始这个周期。审查性能。对吸取的教训采取行动。

第 8 章"评价生物风险管理性能"，提供了应用 PDCA 模型的更多见解。PDCA 循环每个阶段的工作对于有效的性能改进过程都是至关重要的。与评估和缓解阶段类似，性能不应仅由实验室的生物风险管理顾问或生物安全专业人员推动或执行。正如前面所讨论的，组织内的质量性能依赖于实验室或机构中大量人员的投入和支持。评估性能不应仅仅是行政或管理职能。重要的是组建和招募一个生物风险管理团队，该团队将参与并帮助制定和执行性能改进计划。

此外，性能评估过程的所有结果都应该与组织共享。组织的薄弱环节，以及新的目标和目的，应始终与员工沟通，以支持集体、团队合作的发展。如果员工不知道组织的变化，或者他们拒绝接受这些变化，那么性能管理的有效性和成功将明显受到限制。

虽然 PDCA 模型通常用于管理系统，但在更广泛的 AMP 模型的每个步骤中，将其作为一个离散过程使用是最有效的。因此，在风险评估、执行特定缓解措施以及性能步骤中还分别存在有另外一个 PDCA 循环是至关重要的。

结论

每个接受生物风险管理的组织都应该使用 AMP 模型。AMP 模型的三个组成部分是：①评估，确定实验室或组织中存在的生物风险并确定其优先级；②缓解，采用各种措施减轻这些风险；③性能，评价组织减轻已确定风险的程度。AMP 模型不是线性的，换句话说，在 A、M 和 P 完成之后，组织应该尽可能频繁地重复这个过程，以最大限度地提高效率。如果有共同的信念和决心来减轻生物风险以及提高安全和安保，那么 AMP 生物风险管理模式将对组织的生产力、有效性和安全产生深远的影响。以下有关风险评估、缓解和性能的章节提供了有关 AMP 模型每个组件的更详细信息。

参考文献

Ahn, Heinz.2001. Applying the Balanced Scorecard Concept: An Experience Report. *Long Range Planning*, 34: 441-461.

Deming, William Edwards. 1950. Elementary Principles of the Statistical Control of Quality. *JUSE*, 134-c6 (out of print).

Environmental Protection Agency. 2004. An Examination of EPA Risk Assessment Principles and Practices. http://www.epa.gov/osa/pdfs/ratf-final.pdf (accessed August 2014).

European Committee for Standardization. 2011. CEN Workshop Agreement (CWA) 15793-Laboratory Biorisk Management.

IBM. 2009. Banking Performance Management: Three Ways Banks Are Winning with Performance Management. http://www.ibm.com/us/en/ (accessed August 2014).

International Civil Aviation Organization. 2013. State of Global Aviation Industry. http://www.icao.int/safety/State%20of%20Global%20Aviation%20Safety/ICAO_SGAS_book_EN_SEPT2013_final_web.pdf (accessed August 2014).

Ittner, Christopher D., D.F. Larcker, and T. Randall. 2003. Performance Implications of Strategic Performance Measurement in Financial Services Firms. *Accounting, Organizations and Society*, 28: 715-741.

Jovasevic- Stojanovic, Milena, and B. Stojanovic. 2009. Performance Indicators for Monitoring Safety Management Systems in the Chemical Industry. *Chemical Industry and Chemical Engineering Quarterly*, 15: 5-8.

Kaplan, Stanley, and B.J. Garrick. 1981. On the Quantitative Definition of Risk. *Risk Analysis*, 1: 11-27.

Lawson, Raef, W. Stratton, and T. Hatch. 2005. Achieving Strategy with Scorecarding. *Journal of Corporate Accounting and Finance*, 16: 63-68.

Lingle, John H., and W.A. Schiemann. 1996. From the Balanced Scorecard to Strategic Gauges: Is Measurement Worth It? *Management Review*, 85: 56-61.

Loeb, Jerod M. 2004. The Current State of Performance Measurement in Health Care. *International Journal for Quality in Health Care*, 16: S1i5-S1i9.

Mullie, Christine, and R. Hill. 2004. Performance Management in the Retail Industry: Achieving Superior Corporate Performance. *Business Objects*. http://www.businessobjects.com/pdf/partners/ibm/ibm_owdretail_perf_mgmt.pdf (accessed August 2014).

Public Health Agency of Canada. Pathogen Safety Data Sheets and Risk Assessment. http://www.phac-aspc.gc.ca/lab-bio/res/psds-ftss/index-eng.php (accessed August 2014).

Said, Amal A., H.R. Hassabelnaby, and B. Wier. 2003. An Empirical Investigation of the Performance Consequences of Nonfinancial Measures. *Journal of Management Accounting Research*, 15: 193-223.

Sandt, J., U. Schaeffer, and J. Weber. 2001. Balanced Performance Measurement Systems and Manager Satisfaction. Otto Beisheim Graduate School of Management.

US Centers for Disease Control and Prevention. 2012. Public Health Practice Stories from the Field: National Public Health Improvement Initiative in Virginia. http://www.cdc.gov/stltpublichealth/phpracticestories/pdfs/PHPSFF_Virginia_v2.pdf (accessed August 2014).

US Department of Health and Human Services. 2009. *Biosafety in Microbiological and Biomedical Laboratories*. 5th ed. http://www.cdc.gov/biosafety/publications/bmbl5/bmbl.pdf (accessed August 2014).

World Health Organization. 2004. *Laboratory Biosafety Manual*. 3rd ed. http://www.who.int/csr/resources/publications/biosafety/en/Biosafety7.pdf (accessed August 14, 2014).

World Health Organization. 2010. Biorisk Management Advanced Trainer Programme. http://www.who.int/ihr/training/biorisk_management/en/ (accessed August 2014).

第三章

风险评估

苏珊·卡斯基（Susan Caskey）和埃德加·E.塞维利亚-雷耶斯（Edgar E. Sevilla-Reyes）

摘要

本章旨在定义风险评估的目标，并概括说明如何进行风险评估。本章还提供了在确定是否接受某种程度的风险时要考虑的一些概念，以及如何确保风险评估适合生物风险管理系统。本章的目的不是作为生物风险评估的详细技术手册，而是为读者提供理解和评价结构化风险评估方法所需的基本指导。

风险的定义

任何运行都可能存在广泛的风险，包括直接涉及特定情况的个人的风险、对周围社区的风险以及对环境的风险。成功地缓解这些风险首先需要了解它们。了解风险是风险评估的主要目标。风险通常被定义为坏的或不愉快的事情（如伤害或损失）发生的可能性。更具体地说，风险是指涉及特定危险或威胁的不良事件发生的可能性以及发生的后果。简单地说，风险是可能性和后果的函数。

危险是有可能造成伤害的事情。如果存在风险，就必须存在危险造成伤害的情况。例如，锋利的针头是一种危险，但是如果针头在一个空的实验室里，而且没有人使用它，就不会有人被针头伤害的风险。

威胁和风险是两个经常互换使用的术语。威胁是指意图造成伤害的人。如果存在风险，就必须存在威胁可能造成伤害的情况。例如，意图窃取计算机的罪犯是一种威胁；但是，如果大楼内没有计算机，就没有罪犯从大楼窃取计算机的风险。

风险总是取决于情况。

在最基本的层面上，评估风险涉及回答以下问题（Kaplan and Garrick，1981）：

1. 什么会出错？

2. 它的可能性有多大？我们看到它的发生的可能性有多大？

3. 后果是什么？

风险评估的目的是为了更好地了解风险，确定风险的可接受性，并帮助定义战略性的风险缓解措施。一个结构化的、可重复的风险评估过程将使这些目标得以实现。

除了设施内人员暴露和感染的风险以及向社区和环境泄漏的可能性外，开展生物因子工作的设施也可能存在与知识产权、有形财产或生物因子本身丢失或被盗有关的风险。所有涉及生物因子的风险统称为生物风险。

生物安全风险

生物安全风险是一种生物风险，在生物因子意外暴露或泄漏后，可能会影响人类、动物或环境。直接从事生物材料工作的人员面临许多生物安全风险；间接从事或接近感染性因子工作的人员也存在生物安全风险。同样，在实验室中暴露于感染性因子的实验动物有可能暴露和感染设施中的其他动物。如果某种因子无意中被泄漏到环境中，实验室或设施外的公共和农业社区也可能面临生物安全风险。

虽然开展任何感染性因子或毒素工作都有生物安全风险，但总体风险的严重性取决于许多因素。这些因素包括生物因子的特性（危险）、潜在宿主的特性以及在实验室处理因子时采用的工作实践和规程。

生物安保风险

生物安保风险是一种由具有恶意意图并可能接触危险材料或设施的人引起的生物风险。这些风险主要集中在生物因子、设备或信息的盗窃，但也可能包括误用、转移、破坏、未经授权进入或故意泄漏。总体生物安保风险随着想要实施恶意行为的人或人群的意图和能力而变化。

在评估生物安保风险时，恶意意图通常集中在实验室内的有价值的项目或资产，以及威胁对该资产的预期目标上。在生物安保风险评估中，确定设施内存在哪些资产至关重要。一旦资产被确认，生物安保风险可定义为资产从实验室被盗的可能性，以及损失的后果（包括盗窃后对资产的滥用）。与许多生物安全风险相比，生物安保风险往往难以识别和描述，因为它取决于个人的意图及其获取或使用资产的决心程度。

传统的生物风险评估方法

许多进行生物风险评估的专家传统上是根据预先定义的风险级别来评价病原体。这些病原体风险级别考虑病原体引发传染病的能力、其传染性以及预防和治疗措施的可用性（American Biological Safety Association，2014）。病原体风险级别不反映实验室意外泄漏或暴露的风险。例如：

WHO 风险级别 2 级（中度个体风险，低社区风险）：可引起人类或动物疾病，但不太可能对实验室工作人员、社区、牲畜或环境造成严重危害的病原体。实验室暴露可能导致严重感染，但有效的治疗和预防措施是可行的，感染传播的风险是有限的（World Health Organization，2004；American Biological Safety Association，2014）。

不同的国家和国际机构制定了自己的病原体风险级别定义方案（European Agency for Safety and Health at Work，2014）。理想情况下，风险评估人员应仅仅将此信息作为评价实验室规程风险的出发点。不幸的是，许多风险评估通常只基于风险级别的分类，并且很少考虑实验室流程或现有的风险缓解措施（US Centers for Disease Control and Prevention，2014）。

对于生物安保风险评估，许多机构依赖相同的风险级别分类来确定安保级别。风险级别分类不能充分定义生物安全风险；这些分类也不能为进行生物安保评估提供适当的基础。尤其是考虑到高等级防护研究设施数量的快速增长和操作危险生物因子的工作量不断增加。为此，许多国际领先的生物安全专家呼吁开发结构化、定量的生物风险评估方法（Wagener 等，2008）。

风险治理与生物风险管理

在计算风险时使用了许多不同的方法（或方案）。例如，概率评估确定了发生概率，相对评估提供了与其他风险的比较，动态过程允许在每个步骤作出决定以改变最终风险（Ezell 等，2000；2001；2010）。本章没有定义这些方法（或其他许多方法）中的哪一种最适合进行生物风险评估。相反，它提供了进行生物风险评估的总体结构。这里讨论的提纲与风险和决策界阐述的风险治理原则一致（International Risk Governance Council，2005）。

风险评估方法

风险评估应该是一个结构化的过程，以识别和管理每个实体面临的所有风险。结构化过程能考虑到更好地沟通风险、风险之间的可比性以及准确地重新评估，以识别风险的任何变化。风险评估审查情况的所有方面，包括地点、拟开展的工作活动、人员、储存、转移和运输、销毁、进入和安保等。

风险治理原则明确指出，风险评估应基于以下三个一般步骤：

1. 定义情况。开展什么工作？
2. 定义情况中的风险。什么会出错？
3. 表征风险特征。风险发生的可能性有多大？后果是什么？

　　根据风险特征,管理层应确定每种类型的风险是否可接受。如果风险不可接受,那么管理层必须实施风险缓解措施,将风险降低到可接受的水平。风险评估应定期进行,并在工作情况的任何方面发生变化时进行。因此,风险评估过程是连续的。

　　本章提供了如何对生物风险进行风险评估的指南,特别是关注生物安全和生物安保风险。由于实验室生物安全和生物安保的目标不同,风险也会不同,因此必须独立评估。尽管安全和安保评估的可能后果有许多相似之处,但始发事件(意外或故意)是不同的,因此需要对这些风险的可能性进行不同的评估(Snell,2002)。

　　生物安全和生物安保风险评估遵循图3.1所示的一般流程。

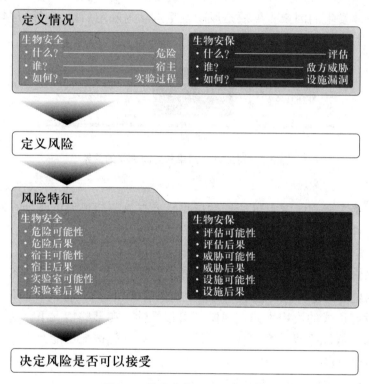

图 3.1　常见生物风险评估过程

对于设施的生物安全风险评估,风险因以下因素而异:

- 生物因子的性质(例如,其物理状态)、高危宿主(人、动物、环境)和特定的实验室过程,包括已采取的任何缓解措施。
- 如果出现泄漏,对实验室工作人员或社区和环境造成的后果的严重性。

对于设施的生物安保风险评估,风险因以下因素而异:

- 敌方从设施成功窃取生物材料、设备或信息的可能性（威胁）。
- 根据被盗资产的性质和敌方意图，确定盗窃后果的严重性。

风险评估过程从彻底定义情况开始。这可以是一个正式的过程，包括识别所有危险和威胁、工作和目标地点、拟开展的工作活动、人员和访问级别、存储安保、转移和运输、销毁以及设施安保等。这个步骤也可以在非正式的层面上完成，只需以大纲格式描述谁、什么和在哪里。下面的生物安全和生物安保风险评估部分介绍了一些已定义风险的示例。评估需要识别和定义所有合理的风险，并根据情况清楚地描述可能发生的错误。

对于每一个已定义的风险，必须对风险进行表征，以确定风险发生的可能性，以及如果发生风险会产生什么后果。为了确定风险的可能性，风险评估团队必须考虑诱导事故发生的因素。事故是风险发生点。为确定后果，风险评估团队必须考虑事故发生后的因素（图 3.2）。

图 3.2　可能性、后果和时间之间的关系

表征风险需要同时考虑可能性和后果。具有显著后果但可能性最小的风险与具有高可能性但后果最小的风险非常不同。当然，具有高可能性和高后果的风险是高风险。

一旦确定了风险的特征，就必须对其进行评价，以确定其是否可接受。关于风险接受的更多讨论将包含在本章的"生物风险伦理／风险可接受性"一节中。一般来说，没有正式的流程来确定风险的可接受性。在某些情况下，法律或国家政策可能要求最低风险接受度。在其他情况下，如紧急情况可能允许比正常运行更高的风险接受程度。风险接受程度是个人、机构或国家政策决定的，但不管怎样，都应明确记录和沟通特定类型风险的接受度。

对于确定为不可接受的风险，应采取风险缓解措施，以减轻风险发生的可能性或风险发生的后果，或两者兼而有之。生物风险缓解措施将在本书的后续章节（第 5 章）中详细讨论。

生物安全风险评估

生物安全风险评估应遵循一个结构化和可重复的过程，以便比较随时间变化的情况、促进清晰的风险沟通、并确保符合风险和决策分析的最佳做法。生物安全风险评估应遵循前面描述的三步骤技术方法。

1. **定义情况**。考虑并记录什么、谁和在哪里。

什么——识别危险。危险识别是生物安全风险评估过程中的关键环节。风险评估团队必须确定要操作的生物因子（或者，如果样品中的生物因子未知，则怀疑可能存在的因子）。

谁——评估高危宿主。风险评估团队还必须考虑所识别危险的宿主范围。这些宿主可能包括实验室内外的人，并在意外泄漏的情况下扩展到实验室外的农业和动物物种（还应考虑该区域因子的流行性）。

在哪里——确定工作活动和实验环境。在确定工作活动时，风险评估团队必须清楚地说明和记录实验过程（包括位置、规程和使用的设备）。

2. **定义风险**。识别出的危险、宿主和工作活动应用于定义要评估的特定风险（或什么可能出错？）。从每个活动中，可能会有一个或多个生物因子或规程需要考虑。单一活动中也可能会有许多不同的风险。

定义风险必须包括审查实验室内外的个人可能如何暴露于危险中。这些风险包括以下示例：

- 实验室人员（实验室工作人员）感染风险：
  - ——通过进入上呼吸道或下呼吸道的飞沫或飞沫核（吸入途径）；
  - ——通过受损皮肤或直接注入血液循环（经皮途径）；
  - ——通过黏膜暴露（黏膜途径）；
  - ——通过与胃肠道接触（胃肠道途径）。
- 实验室以外（人类社区）的人员感染风险：
  - ——通过进入上呼吸道或下呼吸道的飞沫或飞沫核（吸入途径）；
  - ——通过受损皮肤或直接注入血液循环（经皮途径）；
  - ——通过黏膜暴露（黏膜途径）；
  - ——通过与胃肠道接触（胃肠道途径）。
- 实验室以外（动物社区）的动物感染风险：
  - ——通过进入上呼吸道或下呼吸道的飞沫或飞沫核（吸入途径）；
  - ——通过受损皮肤或直接注入血液循环（经皮途径）；
  - ——通过黏膜暴露（黏膜途径）；
  - ——通过与胃肠道接触（胃肠道途径）。
- 二次暴露对人类和动物的风险

在确定了各种可能的风险后，风险评估团队应确定一次总体评估是否涵盖所有风险，或者是否需要进行多次评估。认识到评估越详细越具体，其结果在制定风险缓解决策方面就越有用，这一点至关重要。

3. **表征风险**。如前所述，风险是可能性和后果的函数。为了确定风险，风险评估团队必须回答：风险发生的可能性有多大？后果是什么？所有影响感染可能性和暴露可能性的因素应结合起来，以表征总体可能性。同样，风险评估团队必须结合在宿主暴露之后所有定义疾病后果的要素，确定可能发生的后果。这些要素可以通过计算、半定量或定性（如高、中或低）进行组合。无论采用哪种过程，都必须始终如一地使用，并且必须清楚地记录在案。

危险评估。在生物安全危险评估中，风险评估团队必须考虑危险的性质，这些性质会影响其引起感染的潜在性（或可能性）。对于生物危险，这些特性包括生物因子在实验室和自然环境中的感染途径，以及因子的感染剂量。[①] 实验室的感染途径应包括吸入、摄入、注射（进入血液循环）和通过黏膜。感染的自然途径包括媒介传播、性传播和垂直传播。这些对于评估实验室外人类或动物社区的风险以及评估二次传播的可能性很重要。

危险评估还将审查由生物因子引起感染所导致的疾病的特性（疾病的后果）。这应包括考虑疾病在个体内的发病率、群体发病率（疾病传播的速度）、死亡率、治疗或预防方案、受影响物种以及影响动物的疾病对经济的影响等。

宿主评估。可能不需要评估个体或动物被生物因子感染的可能性，因为大多数生物安全决策是用一般术语定义的，而不是为每个个体专门设计的。但是，如果个体有健康状况或者由于免疫系统低下而易患疾病，或者如果生物因子是该地区特有的（例如，生物因子目前不存在于实验室的外部环境中），则必须在风险评估过程中记录这些因素。此外，如果认为有必要进行宿主评估，风险评估团队必须考虑可能影响个人产生感染的潜在性（或可能性）或可能影响生物因子在社区（环境）内确定宿主的潜在性（或可能性）的因素。可能还需要考虑疾病对特定个体或环境中宿主物种的潜在后果。

在进行宿主评估时，感染的可能性和疾病的后果可以定性（高、中或低）、半定性或计算表征。同样，记录所使用的流程并保持一致是很重要的。

如何——工作活动和实验环境评估。为了评估实验室环境的生物安全风险，风险评估团队应审查所执行的实验过程的类型，并确定可能发生危险（生物因子）暴露的任何潜在区域。此外，风险评估团队必须记录并考虑为减少这种暴露而采取的任何现有生物安全措施。建议风险评估团队将潜在暴露源与现有缓解措施分开记录。这有助于更好地了解生物安全缓解措施如何直接解决发生暴露的潜在性（或可能性）。

风险评估团队还应考虑可导致疾病的暴露事件对实验室造成的后果。除了对潜在宿主的直接健康影响外，后果还可能包括项目或机构资金的损失，或者如果发现实验室存在疏忽，可能会暂时中止或终止所有研究。应考虑并记录此类额外后果。

---

① 特别重要的是要考虑感染剂量低的因子，因为它们具有更大的感染风险；感染剂量高的危险因子通常不需要采取类似的预防措施

总体风险特征。为了表征总体生物安全风险，风险评估团队需要对感染的可能性和后果进行定性或定量的比较，或者使用混合过程比较。

- 可能性：
  - ——生物因子感染的可能性；
  - ——基于工作实践暴露的可能性。
- 后果：
  - ——感染／暴露对高危宿主的后果。

管理层确定风险

风险评估团队应与管理层和其他利益相关方合作，确定评估的风险是否被机构、机构工作人员和社区所接受。在某些情况下，可接受风险的最低水平可由国家或地区政策确定。必须完整记录确定风险可接受的风险评估过程。对于确定为不可接受的风险，风险评估团队、管理层和其他利益相关方必须确定实施所需的缓解措施。风险缓解措施的目的在于减轻最高（或最不可接受）风险。在实施这些措施后，应进行后续风险评估，以确保生物安全风险减轻至可接受的水平。

生物安保风险评估

生物安保评估包括确定实验室资产、威胁和设施漏洞，以及现有的生物安保计划，以缓解生物安保风险以及缓解盗窃或销毁限定资产的影响或后果。基于这些因素确定潜在的安保风险是实施生物安保计划的第一步。

与生物安全风险评估类似，生物安保风险评估应遵循一个结构化和可重复的过程，该过程明确定义了从实验室确定目标资产的可能性、对手（或威胁）成功获得目标的可能性、机构环境以及成功获取（以及可能随后的滥用）或销毁资产的后果。

1. **定义情况**。考虑并记录什么、谁和在哪里。

什么——识别和定义资产。风险评估团队必须首先确定，然后定义和记录应保护的设施资产。这可能包括二级目标，例如用于为关键存储单元提供制冷的备用发电机。生物设施可能有多种资产类型。资产包括对机构或对手有价值的任何东西。资产可能包括有价值的生物材料（如病原体和毒素）、有价值的设备、知识产权或其他敏感信息。

谁——定义威胁。团队必须确定并评估可能追寻这些资产的潜在对手。全面的威胁评估应包括考虑对手的类型和能力、动机、手段和机会。它应该考虑对手的情况，以及攻击的可能性。

可能以生物设施资产为目标的敌对类型包括竞争研究人员、寻求出售资产的罪犯、不满的员工、恐怖组织和动物权益活动家。

在哪里——确定设施和实验室安保环境。在确定环境时，风险评估团队应考虑拥有资产的设施的漏洞。它还应审查在实验室开展的工作，以及谁有权接近实验室及其资产。

2. **定义风险**。从已定义的资产和威胁列表中，风险评估团队可以根据对手可能试图获取（以及可能的误用）或销毁资产的方式和原因，构建一系列潜在风险场景。风险可包括以下示例（定义的特定风险应是生物机构独有的）：

- 未经授权人员窃取有价值生物材料进行恶意使用的风险：
  - ——例如：农民意图感染竞争对手的禽类群。
- 授权人员窃取有价值生物材料进行恶意使用的风险：
  - ——例如：员工对配偶感到不满，意图让他或她生病。
- 未经授权人员为个人利益而窃取有价值生物材料的风险：
  - ——例如：盗窃和出售生物材料或设备的犯罪意图。
- 授权人员为个人利益而窃取或销毁有价值生物材料的风险：
  - ——例如：反对者意图破坏一个研究项目，以便其可以先发表一个类似的研究报告。
- 未经授权人员盗窃设备的风险：
  - ——例如：企图窃取一台计算机并随后将其出售的犯罪行为。
- 授权人员盗窃设备的风险：
  - ——例如：一名员工意图偷一台冰箱供个人使用。
- 未经授权人员窃取机构知识产权（以信息形式）或机密信息的风险：
  - ——例如：一个打算生产竞争性疫苗的竞争对手。
- 授权人员窃取机构知识产权（以信息形式）或机密信息的风险：
  - ——例如：一个不满的雇员企图通过向媒体泄露机密信息来破坏一个机构的声誉。

在每个风险中，可能存在一个或多个应考虑的资产。应考虑并记录资产所在的地点（长期和运输期间）。根据地点的不同，以及实施的安保和规程，可能需要对每个地点进行不同的评估。风险评估团队应确定一次总体评估是否能够覆盖所有地点，或者是否需要多次评估。同样，风险评估团队必须确定在评估风险时是否可以使用广义的、概念性的威胁，或者是否应该考虑特定的威胁。

有些情况下，可能没有足够的风险来保证进行全面评估。这可能包括低风险资产，例如自然界中普遍存在的生物材料或对人类无害的生物材料，或对盗窃行为无能力或不感兴趣的对手。消除不必要或不现实的风险将有助于将风险评估的范围缩小到更易于管理的范围。

3. **表征风险**。生物安保风险是指以实验室或机构的资产为目标的可能性、成功盗窃（或获得）或破坏或损坏资产的可能性，以及盗窃或破坏/损坏的后果的函数。

资产评估。根据确定的风险，风险评估团队应确定相关威胁针对资产的可能性。根据资产的不同，定义的可能性也会有所不同。对于有价值的生物资产，应考虑资产的独特性和任何滥用的可能性。对于贵重设备，应考虑设备的价值和独特性以及任何可能的滥用。对于每个已定义的资产，团队应审查使该资产吸引（或可能吸引）对手盗窃或销毁的各种属性。同样，团队应考虑被盗、以及盗窃和滥用或破坏资产会对设施、个人或环境造成什么后果。

此外，团队还应考虑因资产被盗或毁坏而间接导致的意外泄漏对社区的后果。该评估应考虑对人类的潜在健康影响、对动物种群的潜在健康影响、经济影响、心理和社会影响、工作损失或更换的成本造成的财务影响，以及盗窃和滥用或毁坏资产对设施声誉损害的可能性。

对手评估。风险评估团队应确定特定对手可能对每项资产拥有的意图和访问权限。这是确定设施相对于对手的漏洞的关键。

对手类型可进一步分为有权进入实验室或设施的人员（内部人员）和无权进入的人员（外部人员）。也可能存在对资产使用的分级级别；一些内部人员可能无法使用资产，或者可以使用某些或所有资产。

以这些资产为目标的对手动机也同样不同，可能包括以下意图：

- 获取财务收益；
- 销毁专有信息；
- 因损坏或破坏而造成麻烦；
- 造成人员伤亡；
- 传播恐惧；
- 发表政治声明；
- 抗议特定活动；
- 表现出对管理层的不满。

在可能的情况下，风险评估团队在描述设施威胁时应使用已知对手的属性。但是，如果不知道现有的威胁环境或信息非常少，这可能很困难。可能需要与安保人员或当地执法部门合作以获取此类信息。或者，风险评估团队可以创建一组概念上的对手，其属性覆盖设施的潜在对手的范围。概念上的对手可能完全是理论上的，也可能是基于当地环境的现有数据上的。当地执法部门是协助这一过程的良好资源，也可能作为安保风险评估团队的一部分。

怎么——设施漏洞评估。风险评估团队应根据资产的位置、设施的漏洞和对手的能力评估成功获取资产的可能性。例如，风险评估团队应该考虑这个问题：对手可能利用哪些设施漏洞或途径来获取资产？回答这个问题将有助于确定对手窃取或毁坏特定资产的成功可能性。

此外，应详细评价生物安保的五大支柱中的每一个。五大支柱包括：

1. 物理安保（建筑物及其资产的物理保护）；
2. 人员可靠性（向员工授予资产使用权和实践授权）；
3. 材料控制和责任（资产清单）；
4. 运输（机构内部和机构之间的生物材料和其他有价值材料的运输）；
5. 信息安保（敏感信息的保护）。

整体风险特征。为了表征整体风险，风险评估团队应考虑敌方将针对特定资产的可能性以及成功盗窃或销毁该资产的可能性。此外，团队应该评价盗窃或破坏的后果。这些可以用纯定性或定量方式进行比较，或使用半定量过程。

- 可能性：
  ——根据对手（或威胁）的意图 / 动机，以资产为目标进行盗窃或破坏的可能性；
  ——根据设施漏洞和威胁能力，成功盗窃或破坏的可能性。
- 后果：
  ——盗窃或毁坏资产的后果。

管理层确定风险

风险评估团队应与管理层和其他利益相关方合作，确定评估的风险是否被机构、机构工作人员和社区所接受。在某些情况下，可接受风险的最低水平可由国家或地区政策确定。必须完整记录确定风险可接受的风险评估过程。对于确定为不可接受的风险，风险评估团队、管理层和其他利益相关方必须确定实施所需的缓解措施。风险缓解措施的目的在于缓解最高（或最不可接受）风险。在实施这些措施后，应进行后续风险评估，以确保风险降至可接受的水平。

生物风险伦理 / 风险可接受性

安全程度如何？安保程度如何？这些屏障是否足以应对这些特定的风险？这些是确定评估的风险是否可接受、可容忍或不可接受（不可容忍）的问题的例子。通常，如果后果是"灾难性的"，即使风险发生的可能性很小，风险也被认为是不可接受的；同样，即使风险发生的可能性很高，但被认为后果很低的风险几乎总是可以接受的。研究表明，人们利用他们的个人知识和经验来判断对特定风险的可接受性。

当考虑一个团体或一个组织的文化时，背景性因素具有作用。N.F. 皮金（N.F.Pidgeon）将文化定义为"特定社会团体或群体内共享的信仰、规范、态度、角色和实践的集合"（Pidgeon，1991）。文化差异导致风险感知和风险接受程度不同。社区内最近发生的事件，尤其是当地媒体报道的事件，也将定义与风险感知相关的背景因素。此外，人们似乎对人为风险的判断与自然风险有很大的不同，他们更容易接受自然风险，而不是自建的、人为的风险。

从形式上讲，风险分类应该从涉及风险伦理的决策中产生。作为道德哲学的一部分，风险伦理学提出了道德引导合理选择风险承担和风险暴露的原则，这是生物风险管理系统的关键要素（Wander，2012）。以下是进行风险评估时应考虑的风险感知因素列表：

- 个体因素：
  - 知识：风险感知通常与现有知识相关。缺乏对某一主题的知识可能会增加恐惧，而对某一主题进行深入而广泛的研究可能会减少恐惧。
  - 人口统计变量：例如，一些社区可能比其他群体对各种行业更具抵抗力。
  - 个性方面：风险容忍与风险规避性格。
  - 熟悉和控制：一般来说，当人们感到熟悉情况，或感到情况在自己控制之下或获得了控制时，他们愿意承担进一步的风险。
  - 健康（精神和身体）。
  - 压力。
- 背景因素：
  - 文化：每个社会团体都有自己的经历、宗教、信仰、传统和神话，这将影响每个人对指定风险的感知。
  - 可用的替代方案。
  - 政治背景。
  - 经济因素，如承担风险的经济利益，可以改变一个人的看法，以及资源的可用性。
  - 最近发生的事件。
- 风险表征：
  - 可能性。
  - 后果。
  - 历史信息。
  - 专业判断。
  - 正式分析（成本 – 效益）。
  - 风险的积极方面。
  - 媒体信息。

所有这些因素都可以解释，例如，为什么两个实验室开展相同的生物因子和类似的研究项目工作但可能有不同的生物风险管理策略。例如，行政管理层可能因为成本问题而抵制额外的安全措施，或者可能要求额外的安全措施以避免法律制裁。熟悉工作的员工可能会抵制额外的安全措施，因为它们会使手头的任务复杂化；或者，他们可能会要求额外的安全设备来简化他们的安全规程。在所有这些情况下，一个健全的、可防御的风险评估可能会消除不现实的、扭曲的风险认知。

为确保有关利益相关方能够接受风险，应采用结构化的沟通过程来讨论和评价风险，并做出风险缓解决策。

1. 有关团体应尽早参与风险评估过程。
2. 必须确定可能的方案；应评估所有方案，包括其潜在风险和利益。
3. 在提出哪些风险可接受之前，应消除或减轻最坏的风险。
4. 应允许有关利益相关方讨论和考虑风险接受性。
5. 所有利益相关方应就风险接受决策达成一致。
6. 应告知有关利益相关方已实施的缓解措施和风险变化。

风险沟通有助于指导他人了解风险，并有助于改变态度。良好的风险沟通有助于缓和对风险的担忧，反之，也有助于证明风险是不可接受的。风险沟通应成为结构化风险评估过程的一部分。有关沟通的更多详细信息，请参见第 9 章。

风险评估的角色和责任

必须强调的是，风险评估过程不应仅由实验室的生物风险管理顾问启动或执行。更确切地说，高质量的风险评估是实验室或设施中众多人员共同贡献的结果。

- **生物风险管理顾问 / 生物安全专业人士**：这些人是为实验室生物风险管理问题和工作场所风险评估提供建议和指导的实验室工作人员。这些人通过收集相关信息来定义风险，并利用这些信息以可能性和后果来表征风险，从而促进风险评估。生物风险专业人员应充当沟通者，将实际操作的实验室工作人员和运行团队与管理层和其他利益相关方联系起来。他们应了解实验室活动、潜在暴露源和有效控制手段。他们还应充当顾问，建议并实施由风险评估产生的适当的缓解措施。此外，生物风险专业人员应该对风险评估的结果有最广泛的了解。
- **首席研究员 / 科学家 / 研究人员**：这些人员为风险评估提供主要信息和数据。他们还应确保完成风险评估。他们必须了解风险评估结果，并就建议的缓解措施的实际实施向管理层提供意见。他们还负责确保有风险的员工了解风险评估结果，并培训他们采取必要的风险缓解措施。科学人员对风险评估的理解和支持对于有效的生物风险管理至关重要。
- **安保和相应人员**：这些人也可以对风险评估提供有价值的见解。例如，外部机构（如当地执法机构）可能了解当地社区存在的潜在威胁。安保力量的人员可能参与到生物安保缓解措施的实施，或者他们可能作为检查员检查缓解措施的功能。生物安保风险评估还可能需要其他专门机构，例如危险材料团队、事故响应团队、当地消防部门或其他应急人员。

- **法律顾问或法律部门/公共关系/劳动安全部门官员**：这些人员可能直接参与或不参与技术风险评估过程。然而，他们的角色在风险沟通中起着重要作用。当需要在实验室工作人员和公众之间传播缓解措施和政策变更以获得他们的理解和支持时，该小组的专家意见是有价值的。在风险优先化的过程中，可能还需要考虑他们的意见。由于这些人员通常不熟悉实验室或实验室生物风险管理，因此负责进行风险评估的主要人员（如生物风险管理顾问）也应参与进来，以优化沟通和理解。
- **实验室运行团队、废弃物处理人员、维护人员和保洁人员**：这些人直接受到实验室风险的影响，他们通常对暴露在其中的危险知之甚少。应关注这些人员的担忧和对所涉及风险的理解程度，以及风险评估结果将如何影响他们。获得他们对任何缓解措施实施的支持至关重要。
- **行政管理层**：这些人，包括实验室主任和高级管理人员，一般不会组织或直接参与风险评估过程。但是，由于他们最终负责组织的生物风险管理系统，因此，这些人支持（必要时，指导）实验室进行风险评估，包括分配工作人员时间和资源，以进行必要的数据收集和分析，这一点至关重要。

行政管理层将最终负责建设基础设施和能力，进而支持建立预防措施和 SOP，以将实验室风险降至最低。风险评估团队和行政管理层之间的相互理解对于实现最佳风险评估结果至关重要。为进行风险评估以及实施适当和必要的生物安全和生物安保措施，行政管理层必须提供资源分配和财政支持。风险评估结果往往令人困惑；在风险评估的早期阶段，任何遇到的问题都可以通过与行政管理层对话来解决。风险评估结果也必须用清晰简洁的语言书写，以便于行政管理层理解。

- **管理（业务和后勤支持人员）**：这些人进入实验室区域的机会有限，但通常每天都能接触到在那里工作的人。这些人通常具有有限的科学知识，因此，技术或科学评估结果以及随后的政策必须以确保了解突出点的方式进行沟通。但是，在管理专业人员的权限内，管理部门应咨询并更深入地参与任何与信息管理直接相关的风险评估。生物安保措施可能会对这一群体产生重大影响（如编制和分发文件），因此需要他们全力支持设施的运行变化。
- **社区利益相关方**：社区内的个人可能参与，也可能不参与，这取决于对实验室运行的兴趣程度。但是，向所有外部访客和实验室工作人员家属告知他们可能遇到的任何潜在风险以及确保他们安全的协议（特别是如何有效地管理或控制风险）可能是谨慎和良好的做法。将风险评估的一般结果传达给社区利益相关方也很重要，以确保他们意识到设施以负责任的方式理解和控制其风险。

　　一旦识别并沟通了所有风险，有关实验室和机构工作人员应共同努力，有效控制或将风险减轻到可接受的水平。

　　利益相关方可以共同确定操作特定生物体任务所需的必要生物安全实践。同样，利益相关方可以努力确定必要的生物安保措施，以确保建立适当的安保水平。这应与其他负责机构，如机构生物安全委员会或生物风险管理委员会、环境健康和安全部门、安保部门、动物保护和使用委员会以及工程或设施部门，密切合作。

结论

　　本章将风险评估的目标定义为更好地了解设施中存在的风险、确定已识别风险的可接受性或不可接受性、以及协助设施开展生物因子工作时确定战略性风险缓解措施。对生物安全风险和生物安保风险采用结构化和可重复的风险评估过程将有助于实现这些目标。

　　在最基本的层面上，评估生物风险涉及回答以下问题：

- 什么会出错？
- 它的可能性有多大？我们预测它的可能性有多大？
- 后果是什么？

　　风险分析是风险发生的可能性和后果的函数。风险可接受性或不可接受性应基于考虑以下问题：

- 安全程度如何？
- 安保程度如何？
- 这些屏障（安保或防护策略）是否足以安全应对这些风险？

　　所有这些问题的答案应该由实验室中所有利益相关方共同努力，并且应该让社区中的相关方参与进来。换言之，风险评估过程应由一个团队组织，由一个团队进行评价，并得到行政管理层的明确支持。

参考文献

American Biological Safety Association. 2014. Risk Group Classification of Infectious Agents. http://www.absa.org/riskgroups/ (accessed August 2014).

European Agency for Safety and Health at Work. 2014. Risk Assessment for Biological Agents. EU- OSHA. https://osha.europa.eu/en/publications/e-facts/efact53 (accessed September 2014).

Ezell, Barry C., S.P. Bennett, D. Von Winterfeldt, J. Sokolowski, and A.J. Collins. 2010. Probabilistic Risk Analysis and Terrorism Risk. *Risk Analysis*, 30: 2010.

Ezell, Barry, J. Farr, and I. Wiese. 2000. Infrastructure Risk Analysis Model. *Journal of Infrastructure Systems*, 6(3), 114-117.

Ezell, Barry C., Y.Y. Haimes, and J.H. Lambert. 2001. Risks of Cyber Attack to Water Utility Supervisory Control and Data Acquisition Systems. *Military Operations Research Journal*, 6(2), 30-46.

International Risk Governance Council. 2005. *IRGC White Paper No. 1: Risk Governance—Toward an Integrative Approach*. Geneva. http://www.irgc.org/IMG/pdf/IRGC_WP_No_1_Risk_Governance__reprinted_version_.pdf.

Kaplan, Stanley, and B.J. Garrick. 1981. On the Quantitative Definition of Risk. *Risk Analysis*, 1: 11-27.

Pidgeon, Nick F. 1991. Safety Culture and Risk Management in Organization. *Journal of Cross-Cultural Psychology*.

Snell, Mark K. 2002. *Probabilistic Security Assessments: How They Differ from Safety Assessments*. SAND Report SAND2002-0402C. Sandia National Laboratories.

US Centers for Disease Control and Prevention. 2014. Biological Risk Assessment Worksheet. http://www.cdc.gov/biosafety/publications/BiologicalRiskAssessmentWorksheet.pdf (accessed September 30, 2014).

Wagener, Stefan, A. Bennett, M. Ellis, M. Heisz, K. Holmes, J. Kanabrocki, J. Kozlovac, P. Olinger, N. Previsani, R. Salerno, and T. Taylor. 2008. Biological Risk Assessment in the Laboratory: Report of the Second Biorisk Management Workshop. *Applied Biosafety*, 13: 3.

Wanderer, Emily. 2012. Perspectivas antropologicas sobre el riesgo, la historia y la bioseguridad. Los Comites Institucionales de Bioseguridad y las Competencias Profesionales AMEXBIO. May.

World Health Organization. 2004. *Laboratory Biosafety Manual*. 3rd ed. Geneva. http://www.who.int/csr/resources/publications/biosafety/WHO_CDS_CSR_LYO_2004_11/en/index.html.

第四章

设施设计和控制

威廉·D. 阿恩特（William D. Arndt），马克·E. 菲茨杰拉德（Mark E. Fitzgerald）和罗斯·费里斯（Ross Ferries）

摘要

　　开展危险生物材料工作的风险要求实施有效的生物风险管理计划，以专门保护实验室人员、防止意外或故意泄漏或从实验室移出危险材料。在建造或翻新实验室之前了解这些风险对于确保一旦工作开始后有效的生物风险管理计划的成功至关重要。实验室的设计和实施的防护措施可能对生物风险管理计划产生负面影响。因此，设计决策和特定防护措施的选择应基于全面的生物风险评估，而不是默认为并不适用所有情况的预定义解决方案。本章将讨论实验室的设计和选择的防护措施如何影响生物风险管理。特别是，本章还将介绍使用基于风险的设计策略来帮助选择适当的生物风险缓解措施的概念，减少设施过度设计或浪费宝贵资源的可能性。

简介

　　意外暴露于危险生物因子或毒素及其无意泄露到环境中是开展有害生物材料工作的固有风险。为了将这些风险降到最低，实验室和周围社区的人员应依赖于实施有效的生物风险管理计划，使用一级和二级防护屏障来降低发生此类事件的可能性。虽然第 5 章会讨论一级和二级防护屏障的主要功能，但本章进一步详细讨论了二级防护屏障的重要性，并最终讨论了实验室的设计和缓解措施的选择如何影响有效生物风险管理程序的建立和可持续性。

　　设计用于处理和储存危险生物材料的实验室在历史上被划分为由美国 CDC、美国 NIH 和 WHO 认可的四个生物安全等级（BSL-1 至 BSL-4）之一。这些预先定义的提升防护水平或生物安全等级的解决方案是基于设施设计特点、运行实践和规程以及用于将处理和存储特定病原体的生物风险缓解到可接受水平的安全设备的组合。《微生物和生物医学实验室生物安全》（US Department of Health and Human Services，2009）和《实验室生物安全手册》（World Health Organization，2004）是两个指导文件，描述了与四个生物安全等级相关的主要生物安全风险缓解措施。然而，尽管这两个文件中的指导方针已被广泛地理解，但这些生物安全等级的实施往往因设施而异。

在国际社会中，没有标准化过程来确定在何种条件或环境下开展危险生物材料工作是可以接受的，尤其是在实验室可能设计在仅基于特定生物安全等级定义选择的生物风险缓解措施的环境中。确定以尽可能安全和安保的方式开展危险生物材料工作所需的生物风险缓解措施，很大程度上依赖于对确定与处理和储存特定病原体相关的潜在风险进行的评估。除非有效识别危险，否则无法评估与设施和相关活动有关的风险（European Committee for Standardization，2011）。因此，必须向负责进行风险评估的个人提供充分的支持，确保对潜在风险进行准确估计。有关生物风险评估过程的更多信息，请参阅第3章，其中描述了进行生物安全和生物安保风险评估的主要目标和策略。

传统上，根据已确定的风险，许多设施都有效地实施了执行生物安全评估和选择适当的生物安全等级的战略；但是，在某些情况下，利用该战略可能是一个挑战。世界上很少有设施具备在理想条件下运行所需的所有资源，使它们能够有效地实施和维护《微生物和生物医学实验室生物安全》和《实验室生物安全手册》中针对每个生物安全等级建议的风险缓解措施。在选择缓解措施之前，必须考虑一些因素，例如现有基础设施的缺陷、缺乏适当和可靠的应用程序、缺乏购买和维护设备的资金、缺少关于如何正确使用和维护设备的培训，或缺乏对国际生物安全和生物安保最佳实践普遍的认识。出于这些原因，重要的是要理解，在决定采取生物风险缓解措施来应对设施的风险之前，管理层必须确信这些缓解措施是适当的、必要的和可持续的。否则，资源可能会被误用，从而创建了一个既不可持续又对最终用户无用的设施。例如，可以建议将对结核分枝杆菌进行诊断检测的实验室建设为一个BSL-3实验室，在排风系统上配备HEPA过滤器，以防止气溶胶泄漏。但是，如果相关实验室没有足够的资金全年运行其空气处理系统，并且没有定期检测和更换HEPA过滤器所需的资金，那么这种方案将不可持续，应用于实施这种方案的资源最终将被浪费，而且它将无法按预期缓解风险。

另一种策略是从另一个角度评估要实施的具体缓解措施。设施所有者和设计团队不应使用预先定义的解决方案，如生物安全等级和规定的设施要素，而应专注于生物风险缓解措施本身。在任何实验室设计中，预先确定、尝试和测试的方法都可以应用于对性能结果的合理预期，但可能需要新的策略来解决独特的设计驱动因素和传统思维无法最佳解决的可持续性挑战。设计策略应着重于确定减轻与处理和储存感染性生物材料有关的风险所需的具体缓解措施，而不是仅从生物安全等级或预先定义的解决方案的角度实施缓解措施。这种基于风险缓解的替代策略将降低造成设施包含过度复杂工程要素或不可持续系统的可能性。

生物风险管理设计

设计一个处理和储存危险生物材料的实验室是一个耗时和复杂的过程，涉及许多利益相关方，他们对设施设计结果和支持最终用户需求所需的设备有不同的意见。通常，世界各地的实验室在设计和建造时对最终用户的理解有限，包括他们的需求如何影响建筑完工后的使用，以及未来科学、任务和技术的变化。因此，设施可能设计过度或设计不当，或者由于建筑布局或工程系统存在缺陷，无法长期支持安全和安保地运行，或由于资源不足，无法确保设备继续按预期运行。

过度设计的设施可归因于由于未能收集可能影响设计总体结果的必要信息而导致的未成形设计。例如，没有咨询最终使用和维护设施的适当的科学、安全或工程人员，以有效确定其需求和能力。作者们遇到的更极端的例子是有定向气流问题的实验室，这些问题导致空气从潜在污染区域流向清洁区域。在许多情况下，这些项目都是由有净化实验室经验的设计团队或建设者执行的，他们认为用于开展生物因子工作的实验室有类似的要求。如果不研究防护需求、研究类似设施的设计以及咨询适当的知情安全人员，可能会导致设施的建设存在气流问题，而这些问题通常很难补救并使工作人员面临更大的风险。

缺乏与实验室设计最佳实践相关的本地情形的了解和能力也可能导致实验室设计不当。当使用远程设计策略来弥补本地情形了解缺乏时，就会出现这种情况。依赖这种策略的最可能情况是，设施所有者相信或认识到当地建筑师和工程师的专业知识不太适合设计、建造用于处理和储存危险生物材料的实验室。在这种情况下，设施所有者经常从遥远的地方聘请专家来设计，在某些情况下还建造他们的实验室。如果有足够的时间和资金来确保设计人员收集所需的详细信息，以彻底了解最终用户的需求，了解施工完成后以及未来随着技术进步或工艺变化将如何使用建筑，这可能是一个有效的过程。但是，当设计团队和用户不在同一个地方时，很难组织充分的讨论来开发一个方案和设施功能彼此顺利运行的设计。例如，进出大型动物饲养室的方案在不同设施之间可能会有很大的不同。一个国家的设计师可能会假设用户会脱掉一次性工作服，把它们放在一个消毒箱里，淋浴后离开存放区。这需要一个相对较小的带淋浴的更衣区。但是，该设施的用户可能已经习惯了使用可重复使用的橡胶靴、裤子、外套和帽子的方案，并且在淋浴前需要一个空间来消毒和储存这些物品。除了更衣室和淋浴设施外，他们需要的空间与设计师设想的大不相同，还需要单独的区域来脱下和存放 PPE。如果没有详细讨论的机会，设施设计可能存在缺陷，最终会损害工程的质量、效率、安全和安保。

最后，当使用预制设计时也会出现挑战。这些项目通常会遇到与远程设计类似的问题，即设计师和用户之间可能缺乏沟通，以及设计师对当地环境条件缺乏了解。这些项目通常是预制一个完成的实验室，并以接近完整或半完整的形式将实验室交付到现场。在一个地点制造并运输到另一个气候或施工环境中的预制件通常很难由当地实验室人员进行维护和保养。温度、湿度、灰尘、害虫和海拔的变化会对机械系统的材料和运行产生显著影响。此外，预制实验室所用的建筑材料可能与当地行业所习惯的材料有很大的不同，这会造成一些小的维护问题，比如修门、修补和喷涂损坏的饰面，或者调整机械、电气和管道系统，这些都非常重要。例如，如果当地行业不具备修复材料和技能，可能无法修复损坏的钢制窗扇，并在相当长的一段时间内成为实验室的安全隐患，而当地制造的木质窗扇可能很容易在一天内修复。

设计实验室需要一套独特的技能，这些技能通常只能通过经验获得。那些对他们所使用的生物因子和生物风险管理最佳实践有很好了解的科学家、医学专业人员和生物安全专家，通常不会通过他们的正常教育过程或日常活动获得实验室设计原则和最佳实践方面的经验。同样，大多数建筑师和工程师也没有接受过与不同生物因子或毒素相关的风险教育以及如何通过常规程序缓解或放大这些风险的教育。设计一个实验室的工作应该委托给经验丰富的专家团队，而不是几个设计师。最好的设施设计通常来自一个由建筑师和工程师组成的团队，他们在实验室设计方面经验丰富，与科学家、生物安全和安保专业人员以及维护人员密切合作，他们了解科学过程如何影响建筑系统和布局或受其影响。召集合适的人员并为设计过程创造理想的条件通常是非常具有挑战性的，需要时间与关键利益相关方进行多次会议，由领域专家进行同行评审，以及关键领域的实体模型。即使可以实现，开发实验室设施的过程也是昂贵和耗时的。因此，实验室的设计不总是很好、充满了运行问题、常常不能充分解决与设施中常规使用的感染性物质相关的生物风险，这并不奇怪。

有效管理设施中存在的生物风险在很大程度上取决于根据识别的风险了解哪些一级和二级防护措施是真正必要的，以及这些防护措施如何与其他生物风险缓解策略共同工作。示例包括实施管理控制、实践和规程以及个体防护装备，以将风险降低到可接受的水平。一级防护屏障通常集中在生物安全柜（biosafety cabinets，BSCs）、密闭容器和其他设计用于保护实验室人员免受可能暴露于感染材料的设备上（US Department of Health and Human Services，2009）。二级防护屏障更侧重于设施元件的设计和建造，这些元件不仅有助于保护实验室人员，也有助于保护周围社区和实验室外的环境免受潜在的感染物质意外泄漏（US Department of

Health and Human Services，2009）。根据设施中存在的生物风险，这些二级防护措施可以涵盖从简单的措施（如高压锅和洗手设备），到更先进的措施（如保持设施中定向气流的专用通风设备，以及将实验室空气排放到室外外部环境之前的过滤器等）。在早期和整个项目设计过程中进行全面的生物风险评估，应指导所有相关设施需包括哪些类型防护措施的决策。

基于风险的设计决策

制定基于风险的设计决策的初始阶段依赖于完成生物安全和生物安保风险评估，该评估确定、评价并优先考虑设施中存在的风险，并使关键利益相关方能够就设施中要实施的适当风险缓解措施作出最终决定。第 3 章强调了在确定风险可接受性和决定所需缓解措施之前，识别危险（生物安全）和威胁（生物安保）以及了解与风险相关的可能性和后果的重要性。设计团队的每个成员和关键利益相关方必须就整个设施设计中需要解决的风险以及如何最好地解决这些风险达成一致。

在开展生物因子和毒素工作的实验室中，生物风险可能来自以下方面：

- **设施中存在的因子或毒素的性质**。例如，低感染剂量要求和大多数病毒性出血热（如埃博拉病毒）感染相关的严重后果使得任何开展这些因子的工作都必然会对实验室人员造成重大的生物风险。
- **执行的科学规程**。了解常规执行的规程很重要，因为这会显著影响全面生物风险评估中确定的某种病原体的相关生物安全和生物安保风险。例如，开展某种因子的工作可能被确定为代表中等风险，但如果常规处理大量的同一种病原体，如在疫苗生产机构中，或者如果工作活动发生变化可能会增加潜在的暴露，例如开展气溶胶研究，则风险可能会增加。相反，如果主要在某种环境中（如临床条件下）使用少量或减毒的毒株，可能相对高风险的病原体实际上可能代表低得多的风险。
- **设施内工作人员的暴露风险**。一些活动可能会增加将危险病原体气溶胶化的可能性，例如快速处理大量样品的自动化分析，或者程序或政策会不必要地使人员与可能具有感染性的其他人接触。
- **对环境或设施外人员的风险**。处理危险的生物材料会对使用者和周围社区造成巨大的风险。这是病原体和在设施中进行的规程的固有特征，将决定感染的可能性和泄漏到周围人类和动物种群的程度。当设施常规处理在环境中相对稳定、感染剂量较低且能够在宿主之间轻松传播的病原体时，这可能是一个更大的问题，如口蹄疫病毒（foot-and-mouth disease virus，FMDV）、非洲猪瘟病毒（African swine fever virus，ASFV）、结核分枝杆菌、流感病毒和脊髓灰质炎病毒等病原体。

- **生物因子或毒素被盗的风险**。任何个人或团体，无论是否与设施有关联，都可能希望窃取材料供自己使用或出售给他人以造成伤害。
- **外部威胁给设施和用户带来的风险**。与设施无关的个人或团体可能希望破坏设施。历史上的例子包括动物权利激进主义或政体或意识形态抗议的其他类型。

一旦了解和表征了与设施工作相关的风险，就有必要评价和优先处理风险，以确保安全和安保运行，以及最佳利用可用资源。确定生物安全或生物安保风险是高、中还是低，以及是否可接受风险，是一个主观过程，在个人和设施之间可能存在差异，这取决于当地法律、文化、经验、管理观点，甚至当前事件。然而，在风险评估中，了解特定地点的因素和可用资源是一个重要的考虑因素，当使用预先定义的解决方案选择生物风险缓解措施时，通常会忽略这些因素。例如，在偏远地区的实验室，居住在实验室附近的人数有限，可能对外部安保威胁具有很好的防护水平，在设施意外泄漏时周围社区暴露的相对风险较低。相反，人口密度越高的地区理论上对该设施的安保风险就越大，一旦发生意外或故意泄漏，就会增加扩散到周围社区的风险。同时，根据设施的位置，特定的病原体也可能造成非常不同的风险。当比较与一种被认为在一个地区流行而在另一个地区不流行的病原体有关的风险时，这种情况尤其如此。口蹄疫病毒在诸如撒哈拉以南非洲等地区的自然界是很常见的，其意外泄漏可能不像在通常不存在该病毒的北美地区那样令人担忧。即使有可能解决设计项目中固有的每一个风险，设计团队也必须根据风险的可能性和后果，了解应优先考虑哪些风险，以便做出明智的设计决策，并充分利用现有资源。

随着风险被充分理解和优先排序，就有可能开始讨论缓解策略。在开展生物因子工作的设施设计中，一些缓解策略将固有地以管理控制（政策、SOP 等）、工程控制（BSCs、废弃物处理等）和设施设计特征（布局、工作流程等）为基础。然而，有效的生物风险缓解策略必须包含管理和工程控制以及设施设计解决方案的组合，以缓解现有的生物风险，并确保可持续、安全和可靠地运行。

设计过程

因提供财政资助的国家、机构、捐助者或公司的不同，资金流和支出周期也大不相同。由于这一点和其他一些原因，很难预测新实验室设施设计和建设的资金支持。在某些情况下，年底的未分配资金可能会突然用于项目，条件是资金迅速支出或用于特定活动。在其他情况下，资金可用并分配给特定的个人或公司以推进项目的设计和建设，但他们可能缺乏或选择排除适当的多学科专业知识。无论如何，这些资金来源和支出周期会可能对项目成功产生潜在不利影响，从而对设计和施工进度造成压力。此外，各部门、股东、捐助者和其他潜在的资助者可能没有了解此类设施必要的复杂性的背景，并且往往期望立即获得投资回报。立即开始施工的压力是可以理解的，因为与施工过程中出现的可触摸的、有形的建筑元素相比，设计和文档可能非常抽象。因此，那些在传统设计和风险评估过程中经验有限的人，尤其是在其应用于复杂的生物设施时，可能希望在这一过程中过早看到其投资的实物证据。这通常对项目的长远成功造成极大的破坏。混凝土板浇筑、楼梯塔施工、电梯和其他物理部件就位后，调整设计方面则变得困难（甚至不可能）、耗时和昂贵。然而，如果在规划过程中适当地采纳在信息收集、利益相关方对关键决策的认可以及在开始施工前进行适当的设计改进等方面的尽职调查，则可以显著节省时间和成本。这对于项目资本成本以及运行和维护设施的长期运营成本是正确的。

　　图4.1说明了实验室设计项目的典型阶段（从预设计、规划到使用），以及随着项目的进展到完成，决策的影响如何变化。在设计过程的早期，可以很容易地做出包括或排除某些空间或特征的决定，对项目进度几乎没有负面影响。此时，好的信息和好的想法往往会对项目产生积极的影响。随着项目的进展，实施变更变得越来越困难，成本也越来越高，新的想法和信息也越来越难以富有成效的方式融入其中。举例来说，在项目的规划阶段，很容易决定为安保人员提供一个专用的空间来检查传入的包裹。然而，一旦建筑设计完成或更糟的是已经在建设中，增加这样一个空间的决定通常是一个非常昂贵的提议。建筑师和工程师必须修改多个图纸，可能需要调整支持设备的尺寸，以支持额外的通风、管道和电力需求。此外，还有延误项目的费用，这将影响承包商和设计团队。因此，在建设过程中的这一阶段，将这个空间添加到设计中的成本可能是高昂的。

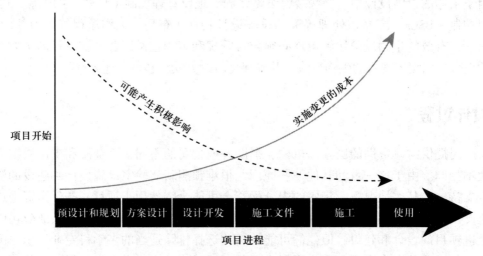

图 4.1　项目实施的决策成本及影响曲线

项目利益相关方

　　任何成功项目的关键部分都包括一个稳定的利益相关方团体，该团体有各种意见、观点和技能。为了有效地阐明角色和责任，以及促进决策的制定，利益相关方团体应分为多个阶层。在这一过程中，应尽早确定一个由董事、关键科学人员、风险评估师和融资机构代表组成的小核心团队；当相互矛盾的意见和未解决的问题出现时，该团队拥有最终决策权。核心团队应定期会面，制定项目目标并保持其进展，监控设计的演变，并确保结果与机构的总体愿望一致。然而，核心团队应该是全部项目利益相关方的一小部分，这些利益相关方必须包括在设计过程中。各个科学部门的代表应参加与设计团队开展的讨论，以确保满足他们的基本需求。这一团体应包括代表所有项目的科学人员，包括实验室主任和主管，以及每天使用实验室的技术人员和其他人员。设计过程中应纳入的其他建筑使用者包括运行和维护人员、安全和安保人员、废弃物处理人员、风险沟通人员和管理人员。组建一个综合性的建筑用户团队是必要的，纳入那些不会直接在设施中工作、但能够提供重要观点的个人并与之进行沟通，也有助于确保建筑项目的整体成功。

　　除了上述与项目直接相关的利益相关方（即，在设施中工作或运行设施或为设施提供资金），通常还有其他与项目周边相关的团体也会有顾虑。例如，周围社区的成员可能对实验室中正在进行的工作有顾虑，特别是存在危险因素的情况下，可能需要了解实验室计划的安全特征，以减轻对其健康或财产存在风险的担忧。在批准该机构开展生物因子或实验动物工作之前，可能会有监管或认证团队根据某些准则或标准对该机构进行评价。此外，将负责在紧急情况下（如火灾、犯罪活动）做出反应的应急机构介绍给相关方，对于确保可能需要进入设施的所有人员的安全至关重要。

　　虽然必须确定一个最终负责制定决策的核心团队，但是实验室设计项目最好能够在整个规划和设计过程中听取所有利益相关方、设计专家和顾问的意见。尽管让大量个人参与所有讨论似乎很麻烦，但涵盖广泛的观点通常是防止错误或遗漏的最佳保险，这些错误或遗漏可能导致设施难以运行，造成损失，以及最后时刻或竣工后的变更。图4.2说明了将广泛的利益相关方、设计专家和顾问聚集在一起的概念，他们在设计过程的所有阶段都专注于共同的项目目标、问题和解决方案。通常也建议让同行评审员参与进来，特别是当某个机构决定改变其工作方法或研究中的病原体范围时。在设计过程的所有阶段，来自类似机构、从事类似工作的同行都是非常宝贵的资源。

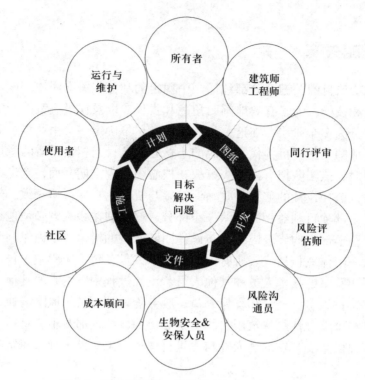

图 4.2　利益相关方、设计师和顾问的综合团队

预设计

在设计阶段开始之前，可以做出几个与项目有关的决策。这些决策为将来的工作建立了边界约束，并管理许多最终影响后期构建环境的早期工作。理想情况下，所有者将知道预期的设施使用者，实验室的任务，所需空间的大致尺寸，设计、施工和持续运行可用资金的数量级估计，预先设计阶段考虑的可用场地以及最终使用设施所期望的时间表。在项目开始之前，可能无法完全了解所有这些因素，但必须在设计的整个发展过程中持续监控和调整这些因素。对之前未知信息的任何说明都将加快过程，提高前期工作效率并推进设计。在确定了大部分的标准之后，该机构就可以选择一个设计专业人员团队来协助项目的持续发展。在设计阶段，团队应通过持续的信息收集澄清初始假设的问题，并建立和记录项目的关键性能指标。

规划和预设计阶段可能是实验室设计项目中最关键、但最常被忽视的阶段。如前所述，在没有充分进行预设计思考和行动的情况下，开始设计或施工通常会面临巨大的压力，"但是，只有在彻底搜索相关信息后，才能开始处理客户的设计问题"（Peña and Parshall，2012）。在规划和预设计阶段，所有的项目信息、风险评估、空间需求、组织结构、项目目标、关键关系、设备需求、科学能力、增长假设、需要满足的法规以及提出的任何其他想法都需要以一种能够帮助设计团队将所有这些信息整合到一个经过深思熟虑的设计中的方式进行确认和组织。在开始设计之前，应将这些信息组织到以下组件中：

- 项目目标、愿望和需求，包括风险评估。
- 项目将遵循的地方或国家规范、法规、指南和标准 [虽然并非所有地区都需要《国际建筑规范》(*International Building Code*)（2012 年），但在帮助确保安全和安保方面，这可能是一个很好的补充]。
- 功能空间规划——列出设施中所需的所有规划空间。
- 组织结构图——说明将使用和运营设施的团队的组织结构。
- 关系图——说明空间和用户组之间的关键关系。
- 机构空间标准清单（如果有）。
- 房间图和房间数据表——尽可能多地记录每种房间类型、设备和服务需求的信息。

信息收集

当实验室已有工作空间时，设计师应巡视这些区域，并要求用户说明当前空间的哪些元素对他们来说良好，以及他们想调整哪些方面以提高功能和空间效率。然而，收集与风险评估相关的信息同样重要，例如在每个空间进行的科研过程的类型、正在研究的病原体、用于这项工作的设备、参与这项工作的人数以及与其他区域的关系。除了收集有关新实验室所需空间类型和工作方法的信息外，设计团队还必须获得任何其他必要信息（如培训计划、运行时间、安保政策），以支持生物风险评估，并就设施内研究生物因子或毒素所需的安全和安保问题达成共识。

科学的工作方法不断发展，而物理设施通常是静态的。设备可以改变，尽管设施设计通常会限制变化的空间。设施可以翻新，但对旧建筑可行的改造有局限性，而且经常没有资金用于改变空间。随着时间的推移，科学的工作方法将不可避免地去适应一个不太理想的空间。因此，设计或规划团队应确定可能需要新类型空间的位置，以便提供更适合当前最佳科学实践的新设施。研究其他较新的设施进行类似工作的方法，并将其与用户联系起来，这也是非常宝贵的。与其他机构的同行进行标杆考察和讨论，可以帮助用户思考理想的工作空间类型。

随着时间的推移，动物的空间标准和保护要求也在不断发展。如果出于研究和诊断目的需要使用动物，设计团队应审查当地的动物保护实践，并参考《实验动物保护和使用指南》(Guide for the Care and Use of Laboratory Animals，National

Research Council，2011）。

方案设计

在方案设计阶段，设计团队应该通过一个迭代的设计过程，提出意见，并与适当的项目利益相关方一起审查这些意见。在这个阶段，确保正确建立所有必要的空间邻接和配置是至关重要的。设施的方案设计为实施所有基于设计和许多基于方案的风险缓解措施提供了框架。开发实验室设施的方案设计时所做的决定最终将对生物风险管理系统和方案的设计产生深远的影响；它们将影响功能关系、建筑物的建造方式、服务方式和安保方式。本章的后续章节将讨论在项目的方案设计和设计开发阶段应考虑的设计最佳实践。

实验室设计最佳实践

公－私分离

公共空间和私人空间的分离是大多数建筑类型规划中固有的一个原则，这种分离通常是一种渐进式的转变，而不是一种硬性的划分。例如，一个住宅可能有一个庭院，它对所有人都是开放的（或者至少是可见的）。一个人进入房子，首先会来到公共空间，例如邀请客人进入的生活区和用餐区；除此之外，人们可能会邂逅厨房，那里可能只有亲密的朋友和家人才可以聚集，并且可以进一步进入起居室，找到私人睡眠区。这些空间之间的分隔主要是通过它们在建筑内的位置以及区分一个空间和另一个空间的墙和门来建立的。在实验室设施中，重要的是在公共和私人区域之间建立类似的隔离。

在大多数实验室设施中，会有公众可自由进入的区域，以及监控、控制或可能完全限制公众进入的区域。通常，安保区域从场地边界开始。一旦进入场地内，行人活动就可能会受监控，并在某种程度上受到道路和人行道的控制。在实验室大楼入口处，访客可能会遇到一扇上锁的门，或者可以自由进入一个小的入口通道，但可能需要某种类型的许可或陪同才能进一步进入设施内。一旦公众或访客进入建筑物内，可能仍有一些公共空间供访客自由走动。该区域可能包括大厅、洗手间和会议区。但是，根据设施的性质，办公室、实验室和其他辅助区域将或多或少地被定义为私人空间。进入这些私人空间的通道应通过安保设备进行监控，其方式应与在那里进行的工作相关的风险等级相适应。实验室设施内公共和私人空间的适当组织构成了所谓分区战略的开端。

分区战略

虽然实验室设施中公共空间和私人空间之间的划分是一个关键的设计驱动因素，但查看建筑物内不同空间类型或区域的配置也很重要。实验室设施的分区战略（有时称为大局组织）将对生物安全系统和方案的设计产生深远影响。它将影响功能关系以及建筑的建造、服务和安保。

在研究设施的整体分区时，设计团队可能会决定将动物饲养室设置在靠近装载区的地方，以节省未来几年动物搬运人员的时间和体力。或者把所有的防护区域，包含高风险工作的空间，一起朝向建筑的中心，这样它们就被很好地隔离了，并且安保系统可以集中在一个区域。或者将所有需要坚固结构和密集服务的空间都放在一侧上，而将所有较低的结构放在另一侧上，加固更昂贵的区域以节省总体成本。图 4.3 说明了一组常见空间类型的三个潜在分区图。

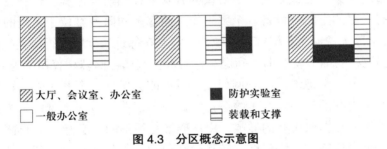

🟦 大厅、会议室、办公室　　　　　■ 防护实验室
⬜ 一般办公室　　　　　　　　　　▤ 装载和支撑

图 4.3　分区概念示意图

了解设施的分区策略非常重要，即使在已经建立了主要关系的现有建筑中也是如此。通过对整个组织的了解，设计师和决策者可以更好地准备对建筑进行改造，解决问题，或者在指定环境下进行可操作的改变。

流程分析

流程分析是一项重要的活动，应在设计过程的所有阶段重复进行。应处理和了解的典型流程包括建筑物的物料流动、样品的递送和分发、人员循环、带有关键灭活指标的适当标识的废弃物运输路径，并确定化学、生物、放射和非危险废弃物的短期、中期和长期储存区。应在设计过程早期了解动物设施额外的流程考虑。应仔细分析笼架、检疫区和隔离区的饲料、垫料、清洁和污物的运送路径以及动物尸体处理的注意事项。

在设计的早期阶段，流程应该有助于形成将建造建筑的总体分区策略的基础。即使在开始设计过程之前，也应以抽象的方式绘制关键流程，以确保各方对设施设计需要支持的关系有共同的理解。

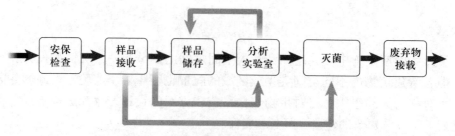

图 4.4　样品流程示意图

　　图 4.4 说明了在制定平面布置图之前，样品通过新设施的流程。随着设计的进展，逐步以更详细的方式来分析流程也很重要。在图纸设计阶段，分析流程可以帮助设计人员在备选概念之间进行选择。图示用户、材料和废弃物通过平面布置图的路径将有助于确定一个布局相对于另一个布局的相对效率。在设计的后期阶段，应该通过在关键区域制定分步协议的方式来详细研究流程。这一过程将有助于确保所有必要的空间、设备、个案工作、储存区和服务都位于正确的位置，以支持工作。图 4.5 说明了从研究对象中提取样本在邻近实验室进行研究的流程。查看样品转移流程的细节将有助于确定实际需求，例如存储转移容器所需的安全柜，还可以发现以前未考虑的风险。例如，此时可能会发现，离开实验室转移样品的用户会有污染走廊的风险。为了缓解这一风险，机构可以决定制定一个方案，一天的工作结束前要提取所有的样本，用户摘下受污染的手套和 PPE 再离开，或者决定添加一个转运箱，允许将样本转移给在走廊工作的人员，而其无须打开操作间的门。

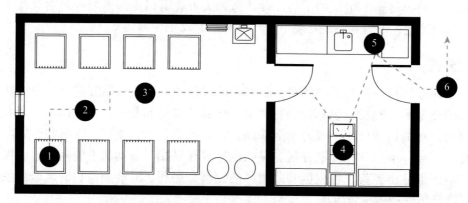

1. 在笼中给实验动物注射镇静剂；2. 实验动物一旦被麻醉后就被移动；3. 将实验动物放在推车上，盖上盖子并移至手术室；4. 将实验动物放在桌子上，采集血液或组织样本；5. 样品在工作台上包装并放置在双层容器中；6. 从处理区提取样本到实验室进行分析

图 4.5　流程映射示意图

保护层

夹心盒的概念为任何实验室设计项目增加了保护层，使用屏障分离来缓解危险材料潜在的意外泄露。当存在气溶胶暴露的感染风险时，可能需要更高等级的一级防护和多重二级防护，以防止感染性因子逃逸到环境中（US Department of Health and Human Services，2009）。在任何一个防护实验室中，最佳经验总是将感染性或危险的材料放在某种类型的一级防护装置内。在生物科学实验室中，最常见的是生物安全柜（BSC）。手套箱和动物隔离笼具是提供一级防护的其他方法。设备提供了一级防护方式，实验室空间随后提供了二级防护，防止任何从一级防护中逸出的物质逃离实验室。在某些情况下，例如开展大型动物工作时，在不能使用一级防护设备的情况下，实验室墙壁、地板和天花板可用作一级防护。

防护实验室区域的周界，有时也包括实验室周界，应设计为防护屏障。这种屏障的气密性等级很大程度上取决于实验室的类型，以及因子或毒素通过空气传播途径逸出的风险。例如，主要负责对临床样本进行人免疫缺陷病毒（human immunodeficiency virus，HIV）检测的诊断实验室，气溶胶传播的风险很小，可能只需要一个可清洁且充分密封的防护屏障，以支持定向气流策略。相反，在一个产生大量口蹄疫病毒的疫苗生产实验室中，有可能发生大量泄漏，从而产生大量气溶胶。因此，需要更坚固的屏障来支持更严格的定向气流和气体净化要求。通常，防护屏障所需的气密性等级取决于预期的消毒方法，也取决于实验室中产生气溶胶的风险。用气体消毒的实验室应具有足够牢固的防护屏障，以在静态或轻微加压状态下容纳气体（取决于预期的消毒方法），使消毒剂不会对用户造成风险，也不会损坏设施中设计为无法承受强消毒剂暴露的区域。在防护屏障所需的气密性等级上达成一致（在设计团队、安全人员、运行和维护人员以及负责建造屏障的人员之间），以及确定这些屏障的位置，对于设计特定风险的实验室空间至关重要。通过设计开发的所有阶段的图纸应说明在何处以及规划了何种类型的防护屏障，以便将跨越屏障的空间、系统、服务、设备和人员方案作为屏障的一部分进行开发。防护屏障的明确定义将有助于设计和工程团队开发安全设施，并有助于建筑物使用者安全使用该设施。

夹心盒策略还可以通过整合设施控制和限制未经授权人员进入建筑更安全的区域来增加整体安保策略（Salerno and Gaudioso，2007）。生物因子和毒素的获取通常受到机构的限制，仅限于那些需要获得作为其工作职责一部分的个人。例如，这些材料可储存在安全的冰箱或橱柜内，冰箱或橱柜在可锁定的房间内，房间在安保区域内、在安保设施内以及在安保地点。如图4.6所示，这种分层概念适用于所有类型的实验室设施。无论何时，当一个人越过一个不太安全的区域和一个更

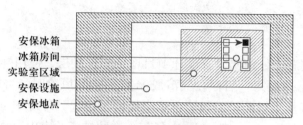

安保冰箱
冰箱房间
实验室区域
安保设施
安保地点

图4.6　安全分层概念

安全的区域之间的边界时，应该有某种类型的访问控制，以防止未经授权的人员获得不适当的访问。用于控制访问的措施和设备可能大不相同，甚至可能包括能够监控特定个人何时进入或离开设施或特定实验室的设备。监控和控制可能与安保人员负责监控出入口一样简单，又或者更复杂的，例如生物特征识别设备（如虹膜扫描、手部几何图形、指纹）和记录人员准确出入时间的读卡器。

所使用的安保措施和设备类型应与风险相适应，也应与机构的预算和运行能力相适应（Salerno and Gaudioso，2007）。例如，对负责检测临床常见疾病样本的诊断机构的访问可能相对开放，可以自由出入公共空间，也可以仅由一名警卫来监控这些出入。相反，只有经过授权的人员才能进入高感染性疾病研究机构的现场。该设施可通过周边围栏、需要出入卡的大门和所有入口的视频监控进行保护；该设施可要求所有访客全程有人陪同。从设计的角度来看，最重要的方面是开发一个支持多层安保概念的设施，允许访问控制的细节与风险协调相称。此外，设计应允许在不需要对设施规划进行重大更改的情况下，随着时间的需要修改访问控制。

一级防护装置的布置

在任何实验室的设计中，一级防护装置的布置都是一个简单但关键的方面。一级防护装置可包括生物安全柜（BSCs）、化学通风柜、手套箱隔离装置、下吸式工作台、回吸式工作台或为开展潜在危险材料工作的人员提供一级防护屏障的任何其他设备。虽然这些一级防护装置旨在提高实验室工作人员和周围环境的安全性，但如果放置不当，这些一级防护装置可能会产生相反的影响。

当风险评估表明部分或全部实验室使用者的工作需要一个一级防护装置（如BSCs）时，为了保护使用者或环境，使用者依靠安全柜内和操作窗的气流模式来防止气溶胶逃逸至实验室。干扰这些气流模式可能会影响BSCs的有效性，因此，安全柜的位置应确保一个人可以在没有其他实验室人员经过和干扰安全柜气流的情况下执行其工作。当风险评估表明工作存在相对较低的风险等级时，BSCs可能位于实验室的末端，共享设备和水槽位于实验室的前端。这种安排通常足以将一个使用者干扰气流，并可能危及另一个使用者的安全柜的风险降至最低。当工作人员需要经常通过实验室，或在从事高感染性因子研究的实验室，且干扰BSC气流的后果非常严重时，应设置流通通道，以便隔离 BSC 前面的工作区域，并做好防止干扰的保护。图 4.7 显示了一个实验室布局，其中有几个 BSCs，每个 BSC 都有一个独立的工作区，远离流通通道。如果风险评估确定气溶胶传播的高风险，则 BSCs、支持工作台空间和设备应位于单独的房间内。

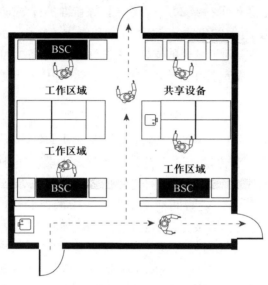

图 4.7　一级防护装置的布置

设施设计因素

可持续性

可持续性是一个术语，目前用来描述与设施设计有关的许多环境友好概念。在某些领域，可持续性被认为是绿色建筑技术在设计项目中的成功整合。"绿色建筑运动致力于在当前的设计、规划、施工和运行实践中创造一个永久性的转变，以实现影响更低、更可持续和最终可再生的建筑环境"（US Green Building Council，2012）。在其他情况下，可持续性是指在不损害安全性和功能性的情况下，能够使用更少的能源、最大限度地维护设施。"节能实验室除了为减少能源消耗提供更大的社会效益外，还为学术界节约成本和提供更安全的工作条件"（Applications Team，2008）。从基于风险的设计角度来看，可持续性可以定义为适当的设计解决方案的整合，以满足机构的需求，并在机构长期运行和维护能力范围内为人员和环境提供保护。

为了获得可持续性，实验室的设计应允许使用当地可用的材料（当地制造或常规进口）和施工方法进行施工，前提是可用的产品满足实验室设计所需的最低质量标准。尽可能使用当地可用的材料、方法和设备所产生的设施维护成本更低，并且更可能保持良好的运转状态，因为维修人员可熟练操作以及维修和更换材料将随时可用。为实现可持续性，设施建设所需的运行成本和资源还要得到各方的充分理解和重视。如果一个设施是在该机构的能力范围内建造的，能够提供人员和材料资源，以保持建筑在实验室设计和高效、可维护的建筑角度上按预期运行，那么该设施将是真正可持续的。有效的运行和维护计划应节约能源和水等资源，同时满足建筑使用者的舒适、健康和安全要求（National Institute of Building Sciences，2014）。一个得到了良好的支持、维护和人员配备的可持续的设施，不太可能受到可能危及安全或安保并可能增加设施风险的变化或削减成本措施的影响。

适应性和灵活性

　　大多数设计和施工项目在被新设施取代之前，预计将保持30年或更长的使用寿命。然而，在试图使老化设施适应当前趋势时，科学、任务、仪器和检测方法的变化带来了重大挑战。因此，重要的是要优化设计解决方案，考虑在无需大量的资本投资和延长翻新的停机时间情况下适应未来的便利性。在可能的情况下，设计团队和使用团队应合作开发灵活且适应性强的空间。

　　一个灵活的空间可以无需重大改变就能用于多种用途。一个适应性的空间可以很容易地修改以适应新的用途。在图4.8的示例中，饲养和操作区域是灵活的，可以通过简单的设备更换来用于多种物种（在笼具中）。该区域还可配备额外的地漏和额外的机械贯穿件，以便在不改变支撑系统的情况下增加淋浴，使该空间易于适应使用未圈养动物（如绵羊）。

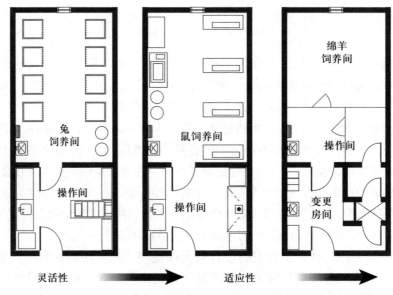

图4.8　同一房间空间的灵活性和适应性

灵活的设计对实验室的安全和安保非常有益。如果一个灵活性或适应性的实验室空间允许在已经建立的防护或安保区内增加一个新功能，那么新功能将对已建立的安全和安保运行产生很小的影响。如果一个新的功能不能被容纳并且必须被放置在一个隔离的区域内，那么建立的安保和防护边界将受到影响。如果人员和材料必须进出不同的安保区域，这可能会导致安保材料通过不安保区域移动，增加风险，并且工作效率低下。

结论

基于风险的设计策略应着重于确定减轻与处理和储存感染性生物材料有关的风险所需的具体缓解措施，而不是仅从生物安全等级或预先定义的解决方案的角度实施缓解措施。该策略将减少造成设施包含过度复杂的工程要素或不可持续系统的可能性。制定生物安全措施，防止意外暴露于生物因子，防止病原体意外泄漏到周围社区和环境中。通常，这是通过组合设计特点、特定的生物安全缓解措施和生物风险管理 SOPs 来实现的。当参与设施运行的所有各方了解设施设计和使用方案如何共同促进安全和安保运行时，生物风险缓解措施才可能是最有效和最高效的。通过召集一个广泛的利益相关方群体，并对即将开展工作的相关风险达成共识，设计团队才能开发出一种设施，该设施非常适合缓解目前的生物风险，并且在社区、预算和运行机构的能力范围内是可持续的。

整合防护屏障、HEPA 过滤器和定向气流等要素的设施的正确设计，有助于防止生物因子意外泄漏到非实验室区域，以及可能泄漏到环境中。涵盖有助于促进符合既定标准操作规程的要素也同样重要。例如，在使用者需要洗手的出口附近放置一个水槽、提供足够的存储空间以减少实验室的杂乱、以及提供足够的空间以促进 BSC 的正确功能，这将有助于并鼓励使用者遵循正确的规程。确保在整个设计过程中考虑国际生物风险管理最佳经验，也将有助于实验室使用者以安全和安保的方式执行其工作活动。

生物安保措施旨在防止内部或外部威胁窃取或故意泄漏生物因子或毒素。设施设计可以通过确保对进入实验室区域的通道进行充分限制和监控来支持生物安保工作，安保的房间可以安全地存储危险病原体，实验室基础设施的适当设计和就位可以支持安保设备。增加了访问控制装置来保护实验室空间和监控安保冰箱，就是一个很好的例子。

关键概念

• 在生物实验室设施中实施防护概念和特征应基于充分考虑的风险分析，而不是基于预先定义的规定性标准。

- 应通过基于方案和基于设计的措施的互补组合来缓解生物风险，这些措施专门缓解特定设施的已识别风险。过度设计实验室会使操作复杂化，并通过增加施工和运行成本以及安装难以维护的设备使设施无法可持续运行。
- 应从广泛的利益相关方群体中收集设计方案和信息，包括在其他机构（国家）从事类似工作的同行，以便为设计团队全面了解工作中涉及的所有风险，并提供广泛的知识资源，以协助开发风险缓解策略。
- 设施的分区、材料和人员通过设施的定向流程以及设施内的防护屏障是风险缓解策略的关键要素，应在设计的所有阶段进行分析和说明。
- 应采用分层方法解决生物安保问题，以便在设施内多点实施访问控制和监控措施。
- 具有灵活性、适应性和可持续性的设施将能够通过允许科学工作方法或甚至科学任务的变化来维护既定的安全和安保方案，无须对设施基础设施进行重大变更，也无须对纳入设施设计的风险缓解概念进行重大变更。

参考文献

Applications Team. 2008. A Design Guide for Energy Efficient Research Laboratories. http://ateam.lbl.gov/Design-Guide/ (last updated September 5, 2008).

European Committee for Standardization. 2011. CEN Workshop Agreement CWA 15793: Laboratory Biorisk Management. ftp: //ftp.cenorm.be/CEN/Sectors/ TCandWorkshops/Workshops/CWA15793_September2011.pdf.

International Code Council. 2012. International Building Code. http://publicecodes. cyberregs.com/icod/ibc/2012/index.htm.

National Institute of Building Sciences. 2014. Whole Building Design Guide. http://www. wbdg.org/ (accessed July 28, 2014).

National Research Council. 2011. *Guide for the Care and Use of Laboratory Animals*. 8th ed. Washington, DC: Institute for Laboratory Animal Research, National Academies Press.

Peña, William M., and S.A. Parshall. 2012. *Problem Seeking: An Architectural Programming Primer*. 5th ed. New York: John Wiley & Sons.

Salerno, Reynolds M., and J.M. Gaudioso. 2007. *Laboratory Biosecurity Handbook*. Boca Raton, FL: CRC Press.

US Department of Health and Human Services. 2009. *Biosafety in Microbiological and Biomedical Laboratories (BMBL)*. 5th ed. US Department of Health and Human

Services, Public Health Service, Centers for Disease Control and Prevention, National Institutes of Health. http://www.cdc.gov/biosafety/publications/bmbl5/.

US Green Building Council. 2012. *Green Building and LEED Core Concepts Guide*. 1st ed. World Health Organization. 2004. Laboratory Biosafety Manual. 3rd ed. http://www.who.int/csr/resources/publications/biosafety/WHO_CDS_CSR_ LYO_2004_11/en/.

第五章

反思缓解措施

珍妮弗·高迪索（Jennifer Gaudioso），苏珊·博格斯（Susan Boggs），娜塔莎·K.格里菲斯（Natasha K. Griffith），哈兹姆·哈达德（Hazem Haddad），劳拉·琼斯（Laura Jones），伊菲·坎巴（Ephy Khaemba），塞尔吉奥·米格尔（Sergio Miguel）和塞西莉亚·V.威廉姆斯（Cecelia V. Williams）

摘要

一旦建造了一个设施，风险管理者就有几种工具来缓解风险评估中确定的生物风险。他们可以决定消除或替代风险；他们可以使用设备来缓解风险，例如生物安全柜、标识识别器或个体防护装备；他们可以决定谁可以访问和执行工作；他们可以改进工作实践和行政管理。尽管这些都是设施设计时应考虑的要素，但它们也是调整缓解措施以适应任务变化所需的相同可用工具。风险管理者必须了解可用于缓解风险的各种选项，因为无论设施规划得多么周密，任务都不可避免地会逐步发展，需要重新评价风险缓解措施。

简介

当前的西方职业卫生文献将缓解控制的层级划分为消除、替代、工程控制、管理控制、实践和规程以及 PPE，每个都有不同的优缺点（DiNardi，1997；NIOSH，2010；OSHA，2014）。工程控制分为一级控制和二级控制：一级控制是安全和安保设备，二级控制是指设施（见第 4 章）。一级工程控制包括实验室中用于保护实验室人员和防止意外泄漏或故意从实验室移出生物危害物质的设备。这些设备包括 BSCs、化学通风柜、访问控制器（例如，钥匙、密码锁、标识刷卡和生物识别读卡器）、报警器（例如，火灾报警、低氧传感器、运动传感器和开门报警）和其他专用设备。管理控制可以包括政策，例如决定哪些人员将开展工作以及参加培训。实践和规程规范了人员的预期行为。例如，废弃物处理的预期目标应记录在一个文件化的规程中。生物科学设施中的另一个标准做法是使用机械移液器而不是口吸移液。PPE 是指人员穿戴的装备，旨在减少其暴露并保护其免受伤害。生物科学设施中常见的 PPE 包括护目镜、手套、防护服和呼吸器。

格雷塞尔（Gressel）（2005）主张，消除和替代在这一层级中值得特别注意，因为这些选项不仅提高了对工作人员和工作环境的保护水平，而且还是较少成本的缓解方法且需要较少维护。同样地，索尔（Soule）（2001）解释了消除和替代如何频繁地为工业卫生问题提供最有效的解决方案。从生物风险管理的角度来看，消除或替代的好处需要与任何科学影响进行权衡。例如，关于保留天花病毒用于研究的好处引起了激烈的争论。WHO 已颁布法令，对活天花病毒的研究必须具有公共卫生效益，而不仅仅是为了提高科学认识（Butler，2011）。在 1980 年根除天花之后，WHO 及其会员国立即同意在两个实验室整合剩余的病毒分离物，以消除所有其他机构的生物安全和生物安保风险。对于开展有关其他唯一被根除的病毒（牛瘟，Rinderpest）的工作，OIE 暂停了对活病毒的研究，并实施了一个根据三个标准审查研究建议的程序，以确定科学效益是否超过生物风险（OIE，2013）。这两个例子对消除作为一种风险缓解策略进行了解释，但许多时候用低致病性毒株进行替代也可以在提高良好科学知识的同时大幅度缓解风险。然而，确保替代选项实际上比原始流程风险小是至关重要的。2004 年，奥克兰研究所儿童医院（Children's Hospital Oakland Research Institute）的研究人员认为，他们正在研究的炭疽芽孢杆菌 Ames 株（*Bacillus anthracis*– Ames strain）的非活性营养细胞可以作为致病材料的替代品。当发现实际上标本没有被灭活时，8 名工作人员必须接受暴露后化学预防以防止吸入性炭疽（MMWR，2005）。

当消除或替代危险是不可行的或可能无法提供全面的风险解决方案时，通常实施工程控制以缓解风险。"控制层级"一词让许多人相信工程控制是生物风险管理的最重要方面。然而，工程控制经常被误用，并因此提供错误的安全感或安保感。而且这是一种常见的误解，也由此，一些实验室完全围绕工程控制进行设计，忽略了其他同样重要的控制要素，如管理控制、SOPs 和 PPE 的使用。实施的工程控制等级应与风险成比例，并应与其他控制措施一起优化整体风险缓解方案。此外，过度依赖工程控制来缓解实验室风险可能导致设施设计过度或过高的运行、维护和可持续性成本（见第 4 章）。工程控制不是单一控制点，而是作为缓解策略的一个方面，将工程控制与其他要素，如消除、替代、管理控制（包括培训和指导）、SOPs 和 PPE 结合起来。在选择适当的缓解措施时，需要考虑许多风险因素和风险缓解策略，包括但不限于：病原体特征、流行病学、人群易感性、预防和治疗的可用性、训练有素和经验丰富的人员的可用性以及资源的可用性。这就是为什么风险评估（第3章）是选择特定情况缓解措施的关键第一步。

读者应参考标准工业卫生，生物安全和生物安保文件，了解生物科学机构缓解措施的具体技术细节（WHO，2004、2006；US Department of Health and Human Services，2009；Plog and Quinlan，2012）。然而，我们认为，这些基础参考文献最好用作缓解生物风险措施的选项，而不仅仅是基于默认生物安全等级实施措施的检查表。历史上，缓解措施的设计和实施是基于实验室生物安全等级（BSL）的（例如，BSL-1、BSL-2、BSL-3或BSL-4）。WHO指出，"生物安全等级的指定是基于开展来自不同风险级别的病原体工作所需的设计特点、结构、防护设施、设备、实践和操作规程的组合……因此，指定给具体工作的生物安全等级是由基于风险评估的专业判断决定的"（WHO，2004）。AMP模型的使用是建立在这一方法的基础上，有助于进一步根据深入的风险评估，而不是依赖预先定义的生物安全等级解决方案集，对特定缓解措施的确定和实施作出专业判断。使用生物安全等级的方法来确定要使用的缓解措施肯定比没有任何方法都要好，但实施控制措施的更具战略性和技术性的方法是使用特定情况的风险评估来更有效地分配有限的资源并缓解风险。通过使用AMP模型选择缓解措施来应对已识别的风险，机构不必使用控制层级中的所有要素，而是可以依靠评估和性能来帮助确保风险缓解到可接受的水平。所选的缓解控制措施的有效性还必须评价实施和维持这些措施的可行性和实用性。

案例研究：缓解生物风险的挑战——得克萨斯农工大学

尽管许多实验室成功地实施了缓解生物风险的措施，但下述案例研究作为经验教训的来源具有指导意义。2007年4月20日，得克萨斯州大学城（College Station，Texas）的得克萨斯农工大学（Texas A&M University，TAMU）收到CDC停止和终止所有操作和储存流产布鲁氏菌（*Brucella abortus*）、羊种布鲁氏菌（*Brucella melitensis*）和猪种布鲁氏菌（*Brucella suis*）的命令（Kaiser，2007；Weyant，2007）。2007年6月30日，CDC扩大了停止令和终止令，将所有开展管制因子和毒素工作的相关工作包括在内，同时CDC进行了"全面审查"，以确定TAMU是否符合操作管制因子的标准（Schnirring，2007），并阐明了其与特定缓解措施失误有关的具体违规行为。此外，布鲁氏菌实验室（*Brucella laboratory*）的首席研究员被停职。

这些史无前例的停止令和终止令是由于TAMU未能在2006年向CDC报告两起管制因子暴露的案例。第一起暴露发生在2006年2月，当时一名实验室工作人员在兽医学院BSL-3级实验室清洗了一个含有布鲁氏菌的麦迪逊气溶胶室（Madison Aerosol Chamber）。该实验室工作人员随后患上布鲁氏菌病，经抗生素治疗后康复。一个月后，TAMU 医学院的另外三名工作人员检测出伯氏立克次体的抗体呈阳性，这是一种引起 Q 热的细菌，但没有发病。TAMU 承认没有及时报告这两起事故。兽医学院的 5 个实验室和有 120 名工作人员的医学院被关闭。根据 CDC 的说法，这是第一次暂停整个大学的管制因子计划。

这些事故引发了以下问题：这些事件是如何发生在一所声望很高、资金雄厚的大学里的？哪些安保措施是可行的？生物安全 / 生物安保良好的实验室工作实践、SOP、管理控制、人员管理、记录保存、事故响应计划和生物风险管理是否到位？

2007 年 8 月 31 日，CDC 的报告指出，TAMU 在一级生物安全和生物安保设备、管理控制（特别是人事管理方面）、规程以及人员管理方面违规，生物安全和生物安保计划存在不足。这些违反《管制因子条例》（42 CFR 73）的行为包括超过 25 项机构违规行为，以及超过 45 项归因于特定的首席研究员研究、实验室和员工的违规行为。例如，安全设备使用不当：用于动物研究的麦迪逊气溶胶室直接进入一个没有一级防护屏障的研究实验室，明显突出了缺乏系统评价风险缓解措施性能的系统。TAMU 也被指出未能报告防护泄漏。

TAMU 难以实施一级控制和管理控制相交叉的缓解措施。至少有 7 起未经授权接触管制因子的事故发生，原因是一级工程进入控制无法正常工作，或者有关授权接触人员的人事管理政策的相关管理控制缺失或未正确执行。CDC 记录的其他具体管理控制失效包括：

- 在开展布鲁氏菌和 9 种立克次体气溶胶实验之前，未获得管制因子工作的批准。这显然是实施或验证工作规划和授权的管理控制执行失效情况。
- 经常进入实验室和动物室的人员不符合适当的医疗准入要求。没有有效的医疗监测计划。这是关于人事管理的另一个管理控制失效。
- TAMU 批准的登记证书与项目负责人提供的人员名单不符，这也是在人事和工作批准的管理控制方面的失效。
- TAMU 缺乏经批准进入人员的培训记录，以及在项目负责人实验室工作的人员的正式培训计划的文件。记录的培训绩效和其他管理控制不足或不存在。
- 安保计划没有充分解决管制因子或毒素的转移问题。没有文件证明安保计划是根据特定地点的风险评估设计的。安保管理控制的发展严重缺乏评估。

显然，TAMU 没有使用 AMP 方法来开发和实施规程和实践。CDC 列举 TAMU 对防止暴露和废弃物处理规程的管理控制不足（SOPs，日常维护）。CDC 还注意到库存差异，并认为管制因子的机构库存监督不足。利用 AMP 模型的评估和性能组件可以帮助 TAMU 为这些关键活动开发更合适的 SOPs。

以上列举的每次缺陷都是可以避免的。然而，TAMU 不得不为违规行为支付 100 万美元的罚款（Schnirring，2008），以便大学可以恢复开展其生物防御研究。巨额罚款为所有开展生物管制因子工作的研究机构设定了新的问责标准。然而，最重要的影响与 TAMU 事件的报道有关，这玷污了该大学的声誉，并可能造成 TAMU 未能成功获得批准一个新的联邦实验室：国家生物和农业防御设施（National Bio and Agro– Defense Facility）。

使用 AMP 来加强缓解

那么，如何避免这些类型的负面影响呢？而且，如何应用 AMP 模型来优化缓解措施的实施，随着科学的变化，这些措施在设施建成后可否调整？机构必须确定要采用哪些一级工程控制，哪些人执行哪些活动，实施哪些实践和规程，以及需要什么样的 PPE。AMP 是用于做出这些决策的简单工具，可确保采用整体的、战略性的，具有成本效益的和可持续的方法。

一级工程控制

当根据全面的风险评估使用并且对如何监控和维护这些控制的性能有全面的风险评估和充分的了解时，一级工程控制作为生物风险管理的一个组成部分，可以大大缓解生物风险。在一级工程控制、规程和人员之间存在重要的相互作用。接下来，我们将通过一个例子来讨论生物安全柜的这些关系。BSCs 是一种常见且关键的一级工程控制（Kruse 等，1991），用于减轻交叉污染风险（保护产品），减轻工作人员暴露于气溶胶或飞沫的风险，减轻环境暴露于气溶胶的风险，但前提是正确安装、维护和使用。如果有暖气或空调送风、人员移动、门打开和关闭或其他送风源，BSCs 的性能将受到影响。事实上，如果在 BSCs 中控制产生气溶胶的流程，则从 BSCs 中逸出的气溶胶生物体的数量与横向气流的速度成正比（Rake，1978）。某些类型的 BSCs 必须通过硬管连接到建筑物的排风管，而其他类型的 BSCs 则可以在不连接到设施通风系统的情况下进行安装。了解这些差异非常重要，因为它们会影响实验室规程，包括不使用 BSCs 时、处理故障模式以及开展任何化学品工作的能力。

《国家卫生基金会（The National Sanitation Foundation，NSF）/美国国家标准研究所（American National Standards Institute，ANSI）标准 49》为 BSCs 建立了独立的性能标准（NSF/ANSI 49）。美国 BMBL 建议实验室在投入使用前、搬迁后根据该标准认证其 BSCs，以确保大多数实验室生物危害风险的关键一级控制的正常运行（US Department of Health and Human Services，2009）。然而，克鲁斯（Kruse）等（1991）记录了未经适当认证 BSCs 的例子，一些一级控制措施未按预期使用，以及无意中未能以设施预期的方式缓解风险的例子。BSC 过滤器的运输保护罩没有被移除，因此空气没有被适当过滤和排出，也是一个例子。相反，空气从 BSC 的前面吹到工作人员身上，但是该 BSC 在几年内已经过 4 次测试和认证（Kruse 等，1991）。为了解决认证机构人员能力不足的问题，NSF 于 1993 年启动了一个计划来认证 BSCs 认证机构（US Department of Health and Human Services，2009）。

保护等级取决于一级工程控制装置的机械性能以及良好的实验室工作实践（Kruse 等，1991）。如果使用 BSCs 的人员不理解并遵循在 BSCs 内部进行工作以及随后对 BSCs 进行净化的正确规程，那么即使 BSCs 经过认证后被正确地选择、安装和运行，BSCs 也将很可能无法适当地缓解风险。训练不良的工作人员通常使用 BSCs 的进气格栅作为操作台的一部分，用吸水垫、微量离心管支架或安全柜中使用的其他设备覆盖格栅。这些物品会破坏保护气流。在这种情况下，工作人员可能假定提供了某种保护，不试图用额外的 PPE 来增加保护，并执行规程。如果工作人员意识到 BSCs 的防护方面受到阻碍，他或她可以选择寻找替代缓解策略或选择不执行该规程。在 BSCs 中工作还有许多其他的最佳实践，如果要按计划缓解风险，即使这样做需要额外的时间，员工也必须愿意遵循。

标准操作规程

尽管生物科学机构拥有大量的工程控制，但这些控制的成功主要取决于使用设计的控制的每个工作人员。标准操作规程（SOPs）是实现这一结果的主要工具。这些指导性文件旨在指导"不同的人以相同的方式做一件事，并取得相同的结果"（Kaufman，2009）。SOPs 通常旨在实现单一或小的结果（例如，如何正确洗手）。人们可能期望在生物科学实验室看到的 SOPs 的例子包括但不限于：①进 / 出实验室；②穿戴 / 脱下 PPE；③仪器操作规程（PCR 仪、离心机、高压锅等）；④使用生物安全柜；⑤应急响应；⑥洗手；⑦废弃物分离、管理和处置；⑧库存控制；⑨实验特定活动。这些 SOPs 应基于对正在进行的活动、所涉及的生物因子以及特定设施的一级和二级工程控制的可靠风险评估。

BMBL 和 WHO《实验室生物安全手册》按生物安全等级列出了具体实践和规程（US Department of Health and Human Services，2009；WHO，2004）。然而，实践和规程是对不断变化的风险反应最灵敏的缓解措施；因此，不应自动使用与生物安全等级相对应的默认实践和规程。2004 年，虽然 SARS 病毒在比利时还没有出现，但赫尔曼（Herman）及其同事（2004）对新加坡等国的实验室获得性感染进行了分析，为不同诊断方案提供了风险评估。然后，他们使用这些数据来指导 SOPs 的建立及阳性临床标本的储存，包括开展灭活的临床标本工作，因为这些标本可能仍然含有感染性 RNA。他们还为处理 SARS 病毒的一系列其他实践和规程开发了其他基于风险的建议。

实践和规程应面向所有相关的实验室工作人员，并且必须进行评估和验证，以确保每个人理解并能够实际完成该规程。与生物风险管理系统的其他要素一样，应定期审查所有实践和规程的性能，并在发生变化时进行审查。为了始终如一地衡量实践或规程的持续有效性，除了自我报告或同事报告之外，还可以利用同事和生物风险管理人员对行为进行系统观察。

吉德利·阿马尔（Gidley Amare）（2012）认为，SOPs 是有效管理系统的基本要素，"有助于培养透明功能、实施错误预防措施和促进纠正措施、传递知识和技能。"尽管实践和规程应定义人员行动如何与生物风险管理框架相适应，但劝说每个人实施标准实践和规程可能具有挑战性。阿马尔（2012）解释了一些人员如何认为规程和实践的标准化"降低了他们在工作中的重要性，因此不愿分享他们的知识和技能……如果每个人都知道自己的技能和知识，有些员工在自己的岗位上会感到不安全"。SOPs 对工作状态和工作安保的潜在感知影响突出了科学家、技术人员、管理人员、保障人员以及生物风险管理系统中其他人的重要性。

人员

管理层应如何鼓励员工在生物风险管理方面采取适当的行为？管理层应如何监控人员的可靠性？员工整个生命周期的人事管理通常与生物风险管理计划脱节，但它应该是系统的一个组成部分。机构需要招募具有必要技术技能和正确态度的适当人员，但也需要创造一个工作人员接受生物风险管理的环境。每个工作人员都应支持机构展示和传达的生物风险管理愿景，包括管理层、生物风险管理顾问和首席研究员。这一愿景的普遍支持可以并且将影响生物风险管理实践的采用。但是，比尔曼（Burman）和埃文斯（Evans）（2008）认为，从根本上讲，领导力是影响安全文化的关键。从作者的个人经验来看，当一名主管与员工一起参加生物风险管理培训课程，而不仅仅是强制下属参加时，其比备忘录更能体现领导力承诺和远见。英国健康与安全执行局（UK Health and Safety Executive）从铁路事故调查中确定了五项安全文化指标，包括领导力、双向沟通、员工参与、学习文化和对批判的态度（Human Engineering，2005）。我们相信这些因素是创建一个有适应力的生物风险管理文化的基本要素。

如果一个机构成功地创造了一种有力的生物风险管理文化，那么员工不会感到受到该机构的管理控制的威胁，例如 SOPs，他们会接受而不会规避工程控制的需要，并且会理解在获得授权之前不开展工作的目的。机构管理层需要评估职位，以确定所需的可靠性和技能，随后的招聘实践应与评估和风险等级相称。机构必须判断新员工和现任员工对该职位的可靠性。这包括评价可信度、身体素质、心理素质、情绪稳定性、财务稳定性以及维护安全、公共卫生、国家安保和科学诚信等义务的能力。

一旦雇用了一个人，基于风险的人事管理方法必须扩展到培训（见第 6 章）、保障和职业发展。美国科学促进协会（American Association for the Advancement of Science，AAAS）发布了一份报告，讨论了缓解涉及员工生命周期所有方面的人员安保风险的策略，如招聘、就职、员工行为、培训、人事安排和访客（Berger and Roderick，2014）。该报告鼓励生物科学机构依靠员工的绩效目标来鼓励员工拥有所有权和个人责任感，以及建立信任和透明度的其他机制，除此之外还有传统的背景筛选方法和员工援助计划。在该报告中，AAAS 阐述了人员安保的要素，即遵守安保协议、技术能力、安全、科学责任和职业健康与福祉。当人的行为偏离这些规范时，人员可能会出于恶意或漠视带来安全或安保问题（Greitzer and Ferryman，2013）。在大多数的员工背叛或攻击案例中，该员工在过去的几个月或一年中都出现了严重的人事问题；因此，采取主动措施解决焦虑或压力可能会阻止该事件（Shaw and Fischer，2005）。此外，员工科学责任的失误可能会对机构的声誉和资金产生负面影响。它们也可能成为会能导致安全或安保问题的其他不当行为的标志。在一项对科学不端行为的最全面的分析中，丹尼尔·范尼利（Daniele Fanelli）（2009）确定，"平均 2% 的科学家承认至少有一次伪造研究，高达 34% 的科学家承认其他有问题的研究实践。"在研究中公认的有问题实践的个人可能会忽视生物风险管理实践并对机构和其他人构成风险。

　　对参观者来说，人员、工程控制和规程方面的挑战也是相同的。无论是 BSCs 认证人员或员工家属，机构都必须评估风险，制定具体的缓解措施（通常是规程性的），并在允许任何访客进入该机构之前验证这些措施。实验室设备的维护可能需要来访的技术人员进入实验室。授权这些技术人员进入会增加材料被盗的可能性，也会增加对个人或环境的生物安全风险。各机构应建立一个流程，以核实访客的证件，确保材料安全，陪同访客以便对其进行监控，并净化待维护的实验室或设备。同样重要的是要求访客在当天离开时进行检查，以确保对设施内所有人员负责。对于任何可能需要扩展工作权限的人员，应像对工作人员一样实施额外的控制，包括核实其知识、技能和能力以及工作和教育经历。

消除安全和安保冲突

　　验证用于缓解已识别风险的系统性能也将确保解决生物安全和生物安保之间的冲突。安保的一级工程控制是否会影响安全？如果窗户上的安保栅没有安装允许从内部打开的紧急逃生装置，则可以取消该紧急出口路线。人员还需要了解和理解如何使用逃生装置。访问控制是否在相关规程下正常运行？访问的一级工程控制可以包括锁和钥匙、标牌刷卡、指纹阅读器或视网膜扫描仪等。但是，戴手套的工作人员不能使用指纹扫描仪。如果实体钥匙或标牌在可能被污染的环境中使用，可能需要对这些物品进行净化。护目镜或面罩会干扰某些类型的视网膜扫描仪。在这些情况下，可根据设施布局和工作流程移动访问控制点，或使用不同类型的访问控制设备。在决定如何缓解已识别的风险时，考虑并平衡生物安全和生物安保两个方面是至关重要的。此外，适当的缓解措施需要基于基础设施能够支持和维持的内容。例如，如果停电，没有开门的备用机制或锁定机构的可靠不间断电源，人员可能会被困在实验室中。

案例研究：开展埃博拉病毒工作的不同解决途径

自从 1976 年发现埃博拉病毒是当时刚果民主共和国疫情暴发的致病因子以来，WHO、欧洲疾病控制中心（European Centers for Disease Control）和美国 CDC 等已将其指定为 4 级危险因子。因此，研究人员一般只在 BSL-4 级实验室操作埃博拉病毒。然而，2013 年 12 月在几内亚暴发的一次疫情迅速演变为迄今为止最大的埃博拉病毒疫情，在几内亚、利比里亚和塞拉利昂都有活跃的传播（截至 2014 年 10 月）。前往马里、尼日利亚、塞内加尔、西班牙和美国的旅客输入了孤立病例（截至 2014 年 10 月）。鉴于疫情的严重程度加上对可能出现更多输出病例的担忧，几家主要的公共卫生机构发布了关于处理疑似含有埃博拉病毒标本的最新指南，以及向非 BSL-4 级实验室提供安全处理埃博拉病毒的建议（WHO，2014；PHAC，2014；US Centers for Disease Control and Prevention，2014a）。

新的指南有许多共同点，重点是实施特定的缓解措施，以匹配操作埃博拉病毒样本相关风险的特定方面。这些指南都侧重于降低暴露风险，并强调需要进行风险评估，以确定所有可能的喷雾、飞沫和飞溅源。CDC 临时指南建议实验室工作人员检测样本在"经认证的 II 级生物安全柜或穿着 PPE 在有机玻璃（Plexiglass）防溅罩内，以保护皮肤和黏膜"（US Centers for Disease Control and Prevention，2014a）。该建议将实验室操作过程中产生飞沫的一级控制措施与使用 PPE 缓解从一级控制措施中的飞溅及其他泄漏风险相结合。他们强调了实验室工作人员穿着不熟悉的 PPE 工作的风险，这可能会在脱衣过程中导致意外暴露（US Centers for Disease Control and Prevention，2014b）。必须评价人员在执行处理埃博拉病毒的新方案时的能力和舒适度。加拿大公共卫生署建议指定特定人员从事可疑样本的工作，并仅限这些人员接触（Public Health Agency of Canada，2014）。值得注意的是，处理埃博拉病毒的新指南并没有指导实验室改造其设施，而是对其一级控制、管理控制、人员和 PPE 进行审查和调整，以处理疑似埃博拉病毒样本的潜在的新风险。

在一系列关于"美国临床实验室如何安全管理埃博拉病毒病调查对象的标本"的问题和答案中，CDC 描述了为什么遵循血源性病原体方案将充分解决处理埃博拉病毒的临床实验室的风险，即使 CDC 本身只在 4 级生物安全实验室内操作埃博拉病毒（US Centers for Disease Control and Prevention，2014b）。CDC 解释这一差异是由与所开展的不同活动相关的风险决定的，因为 CDC 的埃博拉研究人员为随后的潜在疫苗和治疗试验增加了大量的病毒储备，而临床实验室主要处理在试验过程早期失活的少量病毒。

结论

在本章中，我们认为，生物科学机构仅仅依靠美国《微生物和生物医学实验室生物安全》（US Department of Health and Human Services，2009）、WHO《实验室生物安全手册》和WHO《生物风险管理：实验室生物安保指南》（*Biorisk Management*：*Laboratory Biosecurity Guidance*）（WHO，2006）技术文件来选择适当的缓解措施是不够的。为了优化风险缓解措施的使用，各机构需要在执行日常任务和适应疾病暴发以及其他任务或环境变化过程中，采用灵活、创造性的思维，利用不同控制层级的工具，用适当的生物安全和生物安保措施来应对其特定风险。正如 TAMU 案例所表明的那样，即使是一个成熟的机构也可能在其缓解措施方面遇到严重的漏洞，因为其顺从心态未能检查所选缓解措施的评估和性能。埃博拉病毒的暴发表明，一个机构可能需要调整其风险缓解措施，而无需建造新的二级屏障（实验室）。在任何缓解策略中，应首先考虑消除和替代危险。在许多情况下，创新性地使用消除和替代也可以大大提高科学水平。通过开发不需要活病毒的干血化验（dried blood spot tests），HIV 检测的风险已大大降低。同时，样本不再需要冷链的技术进步提高了发展中国家进行 HIV 监测的能力（Solomon 等，2002）。然而，利用消除或替代以实现科学使命可能并不总是可行的，这些控制措施的适用性因为科学技术的进步需要定期重新评估。但是，当消除或替代不适当或不充分时，机构可以调整其一级控制、管理措施、规程和 PPE，以制定多种策略来缓解其生物风险。

参考文献

Amare, G. 2012. Reviewing the Values of a Standard Operating Procedure. *Ethiopian Journal of Health Science*, 22(3): 205-208.

Berger, K., and J. Roderick. 2014. Bridging Science and Security for Biological Research: Personnel Security Programs. American Association for Advancement of Science. http://www.aaas.org/report/bridging-science-and-security-biological-research-personnel-security-programs.

Burman, Richard, and Andy Evans. 2008. Target Zero: A Culture of Safety. *Defence Aviation Safety Centre Journal*. pp. 22-27.

Butler, D. 2011. WHO to Decide Fate of Smallpox Stocks. *Nature*. doi: 10.1038/

news.2011.288.

DiNardi, Salvatore R. 1997. *The Occupational Environment: Its Evaluation and Control.* Fairfax, VA. American Industrial Hygiene Association Press. pp. 107, 830-831.

Fanelli, D. 2009. How Many Scientists Fabricate and Falsify Research? A Systematic Review and Meta- Analysis of Survey Data. *PLoS ONE*, (5): e5738. doi: 10.1371/journal.pone.0005738.

Greitzer, F.L., and T. Ferryman. 2013. Methods and Metrics for Evaluating Analytic Insider Threat Tools. Presented at IEEE Security and Privacy Workshops.

Gressel, Mike. 2005. Hierarchy of controls and inherently safe design. Proceeding of the American Industrial Hygiene Conference and Exposition. May 21-26. Anaheim, CA.

Herman, P., Y. Verlinden, D. Breyer, E. Van Cleemput, B. Brochier, M. Sneyers, R. Snacken, P. Hermans, P. Kerkhofs, C. Liesnard, B. Rombaut, M. Van Ranst, G. van der Groen, P. Goubau, and W. Moens. 2004. Biosafety Risk Assessment of the Severe Acute Respiratory Syndrome (SARS) Coronavirus and Containment Measures for the Diagnostic and Research Laboratories. *Applied Biosafety*, 9(3): 128-142.

Human Engineering. 2005. *A Review of Safety Culture and Safety Climate Literature for the Development of the Safety Culture Inspection Toolkit*. Research Report 367. Health and Safety Executive.

Kaiser, Jocelyn. 2007. Pathogen Work at Texas A & M Suspended. Science/AAAS|News (http://news.sciencemag.org).

Kaufman, S.G. 2009. Evaluating and Validating Laboratory Standard Operating Procedures. Electronic Biosafety Awareness Program, Emory University.

Kruse, R.H., W.H. Puckett, and J.H. Richardson. 1991. Biological Safety Cabinetry. *Clinical Microbiological Reviews*, 4(2): 207-241.

Morbidity and Mortality Weekly Report (MMWR). 2005. Inadvertent Laboratory Exposure to Bacillus anthracis—California, 2004. *Morbidity and Mortality Weekly Report*, 54(12): 301-304. http://www.cdc.gov/mmwr/preview/mmwrhtml/mm5412a2.htm.

National Institute for Occupational Safety and Health (NIOSH). 2010. Engineering Controls. Available at http://www.cdc.gov/niosh/topics/engcontrols/.

NSF International and American National Standards Institute (ANSI). 2004. NSF/ ANSI Standard 49-2007: Class II (Laminar Flow) Biosafety Cabinetry. Ann Arbor, MI.

Occupational Safety and Health Administration (OSHA). 2014. Hierarchy of Controls. Available at https: //www.osha.gov/dte/grant_materials/fy10/sh-20839-10/hierarchy_of_controls.pdf.

Plog, B.A., and P.J. Quinlan, eds. 2012. Fundamentals of Industrial Hygiene. National Safety Council.

Public Health Agency of Canada (PHAC). 2014. Interim Biosafety Guidelines for Laboratories Handling Specimens from Patients under Investigation for Ebola Virus Disease. http:// www.phac-aspc.gc.ca/id-mi/vhf-fvh/ebola-biosafety-biosecurite-eng. php (updated October 19, 2014).

Rake, B.W. 1978. Influence of Cross Drafts on the Performance of a Biological Safety Cabinet. *Applied Environmental Microbiology*, 36: 278-283.

Schrinning, Lisa. 2007. CDC suspends work at Texas A&M biodefense lab. http:// www.cidrap.umn.edu/news-perspective/2007/07/cdc-suspends-work-texas-am-biodefense-lab.

Schrinning, Lisa. 2008. Texas A&M fined $1 million for lab safety lapses. http://www.cidrap. umn.edu/news-perspective/2008/02/texas-am-fined-1-million-lab-safety-lapses.

Shaw, E.D., and L.F. Fischer. 2005. Ten Tales of Betrayal: The Threat to Corporate Infrastructures by Information Technology Insiders Analysis and Observations. Defense Personnel Security Research Center, Monterey, CA.

Solomon, S.S., S. Solomon, I.I. Rodriguez, S.T. McGarvey, G.K. Ganesh, S. P. Thyagarajan, A.P. Mahajan, and K.H. Mayer. 2002. Dried Blood Spots (DBS): A Valuable Tool for HIV Surveillance in Developing/ Tropical Countries. *International Journal of STD and AIDS*, 13(1): 25-28.

Soule, Robert D. 2001. Industrial Hygiene Engineering Controls. *Patty's Industrial Hygiene and Toxicology*. New York: John Wiley & Sons. p. 30.

US Centers for Disease Control and Prevention. 2014a. Interim Guidance for Specimen Collection, Transport, Testing, and Submission for Persons under Investigation for Ebola Virus Disease in the United States. http://www.cdc.gov/vhf/ebola/hcp/interim-guidance-specimen-collection-submission-patients-suspected-infection-ebola.html (updated October 20, 2014).

US Centers for Disease Control and Prevention. 2014b. How U.S. Clinical Laboratories Can Safely Manage Specimens from Persons under Investigation for Ebola Virus Disease. http://www.cdc.gov/vhf/ebola/hcp/safe-specimen-management.html (updated October 20, 2014).

US Department of Health and Human Services. 2009. *Biosafety in Microbiological and Biomedical Laboratories*. 5th ed. http://www.cdc.gov/biosafety/publications/bmbl5/.

Weyant, Robbin. 2007. Cease and Desist Order from Violations of the Public Health Security and Bioterrorism Preparedness and Response Act of 2002. Letter to Dr.

Richard Ewing, Responsible Official, Texas A&M University. College Station, Texas. April 20.

World Health Organization (WHO). 2004. *Laboratory Biosafety Manual*. http://www. who.int/csr/resources/publications/biosafety/WHO_CDS_CSR_LYO_2004_11/en/.

World Health Organization (WHO). 2006. *Biorisk Management: Laboratory Biosecurity Guidance*. http://www.who.int/csr/resources/publications/biosafety/WHO_CDS_ EPR_2006_6/en/.

World Health Organization (WHO). 2014. Laboratory Guidance for the Diagnosis of Ebola Virus Disease Interim Recommendations. September 19. http://apps.who.int/ iris/bitstream/10665/134009/1/WHO_EVD_GUIDANCE_LAB_14.1_eng.pdf? ua=1.

World Organisation for Animal Health (OIE). 2013. Moratorium on Using Live Rinderpest Virus Lifted for Approved Research. July. http://www.oie.int/en/for-the-media/press-releases/detail/article/moratorium-on-using-live-rinderpest-virus-lifted-for-approved-esearch-1/.

第六章

生物风险管理培训

罗拉·格兰杰（*Lora Grainger*）和迪纳拉·图雷格尔迪耶娃
（*Dinara Turegeldiyeva*）

摘要

　　本章将介绍生物风险管理（biorisk management，BRM）培训，该培训是在 CEN 研讨协议 15793—实验室生物风险管理的背景下进行的，是一种常见的风险缓解策略。本章还将讨论如何有效地利用 BRM 培训来解决风险评估中确定的差距。本章的其中部分章节将讨论 ADDIE 培训发展模型，该模型为确定培训目标提供了一个框架，这些目标应始终与风险评估直接相关。这一节将清楚地说明识别培训对象、提供培训方式和培训内容以便获得所需的知识、技能和能力的重要性。本章最后将考虑各种培训策略，包括其优缺点。

简介

　　了解与开展生物材料工作相关的风险是个人、社区和环境安全和安保的基础。BRM 培训的目标是使实验室主任、管理人员、科学家和其他工作人员了解导致风险的因素，从而适当地缓解风险。传统的生物安全培训方法在很大程度上依赖于根据病原体特征或预先确定的缓解措施组合表征风险的风险类别或水平的经验。尽管这些方法提供了对生物活动相关风险的认识，但它们在批判性评估风险方面存在不足。一般来说，在美国，术语规定，开展更危险的病原体工作的实验室具有更高的生物安全等级（如 BSL-3 或 BSL-4）（US Department of Health and Human Services，2009）。相比之下，在俄罗斯和前苏联（former Soviet Union，FSU）国家，微生物根据病原体特征进行分类，其中最危险的病原体属于较低的一级，最不危险的病原体属于较高的四级（Russian State Committee for Sanitation and Epidemiological Oversight，1994）。这个简单的例子表明，在指定数字术语或应用外部风险评估参数时必须小心。更重要的是，在不完全了解有助于风险的情况或其他因素时，可能会忽略重要的风险缓解决策。

风险分类是有价值的信息来源，但是，很明显，它们不能是唯一的信息来源。进行风险评估（第3章）的积极过程是绝对必要的，包括评价病原体特征、潜在暴露途径、当地情况和风险缓解措施，因为任何情况下的风险都会有所不同。许多指南是特定于某个机构、国家或地区的，可能不适用于所有情况。目前，生命科学的本质正在随着技术的新进步而迅速变化。因此，需要更多的信息来实时适当地评估风险。

完全依赖风险分类的一个常见缺点是忽略了特定情况下的风险缓解措施。这些措施通常是在事故发生后确定的，不幸的是，事后诸葛亮不能扭转已经造成的任何损害。更广泛地说，推进生物风险管理依赖于持续的风险评估过程来共同构建BRM知识基础。简而言之，鼓励和培训实验室工作人员深入了解和探讨风险和风险评估，最终将强化生物风险管理体系。风险评估的坚实基础将促进开发和使用更有效的缓解和性能措施。

BRM培训旨在传递知识、提供保障、提高技能和提升能力，以便在事故发生前对风险进行批判性评估。通过提供机会仔细评价造成风险的因素，并有效地提出正确的问题，BRM培训可以使人们对自身的健康、他人的福祉和环境负起责任。理想情况下，BRM培训可以提高对风险的理解，并随着时间的推移更好地管理风险。

国际和历史观点

在中亚地区，前苏联的抗鼠疫系统（Anti- Plague System，APS）实验室经常为更好地执行和培训工作人员遵守前苏联社会主义共和国（Union of Soviet Socialist Republics，USSR）指南而苦苦挣扎，这些指南仍然适用于前苏联国家。这些指南由一系列卫生法规、法律、命令和其他法律文件组成，以确保在开展特别危险的病原体工作时的安全（USSR Ministry of Health，1978；1979），这些指南与俄罗斯通过的法规非常相似（Russian State Committee for Sanitation and Epidemiological Oversight，1994）。它们最初是在一次悲惨的事故后建立的，当时萨拉托夫（Saratov）的抗鼠疫研究所（Anti-Plague Institute）"Microb"的副所长在工作中受到了感染，然后前往莫斯科出差，感染了与他接触的人。

这些指南描述了开展危险病原体工作的严格规则，包括如何采集样本、使用PPE和适当消毒等措施的详细规程。前苏联共和国仍然依赖指南中的信息，尽管随着新的生物安全设备和最佳实践的出现，这些信息很快变得过时（Turegeldiyeva，2014）。这就造成了一个问题，因为许多指南都已固化为国家法律，违反这些指南将受到严格的处罚。因此，许多前苏联共和国正在修订其立法，将西方的许多规范和条例纳入其中（Bakanidze 等，2010；Republic of Kazakhstan，2012a；2012b）。然而不幸的是，这个过程需要时间，可能无法为现在需要它的人提供保护。

在生物技术进步或基础设施面临挑战的情况下，并非只有 FSU 国家在努力确保根据当前最佳实践进行充分培训，并将生物安全纳入立法框架（Mtui，2011；Wang，2004）。在马来西亚，生物安全教育是一项高度优先考虑的工作，因为转基因产品的普及率越来越高，其安全性是首要考虑的问题（Rusly 等，2011）。在发展中国家，实验室经常与一个由依赖于恒定电力的工程解决方案主导的安全系统作斗争，而这电力并不总是可用的（Heckert 等，2011）。这些针对具体情况的生物科学设施运行挑战转化为生物风险管理培训挑战。为了应对这些挑战，实验室管理人员应使用明确包含 AMP 模型（评估、缓解和性能）的 BRM 培训计划，服务于专门缓解已识别的本地风险。鉴于此，BRM 培训必须深深扎根于风险评估的坚实基础上，广泛推进这一方法将带来积极的结果并显著降低全球风险。

鉴于世界各地高等级防护实验室的数量不断增加，BRM 培训对于解决日益关注的实验室良好实践及事故报告的有效性至关重要（Chamberlain 等，2009；Ehdaivand 等，2013）。为了提高 BRM 能力，各种组织已优先安排培训，不仅要解决基本的生物安全和生物安保问题，而且要促进对两用性生物研究的理解（US Department of Health and Human Services，2007），并倡导安保文化，以防发生不良事件（Graham 等，2008）。鉴于这种情况，BRM 培训必须创造一种生物安全和生物安保文化，促进 BRM 观点和行为的深远变化。因此，我们提出了一个 BRM 培训范式，从依赖预先确定的风险表征策略转向包括全面风险评估在内的批判性思维培训。这种基于风险的 BRM 培训方法将确保获得风险分析方面的知识、技能和经验，使个人能够做出自信的决策来减轻风险，特别是随着生物技术的进步、新疾病的出现以及跨学科工作的发展不断改善，以满足不断进步的社会需求。

使用 ADDIE 进行 BRM 培训

本章将介绍如何有效地利用世界各地公认的 BRM 培训最佳实践和经验来减轻风险。为了演示基于风险的 BRM 培训的实施，本章围绕一些核心问题进行构建，这些核心问题被构建成一个众所周知的教学系统设计（instructional system design，ISD）模型，包含五个主要元素：分析（analyze）、设计（design）、开发（develop），实施（implement）和评价（evaluate）。该模型被称为 ADDIE 模型（Hodell，2006），如图 6.1 所示。另外，表 6.1 对 BRM 培训进行了描述。该模型描述了任何培训计划或活动的一般教学系统设计过程。ADDIE 通常用于各种教学环境，并在乌克兰、中亚、哈萨克斯坦和格鲁吉亚实施生物安全培训计划方面取得了显著成功（Delarosa 等，2011）。

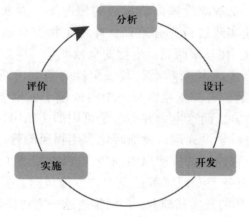

图 6.1　ADDIE 循环

表 6.1　与 BRM 培训相关的 ADDIE 循环组件

分析	设计	开发	实施	评价
启动 BRM 培训的第一步是什么？ 如何确定 BRM 培训需求？ 培训需求评估 启动 BRM 培训的下一步是什么？ 是否有实施 BRM 培训的一般策略？ 纳入风险评估	如何保持 BRM 培训？ 结合教学设计 BRM 培训应该在哪里进行？ 关注学习环境	教什么？ 识别、汇编和组织培训内容	谁参与 BRM 培训？ 了解学生和指导教师的特点和互动 执行 BRM 培训还需要什么？ 成功培训的其他考虑因素	培训有效吗？ 测试培训绩效和成功

　　需要注意的是，ADDIE 教学系统设计模型可以应用于许多不同的教学交付系统。这可能包括面对面培训、远程培训、交付培训，或面对面和交互式网络培训的任何组合，通常称为混合培训。教学设计以培训系统为重点，考虑了学生在培训之前和培训期间获得的具体知识、技能和能力。换句话说，ADDIE 模型有助于确保系统地实现培训的核心目标和目的，而无论教学交付媒介是什么。

　　培训需求评估

　　启动 BRM 培训的第一步是收集有关培训需求的信息：提问以确定一组人员在知识、理解、技能和能力方面的具体差距。培训需求评估应确定在理解或应用

BRM 原则时可能导致不良事件发生的可能性或后果的具体缺陷或差距。信息可能来自多个来源，包括表 6.2 列出的来源。如果信息是针对培训角度定制的，那么用于风险评估的许多相同工具也可确定培训需求。分析机构内的工作描述或职责是一种特别有用的方法。为了使 BRM 最有效，每个人都必须有效地履行自己的职责。因此，人力资源分析有助于确定那些具有特定角色或实现 BRM 目标所需特定知识、技能以及能力的个人。这是确定培训的方向的一个相当简单的方法。

表 6.2　培训需求评估的信息源

风险评估	调查	行为观察数据
工作描述分析	访谈	实验室检查
根本原因分析	历史数据	演练

例如，以国际指南为起点，德拉罗萨（Delarosa）等（2011）将执行生物安全相关工作所需的所有相关技能分为任务和子任务。然后，他们使用性能指标评估每个岗位的生物安全熟练程度（图 6.2）。这些信息成为实施生物安全培训计划的基础。同样，可用 CDC 起草的生物安全能力指南（guidelines for biosafety competency）来协调 BRM 培训工作与许多组织的安全计划共同的目标（US Centers for Disease Control and Prevention，2011）。这些能力分为四个领域，分别具有特定的主题和技能水平（入门、中级、高级）。这些指南不仅是评估当前培训的极好资源，而且有助于指导和制定培训计划。这种评估培训需求的方法应该直接与风险评估联系在一起。调查是另一种功能强大的培训需求评估工具，可以很容易地针对各种培训情况进行定制。表 6.3 列举了一些调查如何用于收集信息以更好地了解培训需求的例子（Ehdaivand 等，2013；Kahn，2012；Nasim 等，2012）。

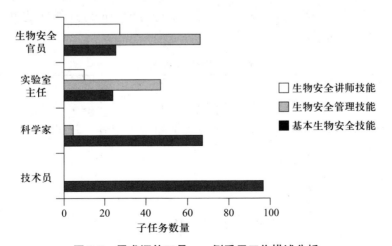

图 6.2　需求评估工具——侧重于工作描述分析

（来自 Delarosa 等的数据，*Applied Biosafety: Journal of the American Biological Safety Association*，16，2011）

表 6.3　需求评估工具——关注调查

描述	结果	国家	参考文献
实验室实践调查以及对当前实验室指南的审查，以了解解剖病理实验室的生物安全实践是否足够	对适当生物安全培训的良好认识并不能反映日常做法或现行指南	美国	Ehdaivand 等，2013
调查来自大型公立和私立大学的研究生和博士后，与生物伦理学或生物安全相比，评估学生在生物安保方面的教育、经验和态度	与生物伦理学和生物安全相比，生物安保的概念对许多受访者来说是新的。缺乏生物安保培训机会	美国	Kahn，2012
对公立和私立医院临床实验室的实验技术人员进行调查，以确定生物安全认知和实践	大多数实验室技术人员没有接受过任何正式的生物安全培训，在资源匮乏的情况下缺乏对良好实验室做法和生物安全措施的认识	巴基斯坦	Nasim 等，2012

　　无论采用何种方法，从培训需求评估中获得的信息都应与机构的整体风险评估相互参照。将性能指标和定期测试整合到培训需求评估中，确保能够随时间轻松地测量并记录结果，以证明风险减轻。这些例子突出了定向 BRM 培训的优势，与一般的、非特定的生物安全培训相比，定向 BRM 培训的目标是造成风险的根本原因。

　　其他因素，如国家和国际指南、条例或法律要求，也可以影响 BRM 培训。高级别的政策决策通常会影响机构、实验室或某些情况下一个国家的 BRM 培训要求。CWA 15793 和 CWA 16393 文件中的国际 BRM 指南分别概述了生物风险管理系统的一般组成部分和实施指南，见表 6.4（European Committee for Standardization，2011、2012）。CWA 15793 还成功地用作差距分析工具，以确定 BRM 需求，包括培训（Rengarajan，2010；Sundqvist 等，2013）。来自 WHO、美国 NIH、美国 CDC 和其他机构的其他指南文件见表 6.5。对文献进行全面的综述通常是制定 BRM 培训政策的一个很好的起点。

表 6.4　BRM 培训指南

CWA 15793：2011
4.4.2.4　培训

"组织应确保对人员进行生物风险相关培训的要求和规程得到识别、建立和维护。
注：规程应包括：
a）生物风险培训需求的定义；
b）提供必要的生物风险培训；
c）确定生物风险培训的有效性；
d）提供更新生物风险培训；
e）设置人员权限，以确保他们不执行未经培训的任务；
f）维持足够的记录。
培训应包括提高人员对生物风险问题的意识，包括人为因素在生物风险管理中的相关性。"

续表

CWA 16393：2012
4.4.2.4 培训

"组织应设计、建立、维护、评估和监测适合各级人员的健全的生物风险相关培训方案。培训应包括提高人员对生物风险问题的意识，包括生物风险管理中人为因素（如行为、可靠性、错误）的相关性。

其结果应该是一个为工作人员提供减轻风险的知识和技能的培训计划，以及可向管理层报告的可衡量的成功标志。

为了设计一个培训计划，除已提供的培训方案之外组织应考虑：

- 制定与生物风险相关的员工职责及其培训需求（例如，分析员工过去的绩效）；
- 生物风险政策和目标；
- 不同级别的组织所需的安全和安保能力；
- 提供必要的生物风险培训；
- 培训频率；
- 承包商、临时工作人员和访客的警觉性计划；
- 确定生物风险培训的有效性；
- 选择执行培训的适当方法（例如基于网络的、由讲师指导的、实践培训）；
- 设置人员权限，以确保他们不执行未经培训的任务；
- 记录和维护足够的培训记录，包括签到和培训内容。

培训计划应使工作人员具备识别危险、管理风险的知识和工具，并将可向管理层报告和使用的可测量的成功标志落实到位。"

来源： European Committee for Standardization, "CEN Workshop Agreement (CWA) 15793: Laboratory Biorisk Management," 2011; European Committee for Standardization, "CEN Workshop Agreement 16393: 2012: Laboratory Biorisk Management—Guidelines for the Implementation of CWA 15793: 2008," 2012。

根据实验室、机构、地方或国家的指南和法律要求，BRM 培训计划的结果应该是合规的。对于任何 BRM 培训计划来说，对特定法规的了解和理解是必不可少的。

表 6.5　BRM 培训指南来源

来源	描述	网址
CDC	CDC 实验室能力指南 管制因子指南	http://www.cdc.gov/biosafety/ http://www.cdc.gov/mmwr/pdf/other/su6002.pdf http://www.selectagents.gov/resources/Guidance_ for_ Training_Requirements_v3–English.pdf
CWA 15793	CEN 研讨协议，2011	ftp://ftp.cenorm.be/CEN/Sectors/TCandWorkshops/ Workshops/CWA15793_September2011.pdf
CWA 16393	CEN 研讨协议，2012	ftp://ftp.cen.eu/CEN/Sectors/List/ICT/Workshops/ CWA%2016393.pdf

续表

来源	描述	网址
CDC/NIH	微生物和生物医学实验室生物安全	http://www.cdc.gov/biosafety/publications/bmbl5/bmbl.pdf
NSABB	国家生物安全科学咨询委员会	http://osp.od.nih.gov/office–biotechnology–activities/biosecurity/nsabb
NIH	国立卫生研究院	http://osp.od.nih.gov/office–biotechnology–activities/biosafety
NBBTP	国家生物安全和生物防护计划	http://www.nbbtp.org
OSHA	职业健康安全管理局	https：//www.osha.gov/SLTC/laboratories/index.html
CLSI	临床实验室标准机构	http://clsi.org
WHO	世界卫生组织–生物安全手册：实验室生物安保指南	http://www.who.int/csr/resources/publications/biosafety/WHO_CDS_CSR_LYO_2004_11/en/ http://www.who.int/csr/resources/publications/biosafety/WHO_CDS_EPR_2006_6.pdf
SNL	实验室生物安保手册	Salerno and Gaudioso 2007
IHR	国际卫生条例，2005	http://whqlibdoc.who.int/publications/2008/9789241580410_eng.pdf
ASM	美国微生物学会—教学实验室生物安全指南	http://www.asm.org/images/asm_biosafety_guidelines–FINAL.pdf http://www.asm.org/images/Education/FINAL_Biosafety_Guidelines_Appendix_Only.pdf

目前，尽管美国生物安全协会（如 ABSA）提供生物安全认证，但没有国际公认的 BRM 培训标准或认证的 BRM 专业人员。此外，IFBA 正在创建国际公认的 BRM 专业认证（International Federation of Biosafety Associations，2012）。通常，各机构将与其机构生物安全委员会和生物安全专业人员一起努力制定自己的培训标准。如何将这些政策、指南、建议和标准准确地纳入 BRM 培训中，通常是机构管理层和领导层与生物安全顾问或其他 BRM 培训专业人员的联合作业。

培训需求评估应不断进行更新。当有新的信息时，如前一次 BRM 培训活动的结果，或设施的条件或情况发生变化时，应进行修订。例如，如果在工作环境中增加了新的实验室、人员、设备，甚至是新的职责，则应重新评价培训需求。总的来说，通过培训减轻风险的过程是一个变化的目标，需要持续评估，以确定如何最有效地利用生物安全和生物安保培训来减轻风险。

结合风险评估

使用 BRM 培训作为风险缓解措施假设了解风险以及培训将如何解决该风险。换言之，风险评估的结果应用于制定具体的 BRM 培训目标和目的，重点应放在减轻不可接受的风险上。目标应该是范围广泛的，并且包含 AMP 模型的各种元素。BRM 的目的应该为特定的 BRM 培训定义更具体的、以行动为导向的结果。根据组织的不同，目标和目的的术语可能有所不同。表 6.6 包括一个培训目标和目的示例，这些培训目标和目的源于重点在埃及开展的研究培训计划（National Research Council，2011）。培训发展应始终考虑各种机构、学生和教学培训目标和目的。讲师希望尽可能多地传递信息是一种自然趋势。但是，如果某些信息不与目标和目的直接相关，包括这些信息可能会淡化培训的特定风险缓解效益。

表 6.6 埃及的学习成果方法示例

解决的一般目标	具体的学习目标 / 成果	衡量目标的评估类型	完成特定目标的活动
参加者将被提倡教授科学研究和实践的负责任行为	开发一个教学模块来演示负责任的研究行为概念的使用	开发一种评估工具，证明学生有能力运用这些概念来解决实践问题。利用历史案例研究吸引学生并加深对各种问题的认识	向机构的同事介绍你的方法并获得他们的反馈
参与者将意识到实验室中的危险，并知道如何将这种意识带给他人	识别化学和生物危险之间的区别 能够向未来的受训者描述生物安全指南和实践标准	评估前和评估后经过测试的知识 提出问题并要求学生描述任何明显的危险情况	团队活动，小组讨论，问题选项 专业知识共享（自己的最佳实践经验，自己的不良实践故事）
参与者将领会生命科学家的伦理、法律和社会责任	确定国际和地方机构的政策和指南以及条例声明，并点评这些声明的适用性 能够为自己的机构、部门或实验室编写实践标准	用母语向同行 / 同事传达这些政策 点评并讨论这些如何应用于参与者自己的经历、实验室、机构或国家	与小组成员一起找到并阅读 / 讨论这些指南 从历史示例［如托马斯·巴特勒（Thomas Butler）］中讨论案例 讨论特定于小组本身的案例研究（例如，基于个人经验）

来源： National Research Council, Research in the Life Sciences with Dual Use Potential: An International Faculty Development Project on Education about the Responsible Conduct of Science, National Academies Press, Washington, DC, 2011

　　了解 BRM 培训目标和目的的可扩展性，可以使培训以对减轻风险具有深远影响的方式，针对许多不同的角色和组织级别实施。BRM 培训的目标和目的必须确认学生及其功能角色已经具备的知识、技能和能力。所有人员角色，无论是高层管理人员、决策者、资助机构代表、学生、实验室工作人员、安保人员或保洁人员，都可能影响生物风险管理。BRM 培训目标和目的的应侧重于增强特定人员的特定知识、技能和能力，以增强其缓解风险评估中确定的风险的能力。

　　有许多培训策略可用于实现 BRM 培训目标和目的。其中许多策略将取决于机构和培训背景。例如，高等级防护实验室的生物安全培训计划通常是通过导师 – 学生关系来传递知识。通过一对一的培训和实践，学生逐渐获得更大的独立性（Gronvall 等，2007）。与这里列出的其他培训策略一样，导师制也具有固有的优势和劣势（Lee 等，2007；Walker 等，2002）。培训策略可以是特定于主题、特定于角色或特定于国家的。文献中有许多实施了各种培训战略的例子，例如在中东和北非培养负责任的科学教学能力（National Research Council，2013），加强洪都拉斯传染病研究能力（Sanchez 等，2012），或安排医院工作人员治疗美国高等级防护实验室的潜在暴露（Risi 等，2010）。

　　这些文献描述了许多以前的培训计划的成功和失败。每种策略都有优缺点，在开始任何培训之前都应该考虑这些优缺点，这是 ADDIE 中分析步骤的一个重要组成部分。同样重要的是要意识到，可能存在有利于一种培训战略或方法而非另一种培训战略或方法的文化因素。

结合教学设计

　　众所周知，学习不是瞬间发生的，相反，学习必须建立在知识和经验的基础上。这一过程在布鲁姆分类法（Bloom's taxonomy）（Anderson and Krathwohl，2001；Bloom，1956）中得到了最好的描述，如图 6.3 所示。在这个模型中，学习发生在五个阶段，从信息的基本基础开始，发展到更高级的思维过程：认识、学习（理解）、应用、分析、评价。布鲁姆分类法有助于明确定义 BRM 培训目标和目的，并据此设计培训。这种模型经常用于结构科学和医学专业培训（National Research Council，2011、2013；World Health Organization，2006）。大多数入门培训和 BRM 意识培训都分为认识到应用阶段。在分析和评价阶段，高阶认知往往针对生物风险管理专业人员，他们有责任实施一个完整的生物风险管理体系。一般来说，期望学生在任何一个培训课程中提高一个以上分类级别是不合理的。在某些情况下，学生可能需要多个培训课程才能进入下一阶段。

　　CDC 采用基于成果的培训模式，依靠特定的角色和能力来推动公共卫生培训计划（Koo 和 Miner，2010）。这种所谓的 Dryfus 模式是对 BRM 培训的补充，因为公共卫生机构的许多培训目标与核心生物安全和生物安保原则重叠。设计 BRM 培

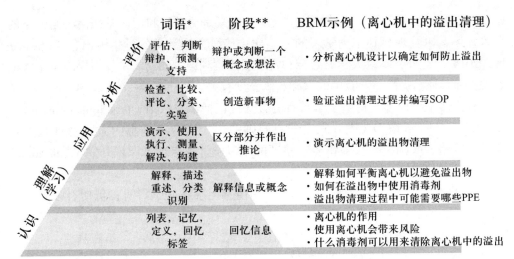

*Bloom 1949
**From NRC "Developing Capacities for Teaching Responsible Science in the MENA Region" 2013

图 6.3　主动学习模式与策略：布鲁姆分类法

（摘自 Bloom，*Taxonomy of Educational Objectives: The Classification of Educational Goals*，第一版，Longmans，Green，New York，1956；National Research Council，*Developing Capacities for Teaching Responsible Science in the MENA Region: Refashioning Scientific Dialogue*，National Academies Press，Washington，DC，2013）

训的重点应放在以一种能产生有效学习体验方式的内容构建上。

　　对人类认知和学习研究的进步使人们对如何学习有了更深的理解。此外，科学学科依赖于对一个主题的深刻理解，而不仅仅是基础知识。因此，在过去的20多年里，科学教育推动了教学方法的发展，即利用人们如何自然学习（例如，学会走路、说话、骑自行车或演奏乐器）来加深对科学主题的理解（National Research Council，2000；Tanner 和 Allen，2004）。每个学生学习风格的差异解释了为什么有些学生在展示、演示或执行信息时理解得最好，而其他学生在听到或阅读关键信息时理解得最好（Freeman 等，2014）。最近的研究挑战了传统的讲座式学习环境，使其在本质上更加以学生为中心和互动。交互式学习包括视觉或肢体演示、视频、案例研究、角色扮演、小组活动、问题解决和游戏。事实证明，主动学习可以提高学生在科学、工程和数学方面的表现（Freeman 等，2014）。

　　传统的学习理论提倡内容驱动和指导教师驱动的方法，主要由指导教师向学生解释或展示信息。在这种情况下，学生有责任保留指导教师提供的信息。然而，随着人类认知理解的进步，学习理论已经发展成为一种更为便利和基于学习者的方法，其中内容与精心设计的学习辅助工具、活动、环境和情况相结合。在这种方法中，讲师有责任引导学生沿着自我发现信息的路径进行探究（National Research Council，2000）。一般来说，基于学习者的方法，也称为促进学习，更多地利用了一种动态的、交互式的知识转移。

　　向以基于学习者的方法转变的主要驱动因素是对学习和记忆是如何相互联系的深入理解，以及观察到主动学习的学生比用传统方法教学的学生更出色（Freeman等，2014）。此外，本科大学的教授和管理层注意到，主动学习不仅与提高学生成绩有关，而且还与提高指导教师的兴趣和满意度有关（Armbruster等，2009）。

　　有许多学习模型支持基于学习者的方法，包括学习原则（principles of learning，图6.4）和Jensen模型（图6.5）。学习原则列出了以令人难忘的方式设计和提供培训的策略，鼓励指导教师将经过验证的学习设计特点纳入课程开发（Thorndike，1932）。学习原则的关键定义是：

　　1. 准备：当学生在精神上、身体上和情感上准备好学习时，包括有强烈的学习动机时，学习效果最好。

　　2. 练习：如果重复练习，学生将记住要点。

　　3. 效果：通过积极有效的学习经验强化学习。

　　4. 首位：先学的材料经常被记住。

　　5. 近因：最近学习的材料经常被记住。

　　6. 强度：严肃紧张而振奋人心的材料，可能包括活动、演示等，更有可能被保留。

　　7. 自由：学生将努力学习他或她选择的项目。

　　8. 要求：从一个共同点出发，学生学得最好。

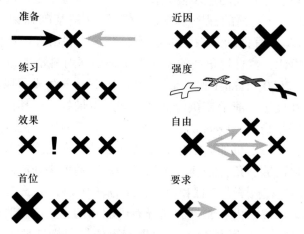

图6.4　主动学习模式与策略：学习原则

（摘自 Thorndike，*The Fundamentals of Learning*，Teachers College Press，New York，1932）

　　Jensen 模型对培训工作进行分类，以便指导教师能够集中注意力、资源和设计，以有利于影响学习、记忆和保持（Jensen，2005、2008；Hodell，2006）。这个模型在很大程度上依赖于教学过程中学生和指导教师之间的动态交互，来构建和阐述关键信息。在此过程中，学生通过参与学习体验获得知识，使他们能够将信息与其他信息联系起来，从而保留内容。综上所述，学习原则和 Jensen 模型都为指导教师提供了资源，使其在人类认知倾向的基础上，充分利用教学时间和精力。

　　传统的基于严格教学的学习方法，虽然信息肯定是丰富的，但通常要求学生在课堂之外整合知识和技能，这种期望对于给定时间、资源和其他限制条件的 BRM 培训来说通常不现实。促进学习的一个明显缺点是，更多的时间只花在教授一些关键信息上，而在传统的基于指导教师的方法中，可以在相同的时间内传达更多的关键信息。然而，证据表明，当记忆力受到挑战时，主动学习环境中的整体学习比基于教师的环境中的整体学习要强（Freeman 等，2014）。这些学习模式有助于指导教师理解，少量有意义的相关信息将比任何特定主题的大量信息获得更多的学习和保留。

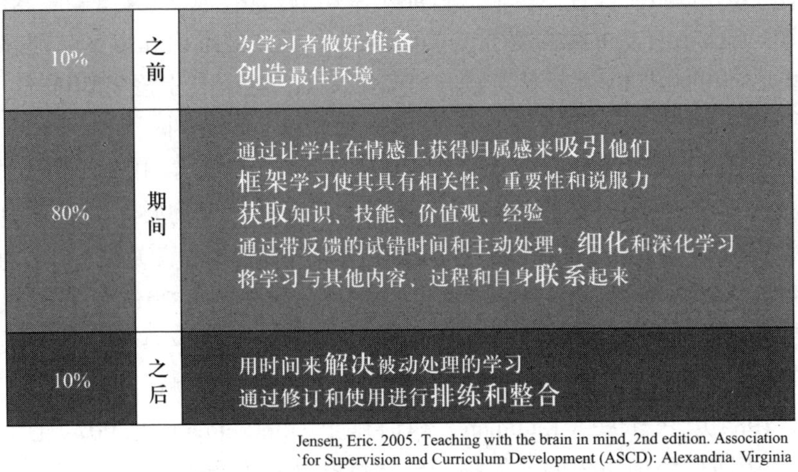

Jensen, Eric. 2005. Teaching with the brain in mind, 2nd edition. Association for Supervision and Curriculum Development (ASCD): Alexandria. Virginia

图 6.5　主动学习模式与策略：Jensen 模式
（摘自 Jensen, *Teaching with the Brain in Mind*, 2nd ed. Association for Supervision and Curriculum Development（ASCD），Alexandria, VA, 2005）

　　促进学习的一个显著优势，特别是对于 BRM 培训，是它向指导教师提供关于学生的信息。通过这种方式，指导教师可以确定额外的 BRM 培训需求或需要填补或纳入风险评估的其他空白。如只有指导教师和学生之间的单向交流，这是不可能的。此外，促进学习促进了学生和指导教师之间的友谊，因为每个人都在一起工作，以实现共同的目标，如改善 BRM。因此，团队可以共同地为学习环境带来不同的观点、经验和能力，以帮助改善生物安全和生物安保。

关注学习环境

BRM 培训可以在任何地方进行，尽管学习环境的设置和考虑因素会影响培训活动，从而影响学生的学习。例如，马斯洛的需求层次（Maslow，1943）指出，在学习之前，必须满足基本的生理需求（氧气、水、食物、睡眠）和安全（安保、工作、家庭、健康、财产）。考虑到这些信息可以帮助指导教师最大限度地利用学习环境，包括学生的学习动机（Raffini，1993）。例如，如果学生极度饥饿、疲劳甚至不舒服，他们将无法吸收培训的关键信息。因此，让学生有时间喝咖啡、吃点心，甚至有机会快速查看他们的电子邮件，将提高学习，也有助于学生享受更多的培训。

同样，了解学生的文化和培训所在的世界地区将有助于指导教师根据当地习俗和期望规划培训（National Research Council，2000）。此外，有效的 BRM 培训很大程度上依赖于沟通来传达关键信息；因此，必须额外努力以确保必要时提供适当的翻译和解释。此外，理解生物安全和生物安保这两个词在某些语言中可能是相似的，甚至是相同的词，或者这些概念可能是全新的，这一点至关重要。因此，在涵盖更高级的主题之前，可能需要额外的时间来澄清关键术语和定义。理想情况下，国际 BRM 培训可促进 BRM 最佳实践的跨文化交流，这有利于整个 BRM 社区。

除了创造一个最佳的培训环境和考虑文化和语言问题外，BRM 培训还必须考虑场地。可以说，最有效的 BRM 培训是在危险所在的环境中进行的。这通常是一个实验室，但也可能是在野外环境、医院、甚至是感染物质运输系统中。例如，实验室网络 Biotox-Piratox 使用了一系列演习来评估法国医院实验室在发生生物威胁时的生物防备和培训情况。他们的方法集中在 2007 年至 2011 年的四次演习中，测试了正确的诊断和报告程序（Merens 等，2012）。尽管这些演习并非专门用于训练，但演习和其他真实世界的模拟对学习有着深远的影响。这就是体验式学习（Kolb 等，1984）。考夫曼（Kaufman）和伯克曼（Berkelman）（2007）使用模拟实验室在高等级防护环境中体验式生物安全学习就是一个例子。

这种实践培训使学生有能力积极评估和缓解风险，并应用性能评价。不幸的是，资源、时间和其他限制常常制约了这种学习环境的利用程度。非正式的学习环境是很好的选择。例如，可以在午餐期间安排一次小组讨论会，专家可以在午餐会上分享他们对某一特定主题的知识和经验。在社交媒体（脸书，推特，微博或领英）等其他学习环境中的 BRM 培训，如果整合了促进记忆和学习的设计和开发元素也会有效。

识别、汇编和组织培训内容

下一步是考虑哪些 BRM 内容最适合缓解已识别的风险。在此阶段，指导教师应起草与培训总体目标和目的相一致的关键信息。起草关键信息的过程需要审查相关信息和文献，然后将这些信息与最初确定的培训目的相关联。应考虑到有关 BRM 培训设计的其他考虑因素，以便将时间集中在开发针对最相关关键信息的活动和学习体验上。起草关键信息的活动将在一定程度导上指导培训材料和内容的获取、处理和开发，这不仅有助于提高指导教师的知识和广度，而且还为培训设计、交付和开发提供了坚实的基础。

关键信息通常特定于指定的 BRM 主题。例如它们可以分为以下几类：感染性物质运输、事故响应、项目管理、设备和工程控制、实验室设计、实验室运行和维护等。BRM 内容有许多优秀的资源。其中一些在表 6.7 中列出。这些资源可用于建立一个参考库，可以随着时间的推移从中开发 BRM 培训内容，以满足不断变化的 BRM 需求。生物安全业界为在一个中心位置收集培训材料作出了一些努力。但需要注意的是，没有一个单一的 BRM 内容源能够满足所有 BRM 需求。

表 6.7　生物风险管理内容的其他来源

描述	网址
CDC 实验室培训资源	www.cdc.gov/labtraining/index.html
美国生物安全协会培训工具	http://www.absa.org/trainingtools.html
得克萨斯大学医学院国家生物防护培训中心	www.utmb.edu/nbtc/
桑迪亚国家实验室，全球生物风险管理课程	http://www.biosecurity.sandia.gov/gbrmc/index.html
美国微生物学会	http://www.asm.org/index.php/educators/curriculum-guidelines

在为培训活动开发内容时，最好尽可能地整合当地相关和特定情况的信息。当地信息通常不容易以书面形式获得。它可能来自在当地实验室工作的直接或间接经验。利用当地风险评估作为 BRM 培训的基础，通常是开发反映特定实验室独特方面培训的最佳方法。

也许创建 BRM 内容的最大挑战是在高等级和低等级防护装置、高水平和低水平资源环境、现场工作和实验室工作，甚至是在生物安全和生物安保之间进行平衡。尽管本书经常引用国际最佳实践，但公开的最佳实践不能解释所有可能的情况。然而，AMP 模型适用于所有生物安全和生物安保场景，并且应始终作为培训设计的基础。

一旦最终确定了 BRM 培训内容，需要以对学生有意义的方式组织内容。它应该有一个连贯的流程和良好的活动和机会的结合，让学生有效地学习。内容不应只关注理论，还应包括制定具体的可交付成果的课堂时间。可交付成果的类型应与所需的布鲁姆分类学习水平相对应（Bloom，1956）。这些可交付成果的质量也可以作为评价的一个要素，以确定学习的程度。

组织内容的流程和交付是完成课程材料的最后一步。这将把来自 ADDIE 设计和开发阶段的元素结合起来，形成一个清晰的课程计划和指导老师指南，其中包括来自促进团队活动的相关背景信息、参考资料和预期响应。记录这些信息将有助于新手指导教师准备教材。此外，组织课程材料将以一种保持内容跟踪的方式来组织培训。最后，这些文件将作为课程材料持续改进的基础。在第一次开发培训课程后，指导教师应进行该课程的初步测试，以确保培训的所有要素共同工作，以达到预期的目标。

了解学生和指导教师的特点和互动

学生

虽然机构内外的许多人都能从 BRM 培训中受益，但那些开展潜在危险病原体工作的人应该是 BRM 培训的主要目标。典型的角色包括实验室工作人员、实验室主任、首席研究员、学生，甚至是执法人员、应急响应人员和实验室访客。机构的行政管理人员也应接受培训，以帮助指导生物风险管理政策决策。每个人都可能有独特的背景和不同的风险规避或容忍度，这可能会影响其对培训的兴趣水平。

特别是在教授成人学习者时，指导教师应该了解学生有关他们的经验、角色、兴趣和当前 BRM 知识。这种参与将有助于使目标受众与最有益的课程保持一致（National Research Council，2000）。理想情况下，应该在培训开始前将这些信息整合到培训需求评估中。它也可以在培训开始时通过预先测试、单独或分组访谈学生的方式来收集。他们是做什么的？他们为什么要接受培训？他们想学什么？这一策略有助于在开课前调控学生和指导教师之间的期望值，从而使双方都能做出相应的调整。这在专业网络或自我选择推动参与的环境中尤其重要。一般来说，识别 BRM 系统中的差距，然后根据学生的角色和职责来选择学生更有效。

指导教师

BRM 是由一位经验丰富的指导教师来进行最有效的教学的，该指导教师能够管理 ADDIE 循环的所有方面，并且对生物风险管理有全面的了解。其他重要的指导教师特征包括：尊重、灵活、文化意识、能够清楚地传达信息和回答问题、有趣、活泼和富有同情心（Marsh，1980）。可能需要几年的时间来培养一个全面的指导教师。大型机构的 BRM 计划应投入大量资源开发有效的 BRM 培训师。BRM 培训性能指标可以帮助跟踪指导教师资格和经验，学生评价反馈可以帮助确定指导教师的优缺点。经验不足的指导教师可常与经验丰富的指导教师进行合作，以不断培养机构培训师骨干。

一般来说，开展 BRM 培训的责任落在机构生物安全专业人员或实验室主任的肩上。无论培训由谁进行，培训师必须全面了解风险评估结果。BRM 培训师至少应熟悉风险评估和设施运行。

指导教师需要在课堂管理和促进学习方面的经验，特别是在体验式学习活动的动态环境中。在以学习者为中心的方法中，学生控制自己的学习，他们需要时间来处理活动、提问或问题，指导教师一路引导他们。这在 BRM 培训中尤其有效，因为许多技能需要批判性思维能力来评价课堂上的不同场景。不幸的是，除了实践和与更有经验的指导教师合作教学之外，没有太多机会培养以学习者为中心的辅导技能。一些资助组织，如 WHO、美国国务院生物安保参与计划（Biosecurity Engagement Program，BEP）、美国合作生物参与计划（Cooperative Biological Engagement Program，CBEP）、ABSA 和 IFBA，已经推广了这种类型的国际化 BRM 学习，并为 BRM 教学提供专门的学习机会。

目前，没有国际公认的 BRM 指导教师资格证书或认证。相反，由各个机构或组织的管理层和领导层决定 BRM 培训师的资格。CDC 的生物安全核心能力确定了指导教师应该掌握的关于生物安全主题的知识，但这些能力可能并不普遍（US Centers for Disease Control and Prevention，2011）。在制定机构培训计划或从外部组织获得 BRM 培训时，了解这一点很重要。

成功培训的其他考虑因素

一个常见的说法是："如果我们有更多的时间和资源，我们将增加我们向员工提供培训的数量。"因此，聚焦 BRM 培训以解决风险评估中确定的优先项目是对有限资源的最佳利用。在 BRM 培训的初始规划阶段，应认真考虑时间和预算，以确定培训计划或培训活动的目标和目的。精心规划，使培训对象与适当的主题相匹配，再加上为高水平学生保留而设计的课程，可以解决大多数时间和预算限制。

衡量培训绩效和成功

评价对于确定培训是否有效至关重要。衡量 BRM 培训成功与否有很多等级、意见和策略。创建以关键信息为重点的学生和课程评估是确定是否达到学习目的的有效方法。例如，BRM 培训可以用前测试和后测试、调查、家庭作业、说明、甚至行为观察数据的方式来确定培训是否有效。

总的来说，目前还没有一种标准的培训评价方法，但必须认识到，这些评价数据对整个机构的 BRM 有重大影响。其他领域的培训计划广泛依赖于柯克帕特里克（Kirkpatrick）（2007）提出的四级评估，如表 6.8 所示。霍德尔（Hodell）（2006）论述了如何将这些级别轻松地整合到培训计划的教学系统设计中。一般来说，第一层次衡量学生对培训课程的好恶反应（例如，课程是否符合我的期望？培训环境是否足够？指导教师知识丰富吗？）。第二个层次侧重于学习，更具体地说：课程的学习目的是否达到了？在这一层次上，目的本身可以作为评价的媒介。

例如，关于 PPE 使用的课程，目的可能是"学生将能够根据微生物的暴露途径选择适当的 PPE"。完成这一目的，可以共同从学生和指导教师的角度，或两者之一，使用里克特量表（Likert scale）或其他方法进行分析。第三个层次是衡量行为。这通常包括将多少培训转移到工作场所，并可以使用调查、观察、访谈或专门针对培训背景和应用而设计的其他方法来衡量。例如，对于 PPE 培训，这可能包括一次实验室现场访问，在那里使用行为观察数据来确定穿戴适当 PPE 的员工数量。第四个层次是机构层面的成果或组织变革。在这一层次上，底线结果被衡量。对于 BRM 来说，这是一种风险降低，可以说是很难衡量的。当与机构性能指标和随时间变化的风险评估数据联合使用时，可以回答这个风险降低问题。

表 6.8　BRM 培训评价

层次一	学生对课程满意吗
层次二	学生学习了吗
层次三	随着时间的推移，学生的行为是否改变以达到预期的目的
层次四	随着时间的推移，组织是否能看到生物风险管理的改善

来源：Kirkpatrick, *The Four Levels of Evaluation: Measurement and Evaluation*, Alexandria, VA: American Society for Training & Development, 2007

不幸的是，在许多机构中，评估和性能指标并不存在或不完整。监控 BRM 培训性能对于确定哪些主题需要进一步培训以及哪些教学方法最有效至关重要。有一个完整的记录来跟踪谁接受了培训，他们被教授了什么（根据目的），以及是否达到了目的，将有助于确定培训对降低机构的风险有多大的帮助。从许多不同的角度收集评价数据也很有用。应考虑指导教师、学生、管理层、投资合作伙伴、观察员和独立利益相关方对 BRM 培训的输入和反馈。

如果事后分析显示未达到培训目的，则有必要确定原因。有时这可能归因于课程的时间安排、指导教师、环境、课程材料、活动，甚至观众。确定目标未实现的确切原因将有助于集中精力并改进未来的培训。此外，随着时间的推移记录培训结果可以进行趋势分析，这将改进未来课程的设计和实施。因此，了解 BRM 培训如何影响 BRM 文化可以显著降低 LAI、损失、盗窃和实验室偏差的数量。对 BRM 培训效果的持续分析也应该是机构风险评估特别考虑的一个因素。通过这种方式，BRM 培训可以对降低风险产生直接影响。

结论

BRM 培训通常被认为是更可持续的风险缓解措施之一，因为知识、技能和能力可以从一个人传递给另一个人。此外，与其他风险缓解措施（如大型工程控制或设施设备）相比，BRM 培训具有成本效益。BRM 培训最近成为越来越多的正式和非正式资源网络的受益者，这些资源被用于更好地了解生物风险和指导 BRM 培训工作。在过去的 10 年里，BRM 已经成为世界各地本科生和研究生课程中一个更加突出的主题，这意味着 BRM 知识库将继续增长。与其他科学学科相比，BRM 不是一个既定的基于研究或学位的领域。幸运的是，有一些国际、地区、国家和地方组织、监管机构和专家对促进 BRM 和提供资源以补充 BRM 培训的措施具有浓厚兴趣。随着熟练的 BRM 专业人员团体的增长，有机会利用有效的 BRM 培训的人数也将增加。

未来的 BRM 前景必然不可避免地解决一些与生物技术和跨学科科学工作进展相关的安全问题。尽管这些领域有希望以从未想象的方式推进社会发展，但这些技术总有可能会被无意或有意地滥用。随着新技术的发展，关于生物安全和生物安保的持续对话将减少这种可能性。BRM 培训和意识的提高可以而且应该在影响未来关于迅速发展的科学领域的道德、安全和安保的决策方面发挥主导作用。

参考文献

Anderson, L.W., and D.R. Krathwohl. 2001. *A Taxonomy for Learning, Teaching, and Assessing: A Revision of Bloom's Taxonomy of Educational Objectives*. Complete ed. New York: Longman.

Armbruster, P., M. Patel, E. Johnson, and M. Weiss. 2009. Active Learning and Student-Centered Pedagogy Improve Student Attitudes and Performance in Introductory Biology. *CBE Life Sciences Education*, 8: 203-213.

Bakanidze, L., S. Tsanava, and N. Tsertsvadze. 2010. Biosafety and Biosecurity in Georgia: New Challenges. *Applied Biosafety: Journal of the American Biological Safety Association*, 15: 85-88.

Bloom, B.S. 1956. *Taxonomy of Educational Objectives: The Classification of Educational Goals*. 1st ed. New York: Longmans, Green.

Chamberlain, A.T., L.C. Burnett, J.P. King, E.S. Whitney, S.G. Kaufman, and R.L. Berkelman. 2009. Biosafety Training and Incident- Reporting Practices in the United States: A 2008 Survey of Biosafety Professionals. *Applied Biosafety: Journal of the American Biological Safety Association*, 14: 135-143.

Delarosa, P., S. Kennedy, M. Jones, M. Kinsey, and L. Gardiner. 2011. Quantifying Competency in Biosafety: Adaptation of the Instructional Systems Design Methodology (ISD) to Biosafety and Laboratory Biosecurity. *Applied Biosafety: Journal of the American Biological Safety Association*, 16.

Ehdaivand, S., K.C. Chapin, S. Andrea, and D.R. Gnepp. 2013. Are Biosafety Practices in Anatomical Laboratories Sufficient? A Survey of Practices and Review of Current Guidelines. *Human Pathology*, 44: 951-958.

European Committee for Standardization. 2011. *CEN Workshop Agreement (CWA) 15793: Laboratory Biorisk Management.*

European Committee for Standardization. 2012. *CEN Workshop Agreement 16393: 2012: Laboratory Biorisk Management—Guidelines for the Implementation of CWA 15793: 2008.*

Freeman, S., S.L. Eddy, M. McDonough, M.K. Smith, N. Okoroafor, H. Jordt, and M.P. Wenderoth. 2014. Active Learning Increases Student Performance in Science, Engineering, and Mathematics. *Proceedings of the National Academy of Sciences of the United States of America*, 111: 8410-8415.

Graham, B., J. Talent, and G.T. Allison. 2008. *World at Risk: The Report of the Commission on the Prevention of WMD Proliferation and Terrorism*. 1st Vintage Books ed. New York: Commission on the Prevention of Weapons of Mass Destruction Proliferation and Terrorism (U.S.), Vintage Books.

Gronvall, G.K., J. Fitzgerald, A. Chamberlain, T.V. Inglesby, and T. O'Toole. 2007. High- Containment Biodefense Research Laboratories: Meeting Report and Center Recommendations. *Biosecurity and Bioterrorism: Biodefense Strategy, Practice, and Science*, 5: 75-85.

Heckert, R.A., J.C. Reed, F.K. Gmuender, M. Ellis, and W. Tonui. 2011. International Biosafety and Biosecurity Challenges: Suggestions for Developing Sustainable Capacity in Low- Resource Countries. *Applied Biosafety: Journal of the American Biological Safety Association*, 16: 223-230.

Hodell, C. 2006. *ISD from the Ground Up*. 2nd ed. Alexandria, VA: ASTD Press.

International Federation of Biosafety Associations. 2012. IFBA Certification Program Ensuring Quality Biorisk Management through Certification of Professionals. IFBA.

Jensen, E. 2005. *Teaching with the Brain in Mind*. 2nd ed. Alexandria, VA: Association for Supervision and Curriculum Development (ASCD).

Jensen, E. 2008. *Brain- Based Learning the New Paradigm of Teaching*. 2nd ed. Thousand Oaks, CA: Corwin Press.

Kahn, L.H. 2012. Can Biosecurity Be Embedded into the Culture of the Life Sciences? *Biosecurity and Bioterrorism: Biodefense Strategy, Practice, and Science*, 10: 241-246.

Kaufman, S.G., and R. Berkelman. 2007. Biosafety "Behavioral- Based" Training for High Containment Laboratories: Bringing Theory into Practice for Biosafety

Training. *Applied Biosafety: Journal of the American Biological Safety Association*, 12: 178-184.

Kirkpatrick, D.L. 2007. *The Four Levels of Evaluation: Measurement and Evaluation*. Alexandria, VA: American Society for Training & Development.

Kolb, D.A. 1984. *Experiential Learning: Experience as the Source of Learning and Development*. Englewood Cliffs, NJ: Prentice- Hall.

Koo, D., and K. Miner. 2010. Outcome- Based Workforce Development and Education in Public Health. *Annual Review of Public Health*, 31: 253-269.

Lee, A., C. Dennis, and P. Campbell. 2007. Nature's Guide for Mentors. *Nature*, 447: 791-797.

Marsh, H.W. 1980. The Influence of Student, Course, and Instructor Characteristics in Evaluations of University Teaching. *American Educational Research Journal*, 17: 219-237.

Maslow, A.H. 1943. A Theory of Human Motivation. *Psychological Review*, 50: 370-396.

Merens, A., J.D. Cavallo, F. Thibault, F. Salicis, J.F. Munoz, R. Courcol, and P. Binder. 2012. Assessment of the Bio- Preparedness and of the Training of the French Hospital Laboratories in the Event of Biological Threat. *Euro Surveillance: Bulletin Europeen sur les Maladies Transmissibles* (European Communicable Disease Bulletin), 17.

Mtui, G.Y.S. 2011. Status of Biotechnology in Eastern and Central Africa. *Biotechnology and Molecular Biology Review*, 6: 183-198.

Nasim, S., A. Shahid, M.A. Mustufa, G.M. Arain, G. Ali, I. Taseer, K.L. Talreja, R. Firdous, R. Iqbal, S.A. Siddique, S. Naz, and T. Akhter. 2012. Biosafety Perspective of Clinical Laboratory Workers: A Profile of Pakistan. *Journal of Infection in Developing Countries*, 6: 611-619.

National Research Council. 2000. *How People Learn: Brain, Mind, Experience, and School: Expanded Edition*. National Academies Press.

National Research Council. 2011. *Research in the Life Sciences with Dual Use Potential: An International Faculty Development Project on Education about the Responsible Conduct of Science*. Washington, DC: National Academies Press.

National Research Council. 2013. *Developing Capacities for Teaching Responsible Science in the MENA Region: Refashioning Scientific Dialogue*. Washington, DC: National Academies Press.

Raffini, J. 1993. *Winners without Losers: Structures and Strategies for Increasing Student Motivation to Learn. Boston*, MA: Allyn and Bacon.

Rengarajan, K. 2010. Development of a Tool to Perform Systematic Gap Analysis of Biosafety Program Based on Biorisk Management System (CWA15793: 2008). Emory University, Atlanta, GA.

Republic of Kazakhstan. 2012a. Sanitary and Hygiene Requirements to the Health Facilities.

Republic of Kazakhstan. 2012b. Sanitary and Hygiene Requirements to the Laboratories.

Risi, G.F., M.E. Bloom, N.P. Hoe, T. Arminio, P. Carlson, T. Powers, H. Feldmann, and D. Wilson. 2010. Preparing a Community Hospital to Manage Work- Related Exposures to Infectious Agents in BioSafety Level 3 and 4 Laboratories. *Emerging Infectious Diseases*, 16: 373-378.

Rusly, N.S., L. Amin, and Z.A. Sainol. 2011. The Need for Biosafety Education in Malaysia. *Procedia Social and Behavioral Sciences*, 15: 3379-3383.

Russian State Committee for Sanitation and Epidemiological Oversight. 1994. 1.2 Epidemiology Safety in Working with Group I and II Pathogenicity Microorganisms. Moscow.

Salerno, R.M., and J.M. Gaudioso. 2007. *Laboratory Biosecurity Handbook*. Boca Raton, FL: CRC Press.

Sanchez, A.L., M. Canales, L. Enriquez, M.E. Bottazzi, A.A. Zelaya, V.E. Espinoza, and G.A. Fontecha. 2012. A Research Capacity Strengthening Project for Infectious Diseases in Honduras: Experience and Lessons Learned. *Global Health Action*, 6: 21643.

Sundqvist, B., U.A. Bengtsson, H.J. Wisselink, B.P. Peeters, B. van Rotterdam, E. Kampert, S. Bereczky, N.G. Johan Olsson, A. Szekely Bjorndal, S. Zini, S. Allix, and R. Knutsson. 2013. Harmonization of European Laboratory Response Networks by Implementing CWA 15793: Use of a Gap Analysis and an "Insider" Exercise as Tools. *Biosecurity and Bioterrorism: Biodefense Strategy, Practice, and Science*, 11(Suppl. 1): S36-S44.

Tanner, K., and D. Allen. 2004. Approaches to Biology Teaching and Learning: Learning Styles and the Problem of Instructional Selection—Engaging All Students in Science Courses. *Cell Biology Education*, 3: 197-201.

Thorndike, E.L. 1932. *The Fundamentals of Learning*. New York: Teachers College Press.

Turegeldiyeva, D. 2014. *Biosafety Training in Kazakhstan*, ed. L. Grainger. Email Correspondence ed.

US Centers for Disease Contol and Prevention. 2011. Centers for Disease Control and Prevention Morbidity and Mortality Weekly Report 60. Guidelines for Biosafety

Laboratory Competency. http://www.cdc.gov/mmwr/preview/mmwrhtml/su6002a1.htm.

US Department of Health and Human Services. 2007. *Proposed Framework for the Oversight of Dual Use Life Sciences Research: Strategies for Minimizing the Potential Misuse of Research Information*. National Institutes of Health, National Security Advisory Board for Biosecurity.

US Department of Health and Human Services. 2009. *Biosafety in Microbiological and Biomedical Laboratories*. 5th ed.

USSR Ministry of Health. 1978. Instruction on Regime of Control of Epidemics while Working with Materials Infected or Suspected to be Infected with Causative Agents of Infectious Diseases of I- II Groups.

USSR Ministry of Health. 1979. Concerning Rules of Registration, Containment, Handling and Transfer of Pathogenic Bacteria, Viruses, Rikketsia, Fungi, Protozoa and Others, also Bacterial Toxins and Poisons of Biological Origin.

Walker, W.O., P.C. Kelly, and R.F. Hume. 2002. Mentoring for the New Millenium. Medical Education Online 7.

Wang, X. 2004. Challenges and Dilemmas in Developing China's National Biosafety Framework. *Journal of World Trade*, 38: 899-913.

World Health Organization. 2006. *Biorisk Management: Laboratory Biosecurity Guidance*.

第七章

运行和维护概念

威廉·皮纳德（William Pinard），斯特凡·布雷滕鲍尔默（Stefan Breitenbaumer）和丹尼尔·库敏（Daniel Kümin）

摘要

本章的目标是概述适当维护系统的必要要素。虽然重点似乎是维护，但所开展的许多活动都是例行的运行活动，因此将这两个主题结合为无缝活动。本章将纵览维护类型，解释实验室环境对维护的影响，以及维护对实验室环境的影响。本章还将讨论维护文件、频率、角色和责任。

简介

历史上，在建筑物的设计和建造过程中，经常没有考虑到保持新建筑物处于最佳工作状态的要求。这导致建筑的完整性恶化，并限制了组织有把握地执行其任务的能力。维护计划主要集中在修复损坏的设备和建筑部件（Sullivan 等，2010）。通常很难预测维护成本，并维持高效的建筑运营，这并不足为奇。

当试图运行和维护一个生物实验室时，这些问题变得更加复杂。除了通常的维护要求外，生物科学设施中的维护计划必须包括独特的要素，例如限制设备的使用以及限制在有潜在危险病原体的区域工作。传统上，维护计划通过为每个生物安全等级制定单独的计划来解决这一问题。因此，设施策略是许多不同的、通常是独立的、偶尔相互冲突的维护计划的组合。

本章介绍了一种基于风险开发的全面维护系统的方法。该系统利用了本书中讨论的生物风险管理原则，包括风险评估、实施适当的缓解策略（如实践、规程或培训）以及制定性能指标。这种运行和维护方法考虑了在生物实验室工作所涉及的风险范围，以及完成维修时预期的中断程度。本章介绍了四种主要的维护策略：反应式维护、预防性维护、预测性维护和以可靠性为中心的维护。它们讨论了负责维护各个方面的人员，并总结了基于风险和中断的方法。虽然维护对设施的中断性影响可能不会直接影响生物风险，但它仍然是整个设施风险的关键组成部分，管理层必须考虑这些问题。适当规划中断将减少对设施任务的影响，并使设施能够继续满足其生产、诊断、研究或其他需要。

某些维护策略在某些实验室环境中比其他策略更有效。例如，一个由于维护而无法运行的实验室，其后果可能是可以接受的，例如在研究实验室；也可能后果很严重，例如在诊断实验室，在那里不允许在没有仔细计划的情况下停止任务。在制定维护计划时需要考虑这些问题。

口蹄疫病毒泄漏

运行和维护对于防止生物因子的泄漏是至关重要的。2007 年 9 月，在英格兰萨里（Surrey）的皮尔布赖特（Pirbright）附近的两个农场暴发了 FMD 病毒。疫情可追溯到附近动物健康和梅里亚尔动物健康有限公司（Animal Health and Merial Animal Health Limited）的研究机构（Spratt，2007）。

虽然一项独立的调查没有确定根本原因，但确定了几个可能的原因。该报告被称为《英国处理口蹄疫病毒设施安全性的独立审查（Independent Review of the safety of UK Facilities Handling Foot-and-Mouth Disease Virus）》，也被称为 Spratt 报告，重点关注从设施到最终废弃物处理的污水管道的完整性。检查人员指出，没有经常检查管道，也没有为维护和更换旧系统提供适当的资金。污水排放系统本身甚至未被很好地理解：甚至不知道它的组成和使用年限（Spratt，2007）。

疫情暴发后的一项全面调查得出结论，没有保持污水处理管道的密封状态。最终报告建议，"作为紧急情况，[环境、食品和农村事务部（Department for Environment, Food and Rural Affairs）] 应要求采取措施，确保皮尔布赖特设施的污水排放系统得到充分控制，并通过定期检查确认其持续的完整性。在此期间，我们建议，只有在排放到管道中的流出物首先被完全灭活的情况下，才允许开展感染性病毒工作"（Spratt，2007）。英国卫生与安全执行局的另一份报告得出结论，即"皮尔布赖特地区的污水排放控制标准存在缺陷。这些缺陷包括移位的接头、裂缝、碎片堆积和树根侵入。对于生物安保关键系统，记录保存、维护和检查制度被认为是不充分的"（Health and Safety Executive，2007）。

通过适当维护设施，并在生物风险管理系统的保护下整合运行和维护计划，设施管理者可以识别并及时修复系统中的漏洞。2001 年在英国暴发的口蹄疫病毒导致 400 万只动物被屠宰，经济损失 117 亿美元（Pendel 等，2007），公众愤怒，农民抑郁和自杀率上升（Knight-Jones and Ruston，2013）。显然，应该采取更全面的措施，防止这种程度的经济和个人损失再次发生。风险评估应能确定污水管道可能发生的泄漏，并且运行和维护计划应制定一个减轻该风险的计划。

维护策略

概述

任何设备都有一定的故障可能性。根据设备类型的不同，其故障率可能会在购买后或者在其预估寿命后期因为制造缺陷立即达到最高水平。在这两个峰值之间有一个低失效可能性的区域（Sullivan 等，2010；Sondalini，2004）。其他的设备故障曲线将具有较高的早期故障损毁率，随后是稳定的故障可能性、伴随快速磨损的最小的早期故障损毁率、随时间推移的恒定故障率、寿命末期故障快速增加或故障可能性的稳步增加。这些故障曲线的图解见图 7.1。任何维护策略的目标都是尽可能延长故障周期的低可能性。

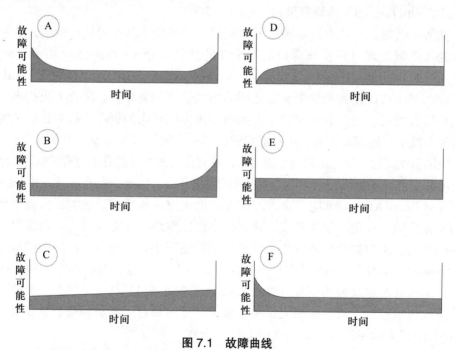

图 7.1 故障曲线

故障曲线 A–C 表示基于时间相关因素的故障。故障曲线 D–F 表示独立于时间的故障

主要有四种维护策略，每种策略都有各自的优缺点。根据情况，最好使用不同策略。本章讨论四种维护策略：反应式维护、预防性维护、预测性维护和以可靠性为中心的维护。以可靠性为中心的维护策略是航空工业在 20 世纪 70 年代制定的，目的是为维护要求制定更高的标准（Nowlan and Heap，1978）；它是其他三种策略的组合，在最大限度地减少缺点的同时结合多种策略的优点。

虽然本章描述了所有四种维护策略，但它推荐以可靠性为中心的维护作为首选方法。其他三种策略被描述为突出它们各自的不足之处，并说明如何将它们作为组合维护策略的一部分。

反应式维护（面向事件的维护）

从生物风险管理的角度来看，反应性维护缺乏能够充分满足基于风险的系统需求的关键组件。历史上，反应式维护是最常用的维护策略（Sullivan 等，2010）。它通常被称为"运行到中断"策略。国际设施管理协会将该策略描述为"对故障或明显的故障威胁采取的纠正措施"（International Facility Management Association，2014）。理论上，这可能是一个有吸引力的方法。在建筑物运行的早期，由于设备不起作用，维护成本或生产力损失通常很少。反应性维护还可以最大限度地利用任何一个元件，因为它的使用寿命是完整的。

虽然从表面上看，这似乎是一种有效的策略，但仅使用反应式维护可能会导致不可预测的故障。它是一个依靠失败来启动行动的系统。没有考虑到故障的运行风险。在某些情况下，故障可能导致很少甚至没有风险，而在其他情况下，它可能导致防护层破损和潜在危险病原体的泄漏。此外，由于无法预测故障，在采购到合适的零件前，设备可能无法运行。在这种情况下，实验室可能需要非计划停机，直到维修或更换设备。这些因素也会增加更换设备的相关成本，因为需要短期通知需求、加快交货，如果设备被认为是关键任务或设施正常运行所需，则更换设备的人员可能需要加班工资。除单件设备外，设备故障还可能损坏其他相关元件或附近设备（Sullivan 等，2010）。

如果一个机构在设备损坏之前不进行任何维护，那么一件设备能够正常工作的时间就会缩短。此外，可能会过早增加故障的可能性。如果定期进行主动检查或其他维护策略，设施将更换或维修比工厂规范预计的更多的零件和设备，那么在设施的使用寿命内，成本将大大增加。反应性维护无法涵盖风险管理的所有方面，因此不应被生物科学设施采用。

预防性维护

预防性维护计划旨在延长设备的寿命并提高可靠性。预防性维护是"在设计运行条件下维护设备并延长其寿命，并在设备故障或防止设备故障之前执行的定期和计划的措施"（International Facility Management Association，2014）。换句话说，它是根据预定的时间间隔、使用次数或使用的总小时数执行的维护。这一策略是在零件损坏前更换零件。不幸的是，在大多数设施中，基于时间的故障仅占所有故障的一小部分（Sondalini，2004），这使得该策略不适合生物风险管理系统，因为它没有考虑特定情况下故障的可能性和后果。

实施预防性维护计划有很多原因。建立一个维护计划可以为确定设备何时不可运行提供更大的可预测性和灵活性。可提前计划实验室停机。它还将延长设备的寿命，同时降低设备故障的可能性（Sullivan 等，2010）。有一个预先确定的计划可以通过提前安排元件和劳动力来实现可预测的成本和维护计划。

虽然预防性维护降低了故障的可能性，但它并不能消除灾难性故障的可能性（Sullivan 等，2010）。预防性维护计划不考虑元件的当前状况，有时如果不及时更换元件，则元件有更高的故障概率。使用预防性计划的其他缺点是，元件不能用于其全寿命周期，同一设备中的不同元件可能具有高度可变的寿命周期和维护需求。虽然长时间间隔会增加故障的可能性，但时间间隔过短会导致更高的成本和更多的不可运行时间。通过预防性维护制定维护计划，将使用工厂提供的计划、规范和质量测试数据来考虑一般故障风险。这使得预防性维护比反应性维护更适合用于生物风险管理系统，但这仍然不够，因为它没有考虑基于设备状况的实际风险。

如果预防性计划执行不当，许多缺点将成为问题。如果计划设计得当，预防性维护策略可以比严格的反应性策略平均降低 12%—18% 的设施维护总成本（Sullivan 等，2010）。由于这两种策略的成本类型非常不同，因此很难估计这种节约。预防性策略包括常规更换元件和持续较低水平的人工成本，而反应性策略则依赖于不经常更换但较高的元件和人工成本。

但是，如果没有在制造商规定的理想条件下使用设备，实际情况和磨损则会发生变化，从而改变维修时间表。设备故障的设施特定风险并未专门嵌入系统中。虽然预防性维护系统优于反应性系统，但不适合应用生物风险管理系统所需的风险分析。

预测性维护（条件维护）

预测性维护是使用测量来量化设备或系统内的退化程度。预测性维护包括那些涉及持续或定期监测和诊断以预测组件退化的活动，以便根据需要安排维护（International Facility Management Association，2014）。预防性维护和预测性维护的主要区别在于如何确定何时需要更换设备。这两种策略都试图通过更换随着时间推移磨损的部件来延长设备的低故障可能性。预防性维护基于预定的时间间隔，而预测性维护则使用各种方法来确定设备的适用性。由于预测性维护使用比预防性维护或反应性维护更深入的风险评估方法来确定维修时间，因此它更适合用于生物风险管理系统。

预测性维护程序可以使用不同的方法来测量和量化特定设备的退化程度。性能测试是确定设备适用性的一种方法，它包括跟踪设备正常运行的能力，并确定可能表明需要校准或维修的偏差。另一种方法是直接检查各个元件，例如查找设备是否磨损和损坏。随着磨损的增加，管理层可以决定在元件达到故障临界点之前更换元件（Sullivan 等，2010）。

预测性维护策略有几个优点。与预防性维护类似，故障可能性降低，设备寿命延长。通过确定元件的实际退化状态，机构可以推断元件的使命寿命。随着时间的推移，机构收集的数据越多，就越容易预测维护和成本。然而，为了获得所有必要的数据，需要进行持续的监测。这种持续的监测需要大量的人力和财力资源。管理层必须愿意分配这些资源，建立持续的监测文化，并培训员工。通常，管理层不愿意为预测性维护计划做出必要的承诺。尽管成本节约并不明显，但与预防性维护计划相比，正常运行的预测性维护计划可节省 8%—12%（Sullivan 等，2010）。预测性维护的另一个挑战是，根据元件的状况安排维修会导致频繁的、经常是不定期的维护干预。因此，与其他维护策略相比，预测性维护计划可能更会阻碍设施的运行。

通过收集数据并根据实际情况做出决定，预测性维护解决了设备故障风险评估要提出的许多问题。例如，监测冰箱温度的变化，可以预测在冰箱出现故障之前，何时需要维修冰箱的某个元件。然而，预测性维护策略通常无法考虑暴露、疾病或泄漏的风险：如果冰箱出现故障会发生什么？可以接受冰箱损坏吗？在预测性维护系统中，不会提出这些类型的问题。任何单个设备的价值都不会在更大的范围内进行评价。

以可靠性为中心的维护

美国国家航空航天局（National Aeronautics and Space Administration，NASA）将以可靠性为中心的维护定义为"用于确定最有效维护方法的过程。它涉及识别哪些措施一旦采取将会降低故障的概率以及哪些措施是最具成本效益的。它寻求基于条件的行动（预测）、其他基于时间或周期的行动（预防）或运行到故障（反应）方法的最佳组合"（International Society of Automotive Engineers，1999）。该策略着眼于确定相对风险的整体系统，认识到某些设备比其他设备更重要，而某些故障不会危及安全和安保。

到目前为止，本章讨论了与时间相关的维护类型。虽然这对某些设备来说是正确的，但还需要考虑一些其他的故障曲线，如图 7.1 的图 D-F 所示。通过分析每件设备及其元件的风险，管理层可以确定设备是否是任务关键，特定元件故障的相对风险，以及维修或更换设备的优先级。许多组织为确定这个时间表提出了流程图和问题。可以在国家建筑科学研究所（National Institute of Building Sciences）（Pride，2010）的《整体建筑设计指南》（Whole Building Design Guide）中找到这样的例子。该指南建议提出以下问题：

1. 系统或设备的作用是什么？功能是什么？
2. 可能发生哪些功能故障？

3. 这些功能故障的后果可能是什么？

4. 可以采取什么措施来降低故障的概率、确定故障的开始或减少故障的后果？

该策略允许将有限的资金和人力资源分配给最关键的维护问题。以可靠性为中心的维护系统的优点和缺点与预测性维护策略最为相似。相对于预测性维护的优势，以可靠性为中心的维护在于，当认识到监控某些设备是关键时，其他一些设备需要较少的监控。这是生物风险管理系统中使用的最强维护策略，因为它考虑了整个系统中特定设备的实际使用，并根据这些新数据点调整维护策略。

汽车保养是以基本可靠性为中心的维护系统的一个例子。车辆的不同元件需要不同程度的关注。某些元件，如头灯、收音机和其他非重要部件，在损坏并需要维修之前，可以从维护角度忽略。像发动机机油的其他部件应定期更换，因为它很关键，而且维护成本足够低，过早更换机油对财务影响很小。最后，定期监测轮胎胎面，在不牺牲安全性的情况下，最大限度地延长轮胎的使用寿命。

这种策略有许多优点。首先，由于这一策略是其他三个策略的组合，它能够利用每个策略的长处，创建一个高效的维护计划。通过减少不必要的维修，缩短维修周期，延长维修间隔时间，并创建一个有效运转的系统，机构可以将严格的反应性、预防性或预测性维护的成本降低到以前成本的一小部分（Sullivan 等，2010）。不幸的是，这些成本节约对于管理层来说并不明显，特别是因为以可靠性为中心维护的培训、设备和计划的启动成本可能非常重要。

正如本节所示，没有一种策略是完美的，每种都有缺点。反应性和预防性维护策略没有充分考虑风险评估。预测性维护考虑了相关风险的一部分，但不是全部。以可靠性为中心的维护可以帮助解决其他策略的缺点。

以可靠性为中心的维护采用了一种结合预测性、预防性和反应性维护策略的方法，并依靠风险评估制定适当的缓解措施。在这种情况下，进行风险评估确定了任何设备或系统发生故障的可能性以及与此类故障相关的后果。其后果包括与病原体暴露、经济后果、生产损失、维修时间和成本相关的后果。利用这一特征，应完成对各种已识别风险的评估和分类，以确定每个系统或设备所需的关注程度。通过将该方法与 AMP 模型相结合，管理层可以设计一个支持生物风险管理计划的运行和维护时间表。以可靠性为中心的维护策略为生物风险管理系统的安全、安保和维护目的提供了最佳的协调机会。

开发分层维护系统

系统布局

开发和实施全设施维护系统可以节省大量的时间、金钱和人力资源。深入的计划是良好维护系统的基础。这不仅包括计划要执行的维护工作，还考虑在任何维护工作完成之前应该做什么，从而限制多余的设备故障或损坏的数量。

这样的系统依赖于全面的文件，其中阐明了存在哪些设备以及每个项目的维护要求。此外，必须清楚记录所有的维护工作，即对设备的哪一部分进行了维护，具体完成了什么，何时进行了维护等。此外，应记录设备故障，以帮助影响未来维护或更换策略的决策。

如前几章所述，机构应始终充分利用其物理基础设施和工程控制。实验室的设计应满足用户的需求，同时简化工作流程。但维护要求应包括在实验室设计中。例如，设备的放置和使用方式应尽量减少危险并最大限度地提高工作流程的效率。高效的实验室布局可以阻止实验室工作人员创建与设备正确使用背道而驰的工作流程解决方案，这可能导致设备损坏。这些步骤将限制设备的损坏，从而实现成本节约。

实验室某一区域的设备故障可能表明类似设备在其他地方发生故障的可能性。如果一台设备经常出现故障或问题，则必须解决该问题，通知工作人员此故障的潜在性，并监控类似设备的故障。例如，如果每次打开门时，门都碰到某件设备，就会造成损坏。通过在门或设备上安装橡胶屏障，或将设备移动到其他位置，可以防止这种损坏。其他部门的解决方案可以适应实验室的特定需求，例如固定工作台的专用支架、减小固定点应力造成的损坏，或使用免提传感器防止物理接触造成的持续磨损。制定针对性的解决方案，以防止设备在各种特定情况下发生损坏，从而更好地保护设备。

角色和责任

概述

为了成功地执行任何维护活动，无论任务的复杂性如何，都必须定义几个负责人和责任。所有涉及维护的责任人必须互相配合。本节描述了维护计划所需的负责人，并概述了这些人员应承担的某些责任。

行政／中层管理

最终，任何实验室的成功运行都需要行政和中层管理人员的全力支持。管理层必须获得并提供运行计划的财务支持。管理层还必须获得足够的财政资源来支付修理费、备件费、零件或整台机械的更换费，以及支付维修人员的劳务费。没有这种支持，维护计划就不可能成功。

每个机构的组织都不同，可能有不同等级的结构。不管怎样，有效和高效的沟通是任何一个良好组织的特点。例如，工程经理必须与实验室领导合作，制定运行中断的时间表，并在整个实验室内建立适当的负责人和责任。管理层的责任是确保在所有参与的团队之间进行沟通，无论他们在哪个机构工作。

此外，管理层必须了解维护的时间要求。这不仅包括要执行的实际维护工作所需的时间，还包括事先计划和完成工作后必须进行的必要测试。在某些情况下，在进行任何维护工作之前，可能还需要对员工进行培训，而且这种培训可能需要大量的时间和财政资源投入。

维护人员

显然，维护人员在任何维护计划中都扮演着最重要的角色。他们参与计划维护活动、开展工作，并确保设施在这些活动之后在规定的参数范围内运转。除了全面地了解设施特性外，维护人员还必须了解不同元件如何共同作用，以实现设施的平稳和安全运行。换句话说，维护人员需要了解工程如何支持生物风险管理系统的各个方面。

维护人员一般具有工程背景。然而，他们往往不熟悉实验室或支持实验室的机房可能遇到的生物危险。根据维护工作人员的表现，他们可能需要额外的基础微生物学培训，以了解其工作涉及的生物风险。在低危险环境中，这种培训可能是基础的，因为在这种环境中，很容易控制生物体所带来的风险。但是，如果要求维护人员进入极端危险环境，那么应该进行广泛的培训。

员工培训是任何维护计划的一个重要因素。除了基础微生物学外，维护人员还应接受使用某些设备的培训，如专用工具或PPE。他们还需要了解某些元件在整个系统中所起的作用，以及该元件故障可能对生物安全或生物安保造成的后果。如果使用消毒剂等化学品，维护人员也应接受化学品安全培训。一般来说，必须像对在设施中工作的任何其他人员一样仔细考虑对维护人员的培训。

根据设施的复杂性，确保涵盖所有必要的专业是很重要的。大多数大型设施至少雇用一名电工和一名机械工程师。在某些情况下，可能需要聘请暖通空调和管道/废水处理系统方面的专业人员。如果设施特别复杂，那么工作人员应具有建筑管理系统方面的专业知识。如果设施没有维护人员，可以雇用外部承包商。必须多方考虑以确保在业务协议或合同中明确规定适当的安全培训和责任。

生物风险管理专业人员

生物风险管理专业人员衔接实验室和维护人员。他（她）应该能够促进科学家和工程师之间的沟通，从而确保双方都了解彼此工作的目的。此外，生物风险管理专业人员必须确保环境安全，以便维护人员执行其工作。在进行任何维护工作后，生物风险管理专业人员应与责任工程师一起审查所执行的工作，并确定设施是否能够恢复正常运行。为了更好地执行这些任务，生物风险管理专业人员应该了解基本的工程原理以及设备维护策略和计划的具体内容。

实验室工作人员

实验室工作人员在任何维护策略中都扮演着重要的角色。实验室工作人员只要根据制造商、工程人员和生物风险管理人员的建议正确使用实验室设备，就可以大大减少设施停止运行进行设备维护的时间。例如，如果实验室工作人员使用漂白剂对生物安全柜的不锈钢表面进行消毒，如果未在消毒后进行额外的清洁，这些表面将过早被腐蚀。

实验室工作人员还可以通过收集有关设备的数据来提供有价值的支持，以便进行预测性维护。他们可以监控设备性能，这将有助于计划维护工作。在适当的情况下，实验室工作人员还可以进行简单的维护工作，以尽量减少维护人员的缺失。最后，工作人员负责在设备问题无法解决时及时通知合适的人员。

环境健康与安全

大多数大型设施都有一个环境、健康和安全（Environment，Health & Safety，EH&S）小组。在生物科学设施中，维护工作人员的健康是可能需要监测的一个关键因素。例如，在进行任何维护工作之前，可能需要评估工程人员接种疫苗的必要性。虽然实验室工作人员接受了预防性医疗计划，但工程人员和外部承包人员往往被忽视。在正常运行过程中，可能需要进行一些维护工作，因此，应将工程人员纳入已制定的预防性医疗计划中。

除生物危险因素外，还可能要求 EH&S 人员处理实验室中存在的其他危险。例如，维护人员需要了解实验室中存在的物理和化学危险，以避免受伤。

维护内容

概述

所有涉及生物因子的工作应基于适当的风险评估。这同样适用于任何维护工作，尤其是在实验室环境中进行的维护工作。除了基于病原体的风险，机构还必须评价维护要求对设施运行和科学计划的影响。在此，我们概述了应纳入针对维护系统风险评估的三个危险等级：低、高和极端。虽然下面的部分概述了不同的等级，但它们只是一个指南和一种思考危险的方式，而不是一个教条主义的、分层的列表。

低危险

低危险环境的特点如下：

- 随时可以访问实验室设备和系统；
- 无特殊安全措施；
- 维护工作相对不受运行环境的影响；
- 废弃限制低；
- 准备设备和安全进入空间的要求较低；
- 计划内和计划外停机都有可能。

在只有低风险以及在任何时候都可能进入的情况下，实验室才能依赖预防性和预测性维护策略的组合。计划维护工作总是明智的，但或许并不总是可能的。但是，如果提前计划维护工作并与其他相关人员进行适当沟通，这无疑会减少员工压力，并有助于改善工作环境。

高危险

高危险环境的特点如下：
- 实验室设备和系统的使用受限；
- 特殊安全措施和注意事项；
- 实验室运行期间的维护工作范围有限；
- 材料进出的程序复杂；
- 准备设备和安全进入空间的要求重要；
- 需要对任何停机进行事先规划；
- 可能需要替代样品处理（外包给其他实验室或设施）。

在高风险环境中，维护工作只能在预定的维护间隔期间执行。对所有维护工作进行细致的规划将允许对设施的运行进行有限的停机或中断。这一点很重要，原因有以下几点。"拆卸"或关闭设施进行维护工作可能很费时，将设施恢复正常运行也可能同样费时。长时间关闭实验室可能需要实施应急计划，例如为实验室运行外包某些活动。

极端危险

极端危险环境的特点如下：
- 严格限制实验室设备和系统的使用；
- 专业防护服和规程；
- 实验室运行期间的维护工作非常有限；
- 材料进出的复杂程序，甚至不可能将某些设备用于维护；
- 需要对任何停机进行事先规划；
- 可能需要替代样品处理（外包给其他实验室或设施）。

所有维护工作只能在预定的维护间隔内进行。即使有的话，也只有非常有限的维护工作可以在正常的实验室运行中完成。大多数维护人员没有接受在正常运行期间进入这些设施或区域的培训，因此，即使不是全部，也有大多数维护工作都需要对设施进行全面的停机。由于这些设施通常相当复杂，因此需要相当长的时间完全关闭运行，然后再恢复实验室的正常运行。因此，所有的维护工作都应该提前做好计划。此外，还需要制定在维护期间进行的任何实验室工作的应急计划。

维护类别

概述

如前所述，维护工作的事先规划有助于延长设备元件和设施的寿命，限制设施停机时间，并促进实验室和工程人员之间的协调。与危险类别类似，以下维护类别是组织信息的一种方式，不应视为绝对等级。这四个类别基于以下要求：

- 对运行安全和安保的影响；
- 对实验室运行的影响（用户）；
- 对实验室基础设施可用性的影响（样品接收）；
- 实时影响（预计停机时间）；
- 规划范围；
- 恢复正常运行；
- 需要消毒。

维护频率取决于所用设备的类型、设备的运行时间、设施的任务关键性以及对设备进行的检查结果。定义维护策略和频率时，还需要考虑某些元件的必要提前期。例如，某些元件可能需要提前订购好，因为它们可能不容易获得，或者只能在下订单后制造。因此，某些关键元件应存放在现场，以便为机构提供全面的工程支持。维护人员应与制造商一起确定设备的关键元件，确定哪些元件需要在现场存放，并确定其随时间的使用情况。一般来说，这些元件将在下一次维护活动中使用，并立即补充。有关建议维护类别的概述，请参见表 7.1。

表 7.1　维护类别及其特点概述

类别	A	B	C	D
	不影响安全性和可用性	影响安全性和可用性		
维护工作类型	检查和小型服务	维修间隔 ≤ 1 年的较短、不太广泛的活动	间隔 ≥ 1 年的对重要系统进行的广泛工作	整个设施的非常广泛的工作
停机时间 [a]	无	几天到几个星期	几个星期	几个月

续表

类别	A	B	C	D
规划范围	无	几个月	1 年	几年
维护工作的实施	持续	按预定的间隔，每 3~6 个月一次	按预定的间隔，每年一次	按照需要
恢复正常运行所需的时间	N/A	可能 1 天	几天	耗时，功能可能是新定义的
可能性分析	有	只有实验室还在运行时	无	无
示例	观察系统参数，重新补充工作材料，更换磨损零件	定期控制、实验室设备的保养 / 维修、清洁	维护暖通空调、ETP[b]、高压灭菌器、呼吸空气供应	罕见、较大的修改和更新

a. 不包括事先净化的时间；b. 污水处理间

A 类：对设施运行的影响很小，甚至没有影响

A 类维护工作包括不影响人员安全或安保、设施可用性的活动。任务包括不需要关闭设施的检查和维修工作。通常在防护层外进行工作，因此不需要消毒。防护层内的简单检查也可由用户（科研人员）执行。

示例包括：

- 观察设施数值；
- 性能测量（如气压或冰箱温度）；
- 小型清洁和润滑工作；
- 更换磨损元件（仅限在运行过程中可能更换的元件）。

B 类：对设施运行的影响从低到中等

在 B 类维护工作中进行的活动可能会对人员安全和安保以及设施可用性产生影响。这主要包括实验室设备和房间元件，这些设备和元件需要不到一年的维护间隔，因此不能在年度维护期间进行维护。

任务主要包括对设备和元件进行时间较短和局部的维护工作。通常，需要几个月的时间提前计划 B 类维修。停机时间从几天到几周不等。活动可以按预定的间隔（每 3~6 个月）进行计划。恢复正常运行不是特别复杂，可能只需要一天。

示例包括：

- Ⅱ级或Ⅲ级生物安全柜的维护；
- 定期控制和性能测试；
- 测试和更换过滤器；

- 维修实验室设备。

C 类：对设施运行的影响从中度到高度

C 类包括对安全、安保和设施可用性有中等到高度影响的维护工作。对于这一类别，需要关闭整个系统，例如，可能包括房间或过滤器外壳的消毒。在维护工作开始之前，必须彻底消毒可能受到污染的元件。

工作按预定的间隔进行（例如，每年一次）。由于这些活动可能是劳动力密集型的，因此可能需要在维护工作开始前几个月或最多一年做好计划。该设施可能会关闭（至少部分关闭）数周。此外，设施恢复正常运行可能需要几天时间。在大多数情况下，必须在维护后、实验室工作人员使用之前对系统进行多次测试。

示例包括：

- 定期检查和性能测试（如紧急情况、火灾、气锁控制）；
- 化学淋浴或污水处理间（effluent treatment plant，ETP）的维护；
- 生命支持系统或高压灭菌器的维护；
- 更换实验室设备；
- 广泛的实验室清洁；
- 完成暖通空调改造。

D 类：对设施运行的影响从高到极端

D 类专用于完成完整系统或设施的大量工作。这些活动对安全、安保和设施的可用性有重大影响。在开始维护工作之前，必须对元件甚至整个设施进行消毒。由于这些活动非常复杂，因此需要提前（几年）做好计划，并按要求执行。维护工作完成后，将设施恢复到正常运行将非常耗时，因为某些功能将被新定义。

示例包括：

- 完成重要系统的更新，如暖通空调。

计划外维修

并非每件事都能被计划；不可预见的事件总是会发生。准备这些是非常困难的，但一个机构必须准备好任何计划外的故障和必要的维修。每一个生物科学设施都应该有解决计划外维修的计划。一般计划可包括：

- 问题的精确分析；
- 提出假设，寻找原因；
- 定义可能的方法；
- 由生物风险管理专业人员和工程师进行风险评估；
- 生物风险管理专业人员／总工程师关于进一步行动的决定；

- 立即解决问题或在下一个维护期前保留问题。

不管制定什么计划，一个关键问题应该始终是：是否已经或将要打破防护？如果防护层的破坏不是迫在眉睫的，则可以彻底分析形势，并精确制定必要的对策。在其他情况下，可能需要立即采取措施加以实施。这些措施可以根据所描述的紧急情况进行预先定义。维护后，设施必须恢复正常运行。设施必须明确规定管理层中的什么人将批准恢复正常运行。最后，简单的维修通常在咨询生物风险管理专业人员后立即进行。这再次表明，总工程师和生物风险管理者之间的密切合作至关重要，并将为设施的顺利运行提供便利。

实施

维护规划

维护计划的周密规划至关重要，有助于确保一切顺利进行。这可以通过两种不同的方式实现：

1. 使用专门的维护软件，该软件可以是商用的，也可以是在本地开发的可用资源。
2. 使用硬拷贝或文件卡系统，包括所有必要的信息。

商业软件系统允许以反映整个设施维护计划的方式创建维护任务。通常，任务将与他们的房间号和设施系统关联在一起。以下部分概述了包含的其他数据。根据建议的维护间隔，可以计划活动。这些软件系统为每个维护活动创建有截止日期的订单。可以在工作完成后签署并报告这些表格。通过这种方式，所有的工作都会被记录下来。

使用的任何非电子系统都可以包含这些相同的原则。困难在于时间管理和工作安排。无法自动通知。但是，日历系统也可以工作，只需要用户定期检查日历条目。

设施系统清单

每个设施都应该有一个全面的、最新的房间系统清单。该清单应包括房间内的所有设备，以及该设备及其备件的相关信息。此列表可以通过管理或电子方式控制。此列表中的数据可能包括以下内容：

- 元件的准确描述（名称、商品编号、制造商、唯一标识码等）；
- 采购（供应商，替代供应商，交货时间）；
- 使用寿命；
- 储存建议；

- 安装和拆卸所需的文件;
- 位置。

维护活动

为确保维护工作执行的完整性,机构应记录每个系统(包括部件和检查点)所有必要和推荐的维护信息。然后,可以根据维护间隔和可以执行这些维护的人员来组织这些信息。实际上,设施应该有一个易于访问的资源,其中包含任何给定维护对象在任何给定日期所需的所有信息。此外,这些记录应包括法律要求和可能的危险。表 7.2 就是这种列表的例子。

表 7.2　可能的维护活动概述

系统编号	名称	监管要求	活动	间隔	内部 / 外部实现	所需时间	维护类别
J01	电梯	是	定期服务	3 个月	电梯公司	1d	—
I59	高压灭菌器 BL–43	否	密封件清洁	每周	内部	1h	A
I59	高压灭菌器 BL–43	否	功能检查	每次使用前	内部	5min	A
I59	高压灭菌器 BL–43	否	定期服务	每年	消毒公司	5d	C
I66	Ⅲ级 BSC	是	定期服务	半年	手套箱公司	3d	B

此表显示了维护活动的示例性概述以及如何设置这些活动。在其电子形式中,进一步的信息,例如法律要求,可以与文件相关联,从而将所有必要的信息合并在一处。

按维护类别排列

通常,设施的总工程师负责将维护活动划分为特定的维护类别。为此,工程师可能需要寻求设施设计和施工团队、制造商和生物风险管理人员的帮助。一般来说,目的是尽可能多地在防护层外或在净化后被批准为安全的区域进行活动。维护活动应处于正常计划的维护期,并满足所需的维护策略(见表 7.2)。显然,并非所有的维护要求都属于同一类别,也不是每个设备都有相同的法律或工程要求。因此,一个主要的挑战是正确定义每件设备的正确类别。下面的标准可以帮助将设备排列到维护类别中:

- 法律要求;
- 国家或国际标准;

- 良好实践；
- 制造商建议（维护间隔、更换元件、使用寿命等）；
- 设备的维护 / 维修历史；
- 科研人员所需的可用性；
- 应力因素（温度变化、机械应力、液体等）；
- 运行时间；
- 与其他房间系统的关系（例如，一件设备的故障可能对另一设备造成损坏）。

结论

将运行和维护策略明确地整合到生物风险管理系统中，将显著降低意外或故意泄漏危险生物体的风险。正如 FMD 的例子所示，缺乏常规的维护导致 FMD 泄漏到一个没有病毒自然发生的环境中。适当的维护和污水系统的维修可以保护当地环境、牲畜和农民。如果风险评估实质上考虑了设施污水系统的运行和维护，那么该事件很可能是可以避免的。

使用以可靠性为中心的维护和适当设计维护计划将降低整个设施设备故障的可能性，同时将维护系统的长期成本降到最低。以可靠性为中心的维护也将减少因维修关键设备的意外停机时间对设施运行的影响。由所有相关人员，包括维护人员、生物风险管理专业人员、环境健康与安全专业人员和管理人员进行的实质性组织规划将确保进行维护的工人、实验室工作人员以及设施中的所有其他人员的安全。一个强大的维护计划，反过来，将强化技术系统，以支持在本书中讨论的生物风险管理计划的其他要素。如果没有以可靠性为中心的维护计划，实验室很可能会在不太可靠的策略上花费更多的资金，从而增加所有人员和周围环境的风险。

参考文献

Health and Safety Executive. 2007. *Final Report on Potential Breaches of Bio security at the Pirbright Site*. London: Health and Safety Executive, p. 30. http: //www.hse.gov. uk/news/archive/07aug/finalreport.pdf.

International Facility Management Association. 2014. Facility Maintenance Glossary. http: //community.ifma.org/fmpedia/w/fmpedia/default.aspx (accessed July 2014).

International Society of Automotive Engineers. 1999. *Evaluation Criteria for Reliability-Centered Maintenance (RCM) Processes*.

Knight- Jones, T.J.D., and J. Ruston. 2013. The Economic Impacts of Foot and Mouth

Disease—What Are They, How Big Are They and Where Do They Occur? *Preventive Veterinary Medicine*, 112(3-4): 161-173.

Nowlan, F.S., and H.F. Heap. 1978. *Reliability- Centered Maintenance*. San Francisco: Dolby Access Press.

Pendel, D.L., J. Leatherman, T.C. Schroeder, and G.S. Alward. 2007. The Economic Impacts of a Foot- and- Mouth Disease Outbreak: A Regional Analysis. Paper presented at the Western Agricultural Economics Association Annual Meeting, Portland, Oregon, July 29-August 1, p. 4.

Pride, A. 2010. *Reliability- Centered Maintenance (RCM)*. Washington, DC: National Institute of Building Sciences. http: //www.wbdg.org/resources/rcm.php?rom.

Sondalini, M. 2004. How to Use Condition Based Maintenance Strategy for Equipment Failure Prevention. *Lifetime Reliability*. http: //www.lifetime-reliability.com/free-articles/maintenance-management/condition-based-maintenance.html.

Spratt, B.G. 2007. *Independent Review of the Safety of UK Facilities Handling Foot-and- Mouth Disease Virus*. London: Department for Environment, Food and Rural Affairs. http: //archive.defra.gov.uk/foodfarm/farmanimal/diseases/atoz/fmd/documents/spratt_final.pdf.

Sullivan, G.P., R. Pugh, A.P. Melendez, and W.D. Hunt. 2010. *Operations and Maintenance Best Practices: A Guide to Achieving Operational Efficiency*. Washington, DC: Pacific Northwest National Laboratory for US Department of Energy, p. 5.1. http: //www1.eere.energy.gov/femp/pdfs/omguide_complete.pdf.

其他参考资料

Deutsches Institut für Normierung e.V. 2010. DIN EN 13306: Instandhaltung—Begriffe der Instandhaltung.

Deutsches Institut für Normierung e.V. 2012. DIN 31051: Grundlagen der Instandhaltung

第八章

评价生物风险管理性能

卢安·伯内特（*LouAnn Burnett*）和帕特里夏·奥林格（*Patricia Olinger*）

摘要

　　生物风险管理系统的功能是控制与操作、储存和处理生物因子和毒素有关的风险。生物风险管理的 AMP（评估、缓解和性能）模型要求控制措施（缓解）以实质性风险评估（评估）为基础，并要求评价控制措施的有效性和适用性（性能）。尽管通常在实施缓解措施后对性能进行评价，但设计适当的性能指标必须是计划过程的一部分。目前用于衡量性能的常用策略通常依赖于故障数据，并可能通过使用其他指标来衡量更积极的活动和结果而受益。使用性能测量的结果是有效改变或改进系统的必要条件，持续改进的系统是生物风险管理计划有效的标志。

简介

　　英语单词 performance 最早于 15 世纪 30 年代开始被使用，在早期的上下文中，它意味着执行或履行承诺或义务（Harper，2014）。这个词的初衷很好地适用于执行生物风险管理职责的生物风险管理性能概念。管理系统是用于确保组织能够可靠地完成实现其目的所需的所有任务的过程和规程的框架（Wikipedia，2013）。因此，性能是管理体系的一个标志，它以周期性和持续性的方式确保实施的措施实际上能够实现既定的目的。

　　正如本书中所看到的，生物风险管理系统可以分为三个主要功能：评估、缓解和性能（AMP）。在 AMP 模型的内容中，生物风险管理性能测量提供了证据，证明组织能够可靠地完成进行实质的、透明的和全面的生物风险评估所需的所有任务，并实施适当的生物风险缓解策略，以减轻或消除已识别的风险。

　　表 8.1 列出了测量生物风险管理性能常用的性能工具。这些工具虽然在测量性

能方面提供了一些价值，但却受到了限制，尤其是在隔离和被动使用时。尽管这些有限的工具对不断发展的功能和持续的生物风险管理改进很重要，但在当前的生物风险管理计划中，这些工具很少主动出现，而且即使出现这种情况，它们几乎从未得到充分执行。缺乏持续的关注和跟进，使得生物风险管理工作容易受到批评、推诿、恶化，最坏的情况是无法预见的故障。

表 8.1 已被引用并用作生物风险管理性能指标的工具

工具	描述	作为性能工具的优点	作为性能工具的缺点
审计	由合格人员策划和记录的活动，通过调查、检查或评价客观证据，确定是否充分或符合既定规程或文件以及实施的有效性	• 全面的系统审查	• 识别系统退化的频率太低 • 关注合规性，而不是确保系统实现预期后果（OECD Environment Directorate，2008） • 复杂 • 耗时
检查	有组织的检查或正式的评价练习。结果通常与规定的要求和标准进行比较 检查可以是审计的一部分，但不是全部	• 立即评估 • 专注于一个特定的方面	• 一般侧重于工作人员安全的具体方面，而不是整体系统功能（OECD Environment Directorate，2008） • 计划的检查可能不能反映实际情况 • 由于压力和意外，计划外检查可能会导致异常反应
问卷调查	由一系列问题和其他提示组成的工具，用于从被调查者那里收集信息	• 标准化的回答有助于整理和比较数据 • 成本低 • 看法被证明是对系统性能的一种特别有效的间接测量（Choudry 等，2007；DeJoy 等，2004；Gershon 等，2000 年；Turnberg and Daniell，2008）	• 并不总是为结果的统计分析而设计 • 低回报率 • 问题可能设计得很差 • 通常由非常高兴或非常不高兴的人完成
访谈	访谈是两个或两个以上的人之间的一种对话，采访者会提出问题，以引出受访者的事实或陈述	• 专注于个别被访者及其意见 • 采访者可以在谈话中引入灵活性 • 可以从被采访者那里获得细节的深度	• 耗时且资源密集 • 采访者很难保证其已经掌握了所有的信息 • 定量分析很困难 • 难以比较人群

续表

工具	描述	作为性能工具的优点	作为性能工具的缺点
培训评价	培训评价通常也被称为调查问卷，供学生对课程或培训活动的指导提供即时反馈。柯克帕特里克等（1994）确定了三个额外的培训评价等级，这些评价涉及书面问卷以外的其他机制	• 对于1级和2级评价，生成学生满意度即时评估和学习的初始指导教师评估（Kirkpatrick and kirkpatrick，1994） • 如果使用了 Kirkpatrick 模型的所有等级，则满意度、学习、行为变化和组织变化都将记录在案	• 行为和组织变化最好在培训后3~6个月内进行测量（Kirkpatrick and Kirkpatrick，1994）。由于这种时间间隔，这种类型的评价通常不会发生
事件报告	记录设施发生的异常事件细节的完整表格。其目的是在相关人员还记忆犹新的情况下记录准确的细节	• 确定事件的报告表明系统出现故障 • 准确的报告可以澄清事件引起的责任问题 • 未遂事件报告可以在故障发生前显示系统问题 • 对事件原因的调查有助于确定需要进一步审查的区域	• 测量报告的数量可能无法区分成功报告与事件发生之间的差异（Choudry 等，2007；Glendon and Litherland，2001） • 使用减少的事件可能会妨碍报告 • 生物风险管理的成功不能由系统故障的级别来确定 • 报告的准确性可能令人怀疑，尤其是在报告人对惩罚性行动有预期的情况下

　　本章描述的过程提倡使用实际数据来支持和开发降低风险的程序，从而进行更为周到的性能测量。这反过来又增强了信心，促进了各个层次的认同。使用AMP 模型进行精心规划和全面执行的生物风险管理系统为工作人员、管理人员、生物风险管理顾问和机构领导提供了基于风险的、成本效益的以及本地相关的风险降低策略文件。

　　向一个有效的、基于性能的生物安全和生物安保计划转变需要三个主要行动：

　　1. 在规划阶段建立性能指标，同时制定目标和目的，为每个新项目或计划分配角色和责任；

　　2. 让组织的各个级别和职能的人员进行生物风险管理性能测量；

　　3. 评价和使用现有数据来创建和扩展性能测量。

　　根据国际共识文件 CWA 15793：2011（European Committee for Standardization，2011）第1节，控制"与在实验室或设施中操作或储存或处理生物因子和毒素相关的风险"定义了生物风险管理系统的目的。CWA 15793 第4.5.1节描述了数据的性能测量和分析，指出："组织应确保确定、收集和分析适当的数据，以评估生物风险管理系统的适宜性和有效性，并评价在何处可以持续改进该系统"。结合这两项规定，生物风险管理系统的测量和评价应侧重于与操作、储存或处理生物因子和毒素有关风险的可靠控制相关的活动，以及控制已被实施和可证明的程度。

性能对生物风险管理的重要性

生物风险管理性能的测量和评价具有多种功能。首先，也许是最明显的，性能应该评价现有的生物风险评估是否准确，并且生物风险缓解措施是否适合控制、减轻或消除已识别的风险。设计良好的性能测量可以提供一些生物风险管理策略没有按预期运行或随着时间推移正在恶化的迹象。如果设计指标是为了提供早期预警，这将允许在发生破坏性事件（泄漏、伤害或错误操作生物材料）之前采取预防措施。依赖于更主动的性能测量，而不是故障数据，可以避免通过代价高昂的事件来发现系统中的弱点（Choudry 等，2007；Fernandez- Muniz 等，2007；Glendon and Litherland，2001；OECD Environment Directorate，2008）。

除了确认控制、减轻或消除生物风险之外，生物风险管理性能的测量和评价还提供了一个机会，通过修改目标和目的，并将资源分配到最有利的地方进一步完善和改进系统。确定过时的或无效的控制措施可以将资源重新分配给其他战略。不断发展的系统性能评估允许生物风险管理系统的持续改进，以识别和解决新知识和不断变化的需求。

虽然历史上没有为生物安全和生物安保建立性能测量，但其他行业通常使用安全性能测量（见第 1 章）。安全科学文献包含关于什么类型的性能测量最能反映安全性能的报告和研究。衡量安全或安保性能的组织报告说，由于关注可靠的风险管理，其保护了自己的声誉，并能够证明其风险控制系统文件的适用性。此外，这些组织发现，它们能够更好地利用出于其他目的收集的信息（OECD Environment Directorate，2008）。报告这些益处的行业包括建筑业（Choudry 等，2007）、医疗保健（DeVries 等，1991）、航空业（Eherts，2008）、化学工业领域（Reniers 等，2009）以及大学和学院实验室（Wu 等，2007）等。

2008 年，经济合作与发展组织（Organization for Economic Cooperation and Development，OECD）发布了一份最全面的文件，描述了安全性能指标背后的价值和思想：《关于制定与化学事故预防、准备和应对有关的安全性能指标的指导意见》（*Guidance on Developing Safety Performance Indicators Related to chemical Accident Prevention，Preparedness and Response*）（OECD Environment Directorate，2008）。尽管这一国际最佳实践文件描述的是化学工业的安全性能指标，但这些过程很容易被转移并用于生物风险管理系统。图 8.1 概述了 OECD 出版物中描述的系统开发、实施和评价安全性能指标的步骤。

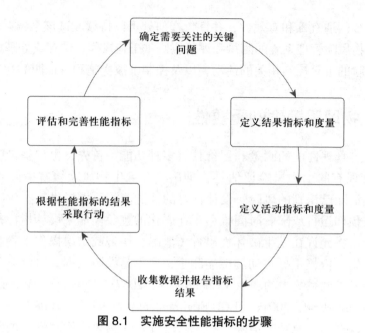

图 8.1　实施安全性能指标的步骤

建立生物风险管理性能测量

　　为了遵循图 8.1 中的步骤，需要一些基本定义和流程。本节介绍了主要来源于 OECD 安全性能指标文件（OECD Environment Directorate，2008）的概念、术语和基本示例，并增加了与生物风险管理相关的说明。以下部分将在更具体和详细的生物风险管理示例中使用这些步骤。

　　因为建立性能测量应该在规划阶段进行，负责制定生物风险管理系统目标和目的的领导也应该负责确保性能测量得到明确定义和识别，并且确保收集这些测量的角色和责任已经适当地分配给知识渊博的人员。然而，几乎与生物风险管理所有方面的情况一样，在包括管理层、技术专家和具有受影响工作实际操作知识的员工的各级投入和支持下，才能最好地建立适当的测量。

步骤 1：确定关键问题

选择要测量的内容

在以下情况下，测量性能最为关键：

- 风险是最大的；
- 控制最容易随着时间的推移恶化；
- 过去发生过安全或安保问题；

- 已确定安全或安保方面的差距；
- 正在实施新的、更多未经测试的缓解策略。

尽管很诱人，但不应仅仅因为它们是最容易衡量的（例如，计算没有事故的天数），或者因为它们使组织看起来成功来选择性能指标。同样，性能指标应该针对什么内容应该测量而不是什么内容可以测量。将性能评价的数量限制在那些最优先的测量，可以更有效地集中和使用资源。随着时间的推移，早期目标的实现或测量变得更加常规，可能会实施更多的指标。

步骤 2 和步骤 3：定义结果和活动指标和度量

性能指标的基本定义

性能指标由两部分组成：定义和度量。定义描述了成功的样子。度量描述了用于检测成功的测量。例如，在培训中，一个已定义的性能指标可能是：学生是否能够回忆起培训中的关键信息？衡量成功的一个度量可能是在测试学生回忆关键信息的培训后进行的测验的分数。

度量并不总是产生实际的数字。简单的二进制"是"或"否"在系统的性能测量中有着极其重要的用途。至少有三类度量：

1. 描述性度量：在某一点或某一时间测量的一种状态，包括但不限于总和、百分比和复合物。"是"或"否"是描述性指标。上面给出的训练指标的描述性度量是参加测验的学生的平均分数。

2. 阈值性度量：将描述性度量与存在的阈值或公差进行比较。阈值度量可以是在测验中获得 90% 或更高分数的学生人数。

3. 趋势性度量：描述性指标随时间的变化。培训回忆的变化可以用同一学生不同时间测验的分数的趋势度量来测量：①培训后立即；②培训后两周；③培训后 3 个月。

所有示例度量都为指标"学生是否能够回忆起培训中的关键信息？"提供测试。然而，每个度量都展示了看待这个指标的不同方式。选择度量与定义指标同样重要。

性能指标类型

OECD 文件描述了两类性能指标——后果指标和活动指标。后果指标旨在定义和测量系统组件实现预期后果的程度（例如，满足后果）。活动指标测量组织是否有意向开发和实施必要的政策、计划和规程（例如，实施活动）以支持现有系统组件的意图。这两类指标在其他安全科学文献中被称为超前（leading）和滞后（lagging）（Jovasevic–Stojanovic and Stojanovic，2009；Neal and Griffin，2006）。然而，术语的重要性低于这样一个概念，即某些活动必须到位（活动／超前），以便测量并最终实现预期的结果（后果／滞后）。

建立生物风险管理性能测量的一个困难在于，生物风险管理在很大程度上是一个庞大的、无形的概念，而测量成功就是没有事件或问题，然而，侥幸的实验室和准备充分的实验室在未来发生事件的概率上存在着明显的差异。当生物风险得到妥善管理时，工作人员、社区和环境都是安全的，病原体也不会意外或故意泄漏。需要仔细考虑为安全和安保概念建立可观察的测量，并清楚记录形成成功生物风险管理系统的规划和准备工作。

步骤 2：定义后果指标和度量

最好在活动指标之前确定后果指标。后果指标是后果已经发生的证明。如果期望的后果是所有人员都能胜任某一规程，指标可能是所有人员都已经完成了如何正确执行该规程的培训。伴随的度量是与未经培训的工作人员相比，接受培训的工作人员数量。生物风险管理的另一个理想后果可能是建立了一个生物风险管理委员会。这一目标的后果指标可能是生物风险管理委员会已经召开了会议，度量可以是在指定时间段内召开的会议数量。当然，还需要进一步的指标和度量来衡量委员会是否履行了所分配的角色和职责。

步骤 3：定义活动指标和度量

一旦根据目标和期望的后果确定了后果指标，活动指标就可以测量为确保后果而实施的活动的存在性。例如，为了与工作人员在指定规程中接受培训的后果指标相匹配，活动指标可以是为该规程建立的培训计划，并可供所有人员使用。该度量可以是一个简单的"是，所有人员都有培训计划"或"不是，不是所有人员都有培训计划"。在有生物风险管理委员会的情况下，活动指标可能是邀请潜在的委员会成员参加。度量可以是是否已向已确定的候选人发送邀请。将活动指标与后果指标匹配的价值在于，活动指标往往是管理层的责任，而不是工作人员的责任，因此，活动指标对生物风险管理的领导作用与那些直接接触病原体或毒素的领导作用相同。这种跨所有角色的直接责任均等是生物风险管理系统的一个显著特征。

步骤 4：收集数据并报告指标结果

如上所述，识别数据收集及报告的机制应与指标选择（后果或活动指标）同时进行。然而，仅仅决定需要什么指标和度量并不能确保数据的收集和报告方式可以对性能进行评价。数据收集的主要考虑因素包括确定数据将由谁收集、在哪里收集以及何时收集。同样，报告规程也考虑了向谁报告数据、何时报告数据以及做出报告的机制。必须注意确保收集和报告的数据是相关的和有用的。向其报告数据的人员必须清楚地了解和使用与总体生物风险管理系统性能相关的信息。例如，工作人员可以定期记录设备读数，以确定工作可以安全、安保地进行。随着时间的推移，项目经理可以使用相同的读数来评估设备的性能。必须确认和落实允许报告每日读数和向谁报告的机制，以便在项目级别对其进行评价。

一些指标需要与行业或组织最佳实践确定的阈值或公差进行比较。必须将获取这些阈值的过程和责任确定为收集数据和报告指标结果过程的一部分。

步骤 5：根据性能指标的结果采取行动

评价性能指标的结果需要作出回应或采取行动。要作出的决定的例子包括：

- 基于预先确定的目标和目的，哪些结果符合预期、超出预期或不符合预期（或类似分类）？
- 结果是否与预先确定的目标和目的有关？
- 是否由于不切实际的指标或度量而导致结果低于理想？
- 结果是否显示出一个未预料到但相关的结果？
- 结果是否需要立即采取纠正措施（停工、应急规程、再培训等）？
- 结果是否需要采取预防措施（评估或缓解策略的变更）？

如果性能指标达到了预期的结果，或者在实现预期后果方面取得了令人满意的进展，那么允许按设计的方式推进是一种有效的回应。然而，当性能指标的结果与预期存在偏差时，可能需要采取更重要的行动。这是匹配后果和活动指标最有帮助的地方。例如，可能后果指标显示，接受特定程序培训的人员数量少得令人无法接受。这可能是由于存在没有参加培训课程的人员，或者附带的活动指标可能表明，向所有人员提供培训机会的流程没有建立或发生了恶化。这一发现表明，管理者可能需要评价和实施不同的培训方案，或者增加培训的可及性，或者两者兼而有之。对后果 – 活动指标匹配的评价有助于确定问题的原因，也有助于确定适当的响应。

步骤 6：评估和完善性能指标

任何系统必须包括对工作规程、过程和其他系统功能的定期审查，以保持可靠性。对于性能指标，必须通过提出以下问题来审查几个方面：

- 当前优先级是否仍然有效？
- 是否仍然需要确定的指标（例如，指标可能表明目标已经实现，正在令人满意地得到解决，甚至原始优先级可能不像以前认为的那样重要）？
- 已建立的指标是否提供了证明可靠性所需的测量？
- 指标是否提供检测所需性能必需的精度？例如，培训中的合规性是否转化为用户的实际熟练程度？

- 是否应为新的优先级或先前确定的优先级增加其他指标？
- 为了追求系统的持续改进，是否需要考虑整合从其他人那里分享的新的或新出现的信息或最佳实践？

一旦回答了这些问题，当前使用的性能指标可能需要改进。上述相同的分步过程可用于建立新的、更合适的指标或改进现有的衡量标准。

具体的生物风险管理实例

上述六个步骤为启动和维护作为生物风险管理系统一部分的性能测量提供了一个框架。本节介绍了生物风险管理的实例，这些实例基于实现之前提出的有效生物风险管理性能指标的三个关键行动。这里重复这些操作：

1. 在规划阶段建立性能指标，同时为每个新项目或计划制定目标和目的，并分配角色和责任。

2. 让组织的各个级别和职能部门的人员参与生物风险管理性能评估。

3. 评估并使用现有数据来创建和扩展性能测量。

本节仅作为一个例子，并不完全包括生物风险管理系统中性能指标和度量中可用的各种选项。表 8.2 至表 8.5 中列出的指标和度量可能与每个生物风险管理系统相关，也可能不相关。我们鼓励读者使用上述的六个步骤和下面给出的示例作为出发点，制定与其设施相关的指标和度量。这项工作没有捷径或检查表，通过这一过程将确保性能测量与计划关系更加紧密，这反过来将加强生物风险管理系统。

在前两个例子中，选择了一个生物风险管理目标，以 CWA 15793：2011（European Committee for Standardization，2011）的规定为起点。制定目标旨在采取措施实现目标，在每一个例子中，都制定了性能指标和度量，以测量所述目的是否得到了解决，以及是否因此而更接近实现总体目标。

在示例 A 中，显示了将性能指标作为计划过程一部分的步骤。示例 B 建立在示例 A 的基础上，显示了在实验室、项目、和组织级别的组织中可能扩展的性能测量。

示例 C 采用了一个通用的现有数据收集程序，即读取万用表（magnahelic gauge），并演示了如何将此单一度量方法用于整个组织的不同性能指标，从而在不同的层次实现不同的目标和目的。

最后一个示例，示例 D，将性能测量从实验室带到现场，列出了各种现场调查的一些可能的性能指标。这一示例与本书中的其他示例一起，证明生物风险管理和 AMP 模型，特别是本示例中的性能，在实验室设置之外也是相关的和适用的。

示例 A：设置生物风险管理性能

规划阶段指标

如表 8.2 所述，示例 A 侧重于生物风险管理系统的关键功能，包括生物材料的物理安保。实现安保的一个机制是确保只有授权工作人员才能使用这些材料。风险评估应确定需严格授权准入的最关键的材料和设施。实施使用控制的缓解策略包括单独分配的钥匙、钥匙卡、感应器或磁卡，甚至生物识别传感器（虹膜扫描、手部几何结构、指纹等）。

在规划阶段，在完成这些风险评估并确定和提出基于风险的缓解策略的情况下，还必须建立性能指标，以提供书面保证，确保评估准确，缓解措施适当有效。图 8.2 显示了生物风险管理系统计划 – 执行 – 检查 – 处理方面的基本流程。请注意，性能指标是在规划阶段建立的，它们基于生物风险管理系统的目标、目的、角色和责任。CWA 15793：2011 文件（European Committee for Standardization，2011）是生物风险管理系统目标的良好起点。此外，CWA 16393：《实验室生物风险管理——实施 CWA 15793：2008 指南》（European Committee for Standardization，2012）对生物风险管理系统的实施提供了进一步的指导。

对于示例 A，所述目标基于 CWA 第 4.4.4.8.4 条规定，并解释为"根据生物风险评估，为培养物、样本、样品和潜在污染材料或废弃物的物理安全建立控制措施"（European Committee for Standardization，2011）。根据同一条款的注释部分，"确保只有经过授权（筛选、培训和指派）的工作人员才能使用设施和设备（在哪里使用、储存或处理有价值的生物材料（Valuable biological materials，VBMs））"，这是实现这一目标的一个步骤。所有目标和目的都可以列为：

步骤 1：确定关键问题和关注点。进一步完善了说明指标的目的。在本示例中，目的是"确定未经授权的人员是否正在获得或试图获得对 VBMs 的访问，从而可能增加盗窃、误用或意外泄漏的风险。"

步骤 2：定义后果指标和度量。实现目标和目的的潜在预期后果是检测未经授权的访问或尝试。这种后果可以通过观察到的未经授权的访问或尝试访问的报告来衡量，或者通过监控访问或尝试访问的电子日志设备来记录。

步骤 3：建立活动指标和度量。在示例 A 中，活动指标将反映用于检测未授权访问或尝试的组织过程。这可以通过要求报告观察到的未经授权的访问或尝试的 SOP 来表示。

步骤 4：收集数据并报告指标结果。步骤 4 列出了收集数据的机制、向谁报告数据以及如何报告数据。对于示例 A，授权的实验室工作人员能够观察到尝试未经授权访问的人员。在使用、储存或处置有价值材料的设施或设备的工作时间内，应持续观察这些尝试。必须立即将观察到的未经授权的访问或尝试访问口头报告

表 8.2 示例 A：根据已确定的生物风险管理目标和目的制定性能指标

步骤 1：确定关键问题

BRM 功能：操作控制；

子功能：安保；

目标：根据生物风险评估，为培养物、样本、样品和潜在污染材料或废弃物的物理安保建立控制措施（CWA 15793 4.4.4.8.4）；

目的：确保只有经过授权（筛选、培训和指派）的人员才能访问设施和设备（使用、储存或处理 VBMs 的地方）；

指标目的：确定未经授权的人员是否正在获得或试图获得对 VBMs 的访问权，误用或意外泄漏的风险。

步骤 2 和 3：定义后果和活动指标和度量			步骤 4a：收集数据		向谁报告结果	步骤 4b：报告指标结果	
后果	活动	谁测量	在哪测量	何时测量		何时报告结果	怎么报告结果
指标：报告有多少未经授权的尝试使用、存储或处理 VBMs 的设施或设备 度量：(a) 由工作人员制止的未经授权人员报告的数量或 (b) 日志制中使用未经授权凭证尝试经授权访问的报告数量	指标：实验室（或组织）SOPs 是否要求报告未经授权的用户试图进入或利用使用、存储或处理 VBMs 的设施或设备 度量：是或否；如果是，包括 SOPs 副本 指标：是否有人被指派查看准入控制设备（如读卡器等）的日志，以确定是否有试图进行未经授权的访问 度量：是或否；如果是，列出指派人员的姓名	实验室人员 – 由实验室主任指派	使用、储存或处理 VBMs 的特定设施和设备	不间断的	实验室主任	后果：在任何实验室人员报告试图未经授权的访问图未经授权的访问时以及每周查看准入控制日志时 活动：每年，审查实验室 SOPs 时	口头通知试图未经授权的访问，经授权的访问 随后是书面报告 在 SOP 审查中的书面报告 记录准入控制日志 志准人控制的指派

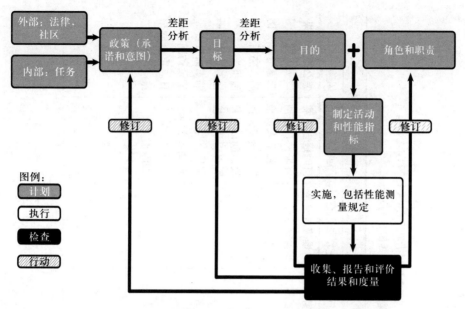

图 8.2　生物风险管理性能的计划 – 执行 – 检查 – 处理流程

实验室主任，然后提交书面报告（使用可能包含在 SOP 中的格式）。除非事故提示进行审查，否则可以定期收集和报告（例如示例 A，建议进行年度审查）活动指标数据，以确认要求报告观察到的未经授权访问的组织过程是否到位（或缺乏）。

在没有报告数据的情况下无法在此处显示步骤 5（根据性能指标的调查结果采取行动）和步骤 6（评价和完善性能指标），因此未在表中列出。但是，一旦从后果和活动指标中收集到数据，收到报告的人员（在示例 A 中是实验室主任，实际机构的情况不同）必须审查报告，以确定结果是否与预期后果相符，以及确定活动是否到位。与预期不符的结果可能需要采取纠正或预防措施。如果结果表明取得了令人满意的进展，则无需进行任何更改。与缓解策略一样，没有一个单独的性能指标足以监控性能。多个指标增加了影响缓解策略成功或失败的不同因素的覆盖面。

如果结果表明确保未经授权访问的系统按要求运行，则可以接受测量或报告频率的降低，或者可保留测量。此外，还应制定额外的指标或更严格的结果，以进一步缓解已识别的风险。如果测量值不是检测未经授权访问的正确测量值，则应更改或改进指标以更好地指示性能。

示例 B：扩展生物风险管理

规划阶段性能指标

示例 B 如表 8.3 所示。示例 B 使用与示例 A 相同的生物风险管理方案——具有相同目标和目的的生物材料的物理安保，确保仅授权准入——但由于生物风险管理

步骤 1: 确定关键问题

BRM 功能: 操作控制;

子功能: 安保;

目标: 根据生物风险评估，为培养物、样本、样品和潜在污染材料或废弃物的物理安保建立控制措施（CWA 15793 4.4.4.8.4);

目的: 确保只有经过授权（筛选、培训和指派）的人员才能访问设施和设备（使用、储存或处理 VBMs 的地方）。

表 8.3 示例 B: 为组织的不同级别开发性能指标

步骤 2 和 3: 定义后果和活动指标和度量		步骤 4a: 收集数据			步骤 4b: 报告指标结果		
实验室级别指标的目的: 确定未经授权的人员是否正在获取或试图获取对 VBMs 的访问权，可能增加误用或意外泄漏的风险。							
后果	**活动**	**谁测量**	**在哪里测量**	**何时测量**	**向谁报告结果**	**何时报告结果**	**怎么报告结果**
指标: 有多少未经授权的尝试访问或使用、存储或处理 VBMs 的设施或设备被报告 度量: (a) 由工作人员报告的未经授权人员在访问或使用前被被工作人员制止的数量; (b) 访问日志中使用未经授权凭证尝试登录以确定是否有未经授权的访问进入尝试证营授权进入人的报告数量	指标: 实验室（或组织）SOPs 是否要求报告未经授权的用户试图访问或试图利用使用、存储或处理 VBMs 的设施或设备 度量: 是或否; 如果是，包括 SOPs 副本 指标: 是否有人被指派查看访问控制设备（如读卡器等）的日志，以确定是否有未经授权的访问 度量: 是或否; 如果是，列出指定人员的姓名	实验室人员 – 由实验室主任指派	使用、储存或处理 VBMs 的特定设施和设备	不间断的	实验室主任	后果: 在任何实验室经人员报告试图未经授权访问，随后应书面报告 周查看访问控制日志时 活动: 每年，审查实验室 SOPs 时	口头通知试图未经授权访问，随后是书面报告 在 SOP 审查中的书面报告 记录访问控制日志审查的指派

续表

步骤 2 和 3：定义后果和活动指标和度量	步骤 4a：收集数据			步骤 4b：报告指标结果		
项目级别指标的目的：根据生物风险评估，确定哪些实验室需要更严格的访问控制，并确保具有更高生物风险的设施和设备受到比具有更低风险的设施和设备更严格的保护						
后果 / 活动	谁测量	在哪测量	何时测量	向谁报告结果	何时报告结果	怎么报告结果
后果 指标：最新的生物风险评估的实验室百分比是多少 度量：与去年完成生物风险评估的设施总数相比，设施的数量 指标：根据目前的生物风险评估，确定多少实验室需要访问控制 度量：实验室列表，它们的相对风险等级，以及所需的访问控制等级及所需等级（已指定和安装） **活动** 指标：是否存在进行生物风险评估的书面组织过程和要求 度量：是或否；过程副本 指标：组织是否制定和实施了一个过程，根据生物风险评估，确定安装访问控制措施 度量：是或否；过程副本 指标：在过去的 2 年中，是否对上述流程进行了必要的审查和修订 度量：是或否；最新审查 / 修订日期	项目级别	整个组织	常规的，以及当引入新的设施、设备、程序或 VBMs 时	最高管理层（或生物风险管理监督机构）	每季度	书面总结

续表

组织级别指标的目的：确定哪些工作人员需要访问设施、设备和VBMs的等级。确保工作人员能够使用执行工作所需的设施、设备和VBMs。确保被限制或不需要访问的工作人员（和其他人）被排除在外，或以更严格的方式访问

步骤2和3: 定义后果和活动指标和度量		步骤4a: 收集数据				步骤4b: 报告指标结果	
	活动	谁测量	在哪测量	何时测量	向谁报告结果	何时报告结果	怎么报告结果
后果		组织级别	全体人员	雇佣、重新指派（实验室或组织级别）、终止	最高管理层	每年一次或更少	书面总结
指标：相对于全体人员，有多少人员被评价估以确定他们的访问水平 度量：评价的人员数量 全体人员中工作人员的数量	指标：是否存在要求对在需要访问的设施中工作人员或可能需要工作人员进行评价以确定适当的访问等级的组织过程 度量：是或否；过程副本 指标：是否有人被指派进行访问决定 度量：是或否；指派人员的姓名						

有多少工作人员
每个访问控制区
每个访问控制区域中的工作人员数

责任存在于组织的每个级别和角色中，示例 B 将性能测量扩展到更广泛的组织中。第一个指标用途——靶向实验室级别——与示例 A 中的相同，因此与表 8.2 重复。另外两个目的被定义为满足相同的目标，但是这些目的是针对项目（通常由生物风险管理顾问管理）和组织（由组织主管管理）两个层次。使用了示例 A 中定义的相同的四个步骤；但是，由于不同的级别和角色，确定了不同的后果和活动。

对于通常由项目级别测量和分配的指标（例如，生物风险管理顾问、生物风险管理咨询委员会、安保办公室、安全办公室），该指标的目的是根据生物风险评估确定哪些实验室需要更严格的访问控制。这些指标在这一级别上侧重于生物风险评估。是否执行过？在哪个实验室？是否存在进行生物风险评估的组织过程和要求？根据生物风险评估，哪些实验室需要更严格的访问控制？是否有组织过程根据生物风险评估指定和安装适当的访问控制？

在组织层面，重点转向人员。人事问题通常通过办公室向最高管理层（如人力资源）报告进行处理，因此，将重点关注人员的生物风险管理指标适当分配给这些最高管理者。在这一级别上，指标侧重于是否对人员进行评价，以确定他们是否适合访问（经过筛选和培训），以及是否他们被适当地分配到"匹配的"访问级别。

这三个级别都对实现既定目标（在步骤 1 下）作出了重大贡献，即确保只有授权人员才能接触有价值的生物材料。反过来，这一目标有助于实现为这些材料的物理安保建立控制的目的。显然，还有许多其他的目标、目的和性能指标可以与前两个示例结合使用（或者交替使用），但是这些都只提供了一个性能测量计划可能看起来像什么的快照。

示例 C：利用现有数据创建或者扩展性能测量

示例 C 如表 8.4 所示。这个示例侧重于利用已经为其他目的收集的数据，并利用它在整个组织中提供性能信息。在本示例中，现有信息是大多数 BSCs 上的万用表读数。此仪表测量工作空间和 BSCs 内通风腔之间的 HEPA 过滤器之间的压差。随着时间的推移，读数的变化可能表明 HEPA 过滤器有问题，这可能导致 BSCs 功能不正常。大多数实验室工作人员在开始工作之前都接受过检查万用表的培训，以确保过滤器和 BSCs 在规定范围内工作。然而，从这个简单的读数中得到的数据，可以用于机构内的许多其他性能测量，这具体取决于谁使用这些数据。表 8.4 提供了将该数据用于项目和组织性能评估的示例。项目级别可以使用来自单个读数的整合数据来确定 HEPA 过滤器是否接近其使用寿命。这要求以某种方式将与每个设备相关联的数据记录并报告给项目级别，以便进行整合和审查。评价项目级后果指标还需要制定一些确定寿命结束阈值的流程；这是一种可以建立和测量的活动指标。项目级汇总和评价的数据可以依次报告给组织级，以确保为预期的 HEPA 过滤器更换制定预算。

BRM 功能：操作控制。
子功能：设备。

表 8.4 示例 C：在组织的多个级别上对不同的性能指标和度量使用相同的数据源

谁	什么	哪里	为什么	何时	示例指标		活动
					后果	如何	
实验室级别	BSC 上的万用表压力读数	实验室的独立 BSC	BSC 是否在规范范围内运行，以便继续工作	每天	指标：万用表读数是否在预定的可接受工作水平内 度量：相对于预定可接受工作水平的实际读数和位置	指标：实验室 SOPs 是否要求在工作开始前读取万用表 度量：是或否 指标：工人是否接受过如何读取万用表的培训 度量：是或否	
项目级别	BSC 上的万用表压力读数	实验室和组织内的 BSCs	实验室或组织内的 BSCs 中是否有 HEPA 过滤器接近更换时间	周期性	指标：万用表寿命终止指示寿命终止的预定范围 度量：实际寿命结束读数和相对于基准寿命结束读数的位置	指标：是否研究并记录了寿命终止范围（组织内或行业规范内）以基准 HEPA 寿命终止结果 度量：是或否；记录的过程结果	
组织级别	BSC 上的万用表压力读数	组织内的 BSCs	在下一个财政周期中，应预算多少 HEPA 过滤器变更	每年	指标：组织中有多少万用表读数，结合基准数据，表明可能需要更换 HEPA 过滤器 度量：数量	指标：该组织是否定期和积极地为 BSCs 中的 HEPA 过滤器更换制定预算 度量：是或否；随时间推移的年度预算 指标：是否分配了资源和职责，以便以某种方式收集数据，以检测 BSCs 中 HEPA 过滤器预期寿命结束状态的趋势 度量：是或否；列出资源和职责	

这只是现有数据可以用来提高生物风险管理系统性能的众多例子之一。评价和使用现有数据源，使其在当前范围之外发挥效用，可以让组织看到更大的结果。

示例 D：使用生物风险管理功能和实验室外部性能指标

生物风险管理的概念通常与使用、储存或处理生物因子和毒素的实验室活动有关。然而，在许多其他环境中可能会接触到生物因子和毒素，生物风险管理评估、缓解和性能的核心（评估、缓解和性能）同样适用于这些环境。

示例 D 如表 8.5 所示。本示例重点介绍了现场采集样品的常见活动：安全和安保的运输。在实验室外从农场动物或野生动物或农村人口中采集的样品通常是在几乎没有防护设施的环境中采集，然后从样品现场运至实验室进行分析。在运输过程中，样品可以转移到几个不同的承运人上。在这种情况下，确保安全和安保运输的重点还在于确保样品随附的文件是准确和真实的，并且参与运输的人员有权这样做。表 8.5 的格式与以前的表相同，使用建立和实施性能指标的步骤。示例指标的目的是在现场采集和传输过程中验证样品标识。后果指标测量样品所附文件的有效性，以及样品符合预期外观（血液、组织、拭子等）的视觉确认。活动指标测量流程是否到位，来要求提供文件并验证授权运输和承运人。注意，本示例中的后果指标是在转移点测量的，而不是在实验室（除非实验室处于转移点上）。在另一种情况下，后果可能是包装和样品在接收区的状况。

结论

测量生物风险管理系统的性能对于确保在任何环境中安全和安保地操作病原体和毒素至关重要。目前，很少执行生物风险性能测量，或者仅在事故发生后才使用。依赖故障数据是不适当的、无效的，并且可能对员工和其他人的生活和福利产生重大影响。需要仔细规划实施深思熟虑的性能指标，但测量本身并不是很难收集或昂贵的。必须在规划期间与目标、目的、角色和职责同时建立性能测量。在规划期内制定有效性能指标的六个步骤是：①确定关注的关键问题；②确定后果指标和度量；③确定活动指标和度量；④收集数据和报告指标结果；⑤根据性能指标的结果采取行动；⑥评价和完善性能指标。

组织内的所有级别和角色都对生物风险管理负责，包括测量性能。不同的角色和职责需要不同类型的指标来确保生物风险管理性能。后果和活动指标的使用有助于识别自上而下和自下而上的成功或弱点。建立生物风险管理性能方案的第一步是评价和利用现有数据源（如果适用）。管理者不应该被为生物风险管理的各个方面设置性能测量所压倒，而应该首先关注几个关键领域，然后逐渐增加更多领域。在建立指标和度量以及测量积极性能方面的成功，将产生进一步的成功和积极性能。这

表 8.5 示例 D：从已确定的生物风险管理中开发性能指标，但非实验室目标和目的

步骤 1：确定关键问题

BRM 功能：操作控制。

子功能：生物因子和毒素的转运。

目标：建立和维护保护培养物、标本等安全和安保运输程序（CWA 15793 4.4.4.9）。

目的：确保样品保管保管记录记录材料移动的可追溯性、材料的授权移动以及由可靠的承运人移动。

指标的目的：确定从收集到运输到接收到运输的不同时间点是否可以验证样品的身份。

| 步骤 2 和 3：定义后果和活动指标和度量 | | 步骤 4a：收集数据 | | | 步骤 4b：报告指标结果 | | |
后果	活动	谁测量	在哪测量	何时测量	向谁报告结果	何时报告结果	怎么报告结果
指标：样品是否附有未经修改和完整的文件，说明样品来源、采集日期和时间以及被给予或转移样品保管权的人员 度量：是或否	指标：是否存在需要记录与样品有关的关键信息以及委托样品保管人的身份的流程 度量：是或否；SOP	后果：接收人 活动：由管理层（通常是实验室经理或生物风险管理顾问）指定的流程负责人	后果：在转移地点，在接受监管之前 活动：在定期审查文件的地点	后果：在转移时，在接受监管之前 活动：每年至少一次，或跟踪可疑活动	后果：接收前一持有人的报告，证明转让是按照程序进行的。如有可疑，接收不完整，或者应立即向指定主管报告	后果：转移时 活动：不低于每年一次，或跟踪可疑活动	每个接收人的签名表明他们已经接受了未修改和完整的文件，立即向指定的主管进行口头关报告，随后提交书面报告，以表明担忧的情况
指标：样品（集）是否经修改的文件，说明样品来源、采集日期和时间，以及被给予或转移样品保管权的人员 度量：是或否	指标：是否存在一个流程可以轻松快速地验证样品移动和载体是否得到授权 度量：是或否；SOP					活动：每年至少一次，或跟踪可疑活动	活动：由流程所有者向指定管理人或监管机构（如生物风险管理咨询委员会）提交
	指标：是否存在在报告可疑或完整不完整或完整的流程档案的流程 度量：是或否；SOP						

种积极的性能将进一步强化风险降低战略，并维持一个公共场所的安全和安保。

参考文献

Choudry, R.M., D. Fang, and S. Mohamed. 2007. Developing a Model of Construction Safety Culture. *Journal of Management in Engineering*, 23(4): 207-212.

DeJoy, D.M., R.R.M. Gershon, and B.S. Schaffer. 2004. Safety Climate: Assessing Management and Organizational Influences on Safety. *Professional Safety*, 2004: 50-57.

DeVries, J.E., M.M. Burnette, and W.K. Redmon. 1991. AIDS Prevention: Improving Nurses' Compliance with Glove Wearing through Performance Feedback. *Journal of Applied Behavior Analysis*, 24(4): 705-711.

Eherts, D.M. 2008. Lessons Learned from Aviation Safety. *Journal of Safety Research*, 39: 141-142.

European Committee for Standardization. 2011. CEN Workshop Agreement (CWA) 15793: Laboratory Biorisk Management Standard.

European Committee for Standardization. 2012. CEN Workshop Agreement (CWA) 16393: Laboratory Biorisk Management—Guidelines for the Implementation of CWA 15793: 2008.

Fernandez- Muniz, B., J.M. Montes- Peon, and C.J. Vazquez- Ordas. 2007. Safety Culture: Analysis of the Causal Relationships between Its Key Dimensions. *Journal of Safety Research*, 38: 627-641.

Gershon, R.R., C.D. Karkashian, J.W. Grosch, L.R. Murphy, A. Escamilla- Cejudo, P.A. Flanagan, E. Bernacki, C. Kasting, and L. Martin. 2000. Hospital Safety Climate and Its Relationship with Safety Work Practices and Workplace Exposure Incidents. *American Journal of Infection Control*, 28(3): 211-221.

Glendon, A.I., and D.K. Litherland. 2001. Safety Climate Factors, Groups Differences and Safety Behaviour in Road Construction. *Safety Science*, 39: 157-188.

Harper, D. 2014. Performance. Dictionary.com. Online Etymology Dictionary. http://dictionary.reference.com/browse/performance (accessed June 20, 2014).

Jovasevic- Stojanovic, M., and B. Stojanovic. 2009. Performance Indicators for Monitoring Safety Management Systems in Chemical Industry. *Chemical Industry and Chemical Engineering Quarterly*, 15(1): 5-8.

Kirkpatrick, D.L., and Kirkpatrick, J.D. 1994. *Evaluating Training Programs*. San Francisco, CA: Berrett- Koehler Publishers.

Neal, A., and M.A. Griffin. 2006. A Study of the Lagged Relationships among Safety

Climate, Safety Motivation, Safety Behavior, and Accidents at the Individual and Group Levels. *Journal of Applied Psychology*, 91(4): 946-953.

OECD Environment Directorate. 2008. *Guidance on Developing Safety Performance Indicators Related to Chemical Accident Prevention, Preparedness and Response.* Vol. 19. Paris: OECD Environment, Health, and Safety Publications.

Reniers, G.L.L., B.J.M. Ale, W. Dullaert, and K. Soudan. 2009. Designing Continuous Safety Improvement within Chemical Industrial Areas. *Safety Science*, 47: 578-590.

Turnberg, W., and W. Daniell. 2008. Evaluation of a Healthcare Safety Climate Measurement Tool. *Journal of Safety Research*, 39: 563-568.

Wikipedia. 2013. Management System. December 12. http://en.wikipedia.org/w/index. php? title=Management_system&oldid=585777611 (accessed June 20, 2014).

Wu, T.-C., C.W. Liu, and M.C. Lu. 2007. Safety Climate in University and College Laboratories: Impact of Organization and Individual Factors. *Journal of Safety Research*, 38: 91-102.

第九章

生物风险管理沟通

莫纳尔·马万迪 (*Monear Makvandi*) 和三甲茂津 (*Mika Shigematsu*)

摘要

本章讨论生物风险管理背景下的危险、风险和危机沟通。在传递危险、风险和危机沟通时，存在几个主要方面：沟通的信息类型、沟通的紧迫性以及用于沟通的媒介。应根据受众、信息内容以及危险、风险或危机的性质确定沟通目标。对于不同类型的信息（危险、风险或危机），可能有多个受众有不同的需求。应创建消息以满足不同受众的需求，以及受众对需要沟通的危险、风险或危机的理解程度。许多受众会主观地将信息内化，如果他们的特定关注点没有在消息中得到解决，即使提供了完整的信息他们也可能会假设一个最坏的情况。机构如未将价值判断纳入有关危险、风险和危机的沟通中，可能会分散和扭曲信息的原始意图，其范围涵盖从危险生物物质报告的临界值到危险泄漏时的全面警报。将公众包含为目标受众和生物风险管理信息的来源，例如用于评估目的的威胁或性能测量防护的信息，在风险评估过程中经常被忽视。生物风险管理系统应包括一个结构化的沟通过程，来讨论和评价危险、风险和危机，以消除公众对设施及其所含危险对社区造成风险的负面看法。

案例研究

2001 年 9 月 11 日针对美国的恐怖袭击事件发生后，针对美国媒体和政府工作人员的炭疽邮件（Amerithrax）造成 5 人死亡、17 人患病，引发了全世界对生物恐怖主义的恐惧。美国和其他国家再次对滥用生物因子、专业知识和材料表示关注，并将这些问题置于国家和国际安保组织的最前沿。对 Amerithrax 的调查结果之一是认识到世界，特别是美国，缺乏可用的和足够的研究新兴传染病的研究设施（National Institute of Allergy and Infectious Diseases，2004）。国家过敏和传染病研究所（National Institute of Allergy and Infectious Diseases，NIAID）和一个联邦独立专家小组制定了生物防御研究战略计划，旨在开发新的和改进由感染性病原体引发疾病的诊断、预防和治疗方法，以填补这一研究的空白（National Institute of Allergy and Infectious Diseases，2007）。

为了解决国家安全防护和高等级防护实验室空间短缺的问题，该战略包括计划在全国范围内，在已经出现尖端科学研究和发展的地区以及科学研究团体已经存在并合作的地区，建设和翻新实验室。国家新兴传染病实验室（National Emerging Infectious Diseases Laboratories，NEIDL）是四个新的建设项目之一，2003年，波士顿大学（Boston University）和波士顿医学中心（Boston Medical Center）在全国范围内的选址中被选中（National Institute of Allergy and Infectious Diseases，2010）。然而，选址后发生了一系列失误包括技术界在沟通 NEIDL 设施的理由和需求时的一系列失误，以及社区对计划工作、固有安全和安保以及选择过程的认识的误解。

反对在拥挤的城市地区建立一个高等级防护实验室的组织聚焦在缺乏政府透明度，从事尚无治愈手段的致命疾病工作，以及针对边缘化人群的结构性暴力上。决定把实验室建在南波士顿附近是关于社会公正最早的争论之一。NIH 专家小组根据三个联邦标准评估了环境正义性，并确定其符合这三个标准中的两个（National Institute of Allergy and Infectious Diseases，NIH 2005）。

最近，又有人提出了第二个社会正义论点，强调该设施的存在并没有解决波士顿南部地区现有的公共卫生问题。新的研究机构没有研究当地关注的疾病（可能是 HIV/AIDS 和肝炎），而是计划对全球关注的疾病进行研究，如埃博拉、亨德拉、炭疽、SARS 和新的病毒因子，在当地人群中所有这些疾病不是流行性的，因此不会立即发生威胁社区的健康安全。社区担心，非地方性流行传染病病原体一旦被释放，将带来新的健康问题，可能会伤害或可能导致当地人口死亡；社会正义倡导者进一步认为，社区将不会从这类研究所产生的科学进步中受益。这一争论认为实验室没有解决令当地人关切的疾病，而是错误地将重点放在不会立即威胁社区健康安全的非地方性流行病的外来疾病上。该研究的反对者将该实验室称为波士顿生物恐怖实验室；他们勾勒了一个隐藏在秘密中的实验室威胁性形象，该实验室将制造攻击性生物武器，并恢复长期以来未经知情同意利用脆弱的当地人口作为试验对象的做法（Cedrone，2012）。虽然 NEIDL 已经声明，第一，生物武器工作是非法的；第二，NEIDL 将不进行任何机密工作（Boston University Medical Campus National Emerging Infectious Diseases Laboratory，n.d.）。

在设计和评价实验室时，几个环境影响小组和蓝丝带小组评估了设施对南波士顿社区的潜在风险，负面公众感知不被视为可能影响正常运行的危险。未能认识到公众感知问题，并非缺乏可用的科学风险评估数据和相关的安全和安保缓解措施，而是意味着实验室仍在进行公关活动，以消除新实验室不安全的负面观点。

该活动包括参观、展示安全和安保特征、创建公共联络团体、重点关注意外泄漏病原体的多重风险评估，以及针对泄漏病原体风险的缓解措施建议。此外，NEIDL不仅获得了 NIH 环境安全审查（NIH Environmental Safety Review）认证，还获得了波士顿公共卫生委员会（Boston Public Health Commission）和其他机构的认证。

　　经过长时间的法律斗争，波士顿健康委员会（Boston Health Commission）于2013 年 1 月批准 BSL-3 实验室开始工作。随后，2013 年 9 月，联邦法院裁定，由NIH 的专家编制的最终补充风险评估充分分析了 BSL-3 和 BSL-4 实验室中与病原体研究相关的风险，并且该研究可以在 NEIDL 现场安全进行。马萨诸塞州法院还裁定，补充的最终环境影响报告符合《马萨诸塞州环境政策法案》（*Massachusetts Enviromental Policy Act*），并驳回了一项诉讼（Boston University Medical Campus National Emerging Infectious Diseases Laboratory，n.d.）。

　　尽管有大量的科学证据和详细的、基于风险的安全和安保方法，但是 NEIDL 仍面临着使用和运行防护及高等级防护实验室的困难（National Academies，2010）。已经有好几起诉讼和提议的城市法令来禁止在波士顿的所有的高等级防护研究。当科学论证证明足够的安全和安保仍无法说服反对实验室的社区成员时，开放NEIDL 的支持者将他们的信息重点转向强调有利的经济影响，包括工作和实验室的增长如何给当地社区提供福利。这两种公共关系策略都未能解决社会正义问题，也未能解决反对实验室高等级防护运行的人所感受到的风险。

　　证明安全和安保的技术证据与反对者立场的坚定性之间的脱节在于风险感知。支持者必须以解决感知风险的方式来解决感知驱动因素，而不是重复"相信我们，我们是专家"。

　　实验室设施应考虑负面社区认知对实验室在基线风险评估（暴力抗议、破坏等）中安全和安保运行能力造成的风险，而不仅仅是评估实验室本身对环境和社区造成的风险。在 NEIDL 的案例中，部分社区认为实验室是不可接受的危险。一个明确基于风险评估的沟通计划是缓解社区对设施进行安全和安保的实验室操作能力的负面认知风险的策略，该计划应被纳入设施生物风险管理系统。

背景

　　社会成员需要通过沟通来建立良好的人际交往关系。风险沟通最初是为了调查如何最佳地向公众传达专家评估结果，以处理公众认知与专家对风险的判断之间的冲突（Golding 等，1992）。风险沟通有助于向他人传达风险，并有助于改变态度。尽管最初的目的是教育公众，但实际上，宣传或宣布往往是风险沟通的最后目的。生物风险管理系统需要将公众视为风险缓解系统的一部分。无论怎么精心策划，用说服性语言向公众传达信息的单向沟通过程都不会产生什么效果（Leis，

2004）。良好的风险沟通有助于减轻对风险的担忧，反之，也有助于证明风险是不可接受的。风险沟通应成为结构化风险评估过程的一部分。

从风险的核心信息开始进行风险沟通，该信息将解释项目所带来的附加值和风险等级，正如个人经验和观点所解释的那样。其目的是让公众、其他利益相关方或特定目标受众能够理解。一旦消息传达给目标受众，发送方有义务核实受众收到的消息是否与发送方预期的原始消息相同。当不相关的信息或噪声干扰沟通通道时，或由于接收方误解，这一复杂的过程往往会失败。尽管"沟通"一词表示向特定受众发送信息的想法，但沟通中更重要的元素是在接收端。接收和处理消息的能力可以用作系统缓解感知风险能力的性能测量。

在生物风险管理系统中了解受众是很重要的，尤其是在沟通风险时。通过倾听大众和利益相关方的看法、观点和问题，并从他们那里收集信息，就可以了解他们。在发送有关需求或变更的消息之前，了解他们在哪里看到信息是至关重要的。倾听大众提供了对什么是危险或风险的感知的基线理解。它还能够以一种避免误解的方式理解信息，这种误解可能是由于使用了在涉及的群体中具有不同含义的词语。选择正确的沟通方式也有助于减少噪声干扰——偏离信息的要点。在大多数情况下，这意味着最好与预期受众进行直接沟通（例如召开利益相关方会议，进行问答环节），但有时最好明智地制定和传递书面信息（Beecher 等，2005）。如果消息没有被听到，或者被忽略，不管它是多么透明和及时，实际的风险都不会被沟通。倾听消息的选择权掌握在听众手中，但风险沟通者有责任和需求进行沟通，包括验证消息是否按预期被接收。

NEIDL 风险沟通策略未能解决公众感知差距，这一差距是受众的风险感知以及对危险的过度恐惧与对危险的理性、科学事实之间的空间。公众依据研究中涉及的危险和病原体、对攻击性生物武器的研究历史以及可获得的关于待研究疾病的常用信息，认识到进行生物防御研究的风险。沟通工作没有集中在沟通风险信息的困难上。当公众了解到可能会泄漏与实验室有关的病原体时，公众想立即知道如果发生低可能性事件会引起什么后果，而不是已经采取什么缓解措施进一步降低可能性（Slovic，1980）。在本章后面，我们将讨论对灾难性失败和危机的沟通缺乏计划的问题。这里提出的问题是为了说明所传达的信息可能无法解决受众所感知的风险或担忧。

角色和职责

一般来说，设施中的所有人员都应该对实验室运行对工作人员和社区造成的实际风险有一个良好的事实理解，但是，必须定义与危险、风险和危机信息的沟通相关的具体角色和责任。以下描述了典型的设施职位和社区角色：

生物风险管理顾问：负责生物风险管理的个人在很大程度上依赖一线员工、管理层和领导层对已识别的危险和后续风险提供准确的技术反馈。这些人作为联络人和沟通人，将实践、一线实验室工作人员和承包商与实验室主任、主管、行政管理层和其他利益相关方联系起来。这些人通常是主要的风险评估者，他们在管理层决定实施缓解措施时发挥顾问的作用。预计该角色将对风险评估的结果有最深入的了解。

首席研究员/科学家/科研人员：这些人员提供构成风险评估基础的信息和数据。希望他们了解评估的基本原理、政策和优先级，以及缓解措施的重要性和实际执行情况。他们对风险评估的理解和支持对于有效的生物风险管理至关重要。

安保人员：这些人是安保专家，他们可能对风险评估提供有价值的见解。他们可能参与实施生物安保缓解措施（例如，为关键区域提供安保保障），或者他们可能作为检查员检查其功能和性能。需要优先考虑潜在对手以盗窃或破坏为目的进入设施的手段、动机和机会，因此安保专业人员是一个特别重要的角色。

法律顾问或部门/劳动安全官：这些人通常不直接参与风险评估过程，但当需要将信息分发给工作人员和周围社区以增强他们的理解和支持时，他们的专家意见是有价值的。在确定风险或缓解措施的优先顺序的过程中，可能需要考虑他们的意见。这些人一般都有独特的背景，并且通常不熟悉实验室的功能。因此，风险评估团队将需要确保与这些人进行良好的沟通和理解。

承包商和保管人员：在直接受影响人群中这些人员，对他们可能受到的危险的了解是有限的。沟通需要从交谈开始，了解他们的知识水平，倾听他们的顾虑，建立信任，以获得他们对措施的支持。

行政管理层：这些人应该是风险评估结果的决策者和最终用户。他们必须对风险评估的结果有实质性的了解，以便做出明智的缓解决策。该团体的资源分配和财政支持对于制定生物安全和生物安保缓解措施至关重要。因为这组人可能对危险和风险理解不足，经常会出现对结果的误解。应在风险评估的早期阶段，开始与行政管理层的对话，让该团体加入并参与评估。将风险评估结果转化为一般术语和实际步骤将有助于行政管理层的理解和决策。该团体最终负责与公共信息官员的公开沟通。例如，当事件引起媒体的关注时，高管和机构领导经常发表公开声明。

管理层：这些人被限制进入实验室区域的机会，但每天都能接触到在实验室工作的人。一般来说，针对不直接参与实验室技术工作的人员的风险沟通应以假设为他们几乎没有或根本没有生物技术背景来编写，因此，应省略文件中不必要的科学细节，应将复杂的主题翻译为简单易懂的语言。生物安保措施可能会对管理人员产生重大影响，因为这些人员可能主要负责确保或监督设施遵守特定的规章制度。该团体还应了解设施运行对社区社会正义的影响，并了解社区对设施引入社区的危险和风险感知的差异。

社区利益相关方：除设施所在的当地社区外，还应将工作人员和访客的家庭纳入利益相关方。他们需要了解与设施及其员工互动水平相关的危险和固有风险。此外，某些社区利益相关方，如执法人员、消防人员和医疗响应人员，应注意可能存在的暴露风险，以便进行早期检测和事故响应规划。向社区利益相关方和响应小组提供的信息还应包含一个反馈循环，以便设施能够准确地解决问题并澄清感知到的风险和担忧。

公共和媒体关系/公共信息官员：这些人有责任倾听社区成员的意见，了解社区的总体基调，以及其如何影响该特定社区中设施的感知角色。公共和媒体关系还负责宣传该机构在社区中发挥的积极作用，包括该机构的显著成就及其对社区的贡献。尽管他们不可能直接参与风险评估，但这些人应该非常熟悉风险评估的结果。应以透明的方式将这些结果传达给社区，继续获得社区的信任和支持，同时保护工作人员和设施资产的健康、安全和安保。

沟通生物风险管理信息

一般沟通原则指从社区居民到设施工作人员，包括风险评估师、风险经理和其他相关方之间的信息和意见交流。

第一个重要的步骤是了解在生物风险管理沟通中，危险或威胁是与风险分开识别和沟通的。危险是存在的物体或材料，威胁是可能对设施造成伤害的人（们），而风险是涉及特定危险或威胁的特定事件发生的可能性和后果。

确定实验室在日常工作和突发事件中可能出现的潜在问题是建立安全可靠实验室的第一步。对实验室的运行精心设计全面和常规的风险评估为证明设施安全可靠的运行能力提供了基本信息。适当的安全和安保措施、规程以及到位的缓解措施为确认设施进行管理良好的日常操作能力提供了必要的可信度。重要的是，实验室通过证明其可靠性、诚信和良好实践能对其运行进行专业管理而得到当地社区的认可。为实现这一目标，必须将风险评估结果传达给在设施和周围社区工作的人员。社区必须相信风险评估结果是有效和可靠的（Reid，1999）。不幸的是，在生物科学界，风险评估通常只是技术专家之间的一个非正式的，甚至是不成文的过程。风险评估结果很少传达给所有员工，更不用说传达给社区利益相关方。

一旦风险评估确定了当前危险并计算了相关风险，则需要通过工作人员和利益相关方的充分合作来有效地控制或降低风险。这需要对现有风险，以及如何最好和最有效地将其降低到可接受的水平有一个很好的理解。风险评估结果应当对已采取或需要实施的措施提供理由和说明。没有这些知识，实验室工作人员可能会将安全和安保措施视为随意实施的破坏性要求。

生物科学设施中的每个人都应将倾听及与更大的社区沟通视为自己的责任（Patterson 等，2014）。这种社区参与类型在设计干预计划的健康宣传中很常见，大型机构的员工也有经验，他们的社区通常将其视为其机构的代表。向公众传递有关危险、风险和潜在最坏情况后果的准确信息不应被视为属于依靠论题或片段的单个公共信息官员的一项行政职能。相反，沟通必须是对与其设施所在的社区共同承担风险的实质性、理性考虑。

有一个有用的推论，用带有熟悉的数值参考系统来划分飓风的严重程度。萨菲尔－辛普森（Saffir-Simpson）飓风等级评定了几种因素的严重程度，以传达飓风的潜在损害（National Hurricane Center，2013）。从规模上看，3 级和 4 级风暴的区别在于人们是否认为飓风会影响他们。相比之下，用于将生物安全等级（BSL）分配给实验室特征和在实验室进行的工作的方法，公众还不太了解。流行文化、电影和其他新闻媒体的报道已经描述了在 BSL-4 实验室进行的工作：他们被称为危险的、没有治疗手段的外来病原体的存储库。虽然这一描述部分是正确的，但BSL-4 实验室也被用来研究常见的危及生命的传染病。然而，流行文化，特别是电影业所描绘的可能性和后果，为了娱乐目的被严重夸大了。

这些媒体碎片并不能解释旨在防止病原体泄漏到实验室或环境中设计的冗余的高等级防护功能。BSL-2 的工作在世界各地非常普遍，大多数没有指定实验室的安全等级，而是将其外部沟通集中在空间中进行的工作上。简单地说出建立一个高等级防护或 BSL-4 环境的实验室的特征，不会产生与将其命名为 BSL-4 实验室相同的影响。NEIDL 随后试图将在其 BSL-2 实验室的不同工作聚焦为"脑膜炎、结核病、登革热和麻疹等非生命威胁性疾病"，并描述了 BSL-3 和 BSL-4 实验室的工作，通过强调所实施的安全和安保特征以降低意外泄漏或盗窃的风险（Friday，2012）。然而，公众可能认为脑膜炎、肺结核、登革热和麻疹是危险的疾病，并认为在 BSL-3 和 BSL-4 实验室的工作更危险。

通常公众认为有关健康风险和其他科学问题的沟通过于复杂。有一种观点认为公众需要科学界来解释复杂的话题，公众应该听取技术专家的意见。科学通常被认为是一个开放的社会，但只是对其他接受过正式培训的科学家开放以理解如此复杂的主题。用事实淹没公众，希望他们习惯于所呈现的事实并改变他们的观点，是行不通的（Golding 等，1992）。在确定防范已识别风险所需的缓解措施后，机构应将该信息传达给其员工和公众。

公众认知的驱动因素

重要的是要记住，基于个人经验的观点在很大程度上构成了个人对事实的反应，并影响了其他人传达这些事实的方式。有些人可能不相信事实的来源，相信他们有自己的一套事实。信息是如何让人们感觉到的，以及当提供信息时他们听到的内容，将实质性地影响反应，而不仅仅是论点的技术价值。风险评估社区之外的大多数人都会从他们的"直觉"和对形势的感知中来处理风险和危险。一个人的感知会影响其对现实的看法，如果沟通只关注技术事实，而不涉及产生受众感知的因素，那么信息将是无效的。

感知是由许多因素驱动的。这些因素包括：

控制：缓解风险并将风险降低到更可接受等级的能力和程度。

可逆性：这个术语来自发展心理学，是一个个体开始理解逻辑并能处理环境变化信息的过程。它是一种识别变化的情况是否可以恢复到原始状态的能力。

熟悉度：讨论的危险或威胁有多常见？更常见的危险和威胁更为熟悉，当人们有安全驾驶危险或威胁的经验时，如穿过繁忙的街道，避免被汽车撞到，他们可能愿意容忍更高的风险，而面对外来危险如埃博拉病毒时，则相反（Leiss，2004）。

历史：过去的性能可以预测未来的结果。例如，酒后驾车者经常重复他们的行为。

公平性：危险或威胁的概念，影响某一特定群体或个人，而不是与社区分享（Rayner and Cantor，1987）。

儿童：当儿童受到不利影响时，人们会更加情绪化。

后果：后果，特别是与健康有关的后果，被认为是不平等的。许多人在不经常发生的事件中死亡，例如飞机坠毁或者核电站安全系统故障导致的核辐射暴露的特殊风险，在人群中造成了高度的恐惧。此外，死于癌症或其他传染性或退化性疾病比突发事故更可怕（Finkel，2008）。

倾听并试图理解社区中的感知、恐惧和担忧是为社区起草信息的最初阶段之一。然后，沟通者必须告知人们为应对风险可能施加的控制等级。理想情况下，此消息将减少不确定性和噪声。沟通应集中和具体，并概述一个人应采取的措施以缓解风险。

生物风险管理沟通应为所有受众提供适当的信息，作者应考虑对受众心理的潜在影响（语气与内容一样重要）。在风险评估过程中，应透明、清晰地传达结果，尽可能多地处理上述感知驱动因素。然后，生物风险管理沟通应涉及具体的缓解措施如何控制风险，并降低灾难性后果的可能性。

然而，尽管政府机构认定特定的高等级防护实验室（如NEIDL）不会对社区造成高风险，许多人仍然坚决反对将这些实验室引入其社区。例如，波士顿南部的居民和活动家克莱尔·艾伦（Klare Allen）认为，2000页的NEIDL风险评估存在缺陷，无法证明该设施的安全性："他们做了一些我们自2002年以来一直倡导的事情，但他们没有证明我们是安全的，也没有证明波士顿已经准备好了"（Handy，2013）。NEIDL未能理解仅仅沟通如何缓解风险并不能解决公众关注的问题。相反，沟通应该反映出生物风险管理的AMP模型：这些是我们评价的风险，以及它们的优先级；这些是我们为降低这些风险而采取的缓解措施；这是我们将如何监控控制系统的性能。

在波士顿的例子中，人们感到不安全，不相信缓解措施能够充分控制外来的危险。他们还认为，他们所关注的风险没有得到很好的定义，因为一般都混淆了"危险"和"风险"这两个术语（Scheer 等，2014）。风险评估的沟通者从评估过程的开始阶段就没有理解受众的感知以及受众认为重要的信息是什么。时间的延迟和坚持使受众被误导，并且缺乏充分掌握所有安保和冗余安全特性的技术理解也没有改变社区的感知。

危险沟通

在大多数情况下，在临床诊断实验室，感染源最初是未知的。即使在研究环境中，从业者也可能不太了解先进技术带来的危险和威胁。在实验室识别潜在危险是进行风险评估的第一步。在实验室中识别危险的过程需要包括来自各种来源的信息。确定危险信息的方法可能包括处理样本背景信息、基准测试、进行巡视和详细检查、举行面谈和事件审查、执行工作流程检查和过程分析以及制定设施设计修订。所有这些功能都需要书面的沟通。如何向人员提出和解释要求将影响员工共享信息的意愿。良好的生物风险沟通以及在有效和安全的实验室工作中的共同利益将使评估人员能够获得风险评估所需的数据。

风险评估过程应是可信赖的和可靠的，并具有有效性（Reid，1999）。对危险和风险的评估方法以及风险评估的可靠性的信心可以减少对风险评估结果的冲突和误解。风险评估应由一个合格的团队进行，并得到各利益相关方的认可。

如果没有实验室工作人员和其他在设施中具有特定生物风险的实际操作活动的工作人员的理解和意愿，风险评估人员就无法识别处理潜在风险影响和可能性的数据。由于风险评估人员可能不是相关领域的实验室工作人员或专家，因此他们需要获得每个人在收集风险评估数据方面的合作。实验室人员需要相信风险评估人员会公开分享后果，以便及时改进，而不会对评估结果产生误解或误判。同时，对信息来源的充分了解将使风险评估结果的解释更加有效和准确。

虽然媒体努力关注科学进展和信息，以增加公众对科学故事和数据的了解，但他们的议程可能是预先确定的，例如，在政治化气候变化或医学报道中经常出现这种情况（Mooney and Kirshenbaum，2009）。由于医疗灾难电影的爆发，一部充满政府秘密和诡计的电影，以及暴发时的危言耸听新闻头条的主题等宣传，埃博拉成为产生恐惧和忧虑的一个神秘源头——媒体经常强调这一观点来提高他们的收视率。NEIDL 专家对公众对诸如埃博拉这样的致命的不可治疗病原体的危险工作的担忧不予理会，因为埃博拉不像麻疹那样容易在公众中传播，而是需要与体液和受污染物体密切接触。非洲丛林中的猎人、医护人员以及那些为埃博拉病毒感染者提供看护或死后仪式的人面临着最大的暴露风险。由于忽视了社区对器官液化的恐惧，NEIDL 几乎将其外部沟通完全集中在实验室采取的安全和安保措施上，以缓解意外和蓄意泄漏病原体的风险。这些缓解措施包括对高等级防护工作人员的急救培训、用于访问的生物扫描仪、周边防爆围栏、交通安保以及禁止科学家单独工作的双人规则。他们解决了社会关注的错误风险。

在这种情况下，了解设施的安全和安保措施并不能缓解社区所感知的风险。公众对埃博拉病毒风险的认识是基于感染的后果。实验室所引用的缓解措施会影响此类感染发生的可能性，但不会影响后果。如果 NEIDL 的工作人员花更多的时间倾听和理解社区对风险的感知的本质，NEIDL 可以设计一种沟通策略，首先，承认感染的后果，并展示这些后果如何只影响直接暴露在体液中的某个人。当然，依赖于从事的活动（通过人员接触或受污染的物品），沟通策略可以继续解决暴露的可能性，并强调能够提供改善护理的世界级医疗设施。波士顿的高质量医疗护理传统以及借助世界知名医疗设施和科研人员可以提供支持性护理和医疗干预，可以减少埃博拉病毒感染的后果。波士顿的医疗护理水平远远超过埃博拉流行地区，任何感染或暴露都将得到很好的管理。例如，在 2014 年暴发的疫情中，几个在西非照顾感染患者后感染埃博拉病毒的美国医疗专业人员在美国医疗机构接受了先进的治疗。在写这本书的时候，所有在美国医疗机构接受治疗的受感染医疗专业人员已经完全康复。相比之下，公共卫生能力低下、潜在健康状况不佳、对传统治疗者的依赖（无论是优先于临床治疗还是与医疗干预相结合），以及缺乏个体防护装备助长了埃博拉病毒在西非的持续暴发。虽然南波士顿较缺乏资源，但也并非体现所有这些因素。在适当地描述公众暴露的风险和解释感染的后果之后，可以采取适当的方法进行沟通来消除暴露和感染的可能性。

汉坦病毒与埃博拉病毒相似，由于缺乏疫苗或药物，这两种病毒引起的疾病都是致命的。像埃博拉病毒一样，唯一可用的医疗干预是支持性治疗。当由辛诺姆布雷病毒（Sin Nombre virus）引起的汉坦病毒心肺综合征（hantavirus cardiopulmonary syndrome，HPS）在美国西南部首次出现时，特别是在当地有鹿鼠种群的农村地区，恐慌开始蔓延。随着疫情的进展，临床表现和疾病发病机制得到了更好的理解，重症监护医师使用体外膜氧合（extracorporeal membrane oxygenation，ECMO）将 100% 的预测死亡率降低到 67% 的生存率和恢复率（Wernly 等，2011），仅略好于埃博拉病毒。随着有关疾病传播性质的更多信息的提供，公共卫生界努力向公众宣传治疗成功的方法以及减少暴露可能性的缓解措施，例如在啮齿动物粪便清洁区域和用氯喷雾减少灰尘时，应佩戴防护装置。今天在新墨西哥州，当医生怀疑病人患有 HPS 时，病人立即被转移到三级医疗机构，由专家监测病人的医疗状况，并在病情恶化时提供 ECMO。流行病学家和公共卫生护士对接触者和当地社区进行行为改变方面的教育，以降低暴露的可能性。

风险评估结果的沟通

从事病原体的工作总是会涉及一定程度的风险，并且总是存在人员错误的可能性。因此，研究机构必须向其员工传达风险评估的具体结果，以帮助这些员工了解其自身工作环境中的风险，以及如何在不干扰他们工作目标的情况下，每天有效地降低这些风险。风险评估结果，无论是定量的还是定性的，都将提供一些参考点，帮助人们了解与各自活动相关的风险等级。这些结果还应有助于解释为什么某些缓解措施对于降低风险是必要的，以及为什么需要监测这些措施的性能。

由于不确定因素或科学数据不足，当样品中的危险未知时，风险评估可以基于不完整的知识或信息。在这种情况下，生物风险评估主要是一个涉及专业判断的主观过程，在这个过程中会有固有的局限性和假设。当风险评估主要依靠主观分析时，风险沟通更为重要。风险沟通应帮助从行政管理层到实验室技术人员的所有利益相关方，了解实验室中的风险如何被识别、分析和优先化，受影响的员工需要接受由此产生的风险管理决策。同样，与所有风险沟通一样，这种交流必须是多方向的，允许所有利益相关方参与风险评估过程。

即使风险评估依赖于主观分析，它也应该是正式的和有文件记录的。如果没有正式进行风险评估，并且没有向员工明确沟通风险，员工可能无法理解他们每天面对实验室环境造成的所有风险，他们可能会拒绝使用任何缓解措施，因为这些措施会在没有实质性理由的情况下给系统带来不便。其他人可能会遵守管理要求，但可能是在不完全理解这些流程的好处或不相信决策背后的理由的情况下这样做的。不接受基本原理和公开抵抗的行为反映出缺乏持久的生物风险管理文化，而危险和风险沟通可以说是这个问题的中心。

不幸的是，传统的生物安全信息往往只关注特定的安全缓解措施，例如使用BSC 或穿戴和脱掉 PPE。这些信息也往往是相对通用的：在某个设施中的所有员工，甚至是在多个机构参加培训的每个人，都会被教授相同的安全规程。相比之下，在生物风险管理文化中，与研究机构工作人员的沟通应强调单个实验室特有的风险，解释缓解这些风险的优先顺序，然后说明具体的缓解措施如何将这些风险降低到管理层认为可以接受的水平。信息和目标受众将根据具体工作、参与该工作的人员以及该工作的地点不断变化。

除了对风险评估进行透明的内部沟通外，机构还有义务将风险评估结果传达给外部社区。在这种沟通之前，可以先听取社区的观点和看法，如焦点小组。应在社区关注的范围内将风险评估结果传达给社区。由于从事病原体工作的生物科学设施总是存在一定程度的风险，因此应注意如何将这些残余风险传达给公众。沟通应包括设施如何降低风险发生的可能性，以及如果发生事故如何管理后果。最重要的是，沟通应表明设施对安全和安保的管理，以及对社区健康和福祉的承诺。管理者和沟通者必须仔细倾听社区如何接收设施的风险评估信息，并准备根据社区的反馈修改或加强设施的缓解措施。风险沟通不是劝说、广告或宣传，而是旨在加强风险管理并证明该设施是当地社区和更广泛社会中有价值和负责任的成员的过程。

风险治理框架中的风险沟通

2005 年，国际风险治理理事会（International Risk Governance Council，IRGC），一个致力于提高对系统风险理解的独立非营利组织，建立了一个风险治理框架（International Risk Governance Council，2005），确定了风险治理的四个阶段：预评估、风险评价（评估）、容忍度和接受度判断以及风险管理。IRGC 强调风险沟通是每个阶段的一个基本要素。虽然 IRGC 使用了一些不同的术语，但这四个阶段直接类似于生物风险管理系统风险评估过程的要素：危险识别、风险评估、风险容忍度和可接受度以及风险缓解和评价。以下各节描述了在风险治理框架的每个阶段应该进行的沟通。

预评估（危险识别）

负责进行风险评估的个人或团队必须与设施内直接从事危险工作的人员（包括首席研究员/科学家/研究人员、承包商和保管人员以及实验室管理者）进行频繁且实质性的沟通。此外，风险评估团队可能需要定期与负责设施库存的管理或技术人员以及负责设施访问控制的安保人员进行沟通。风险评估团队应收集有关设施内危险的所有相关信息，包括如何使用和储存这些危险品、谁有权接触这些危险品以及制定了哪些规程。同时，风险评估团队必须清楚地解释风险评估的目的和方法及让利益相关方参与活动的知识基础。尤其是在这一阶段，风险评估人员、管理者和工作人员之间的紧密沟通联系对于在相互信任的基础上改进整体治理和性能至关重要。

一旦风险评估团队确定了危险，他们必须帮助建立一个透明的描述这些危险的沟通工具。例如，生物因子材料安全数据表（material safety data sheet，MSDS）描述了特定因子的一般特性；从事特定因子工作或有权接触特定因子的每个人都应熟悉该因子的 MSDS。虽然 MSDS 以危险为特征，但它不是一种风险评估。

在这一阶段，风险评估和风险沟通团队还应听取设施内不直接处理危险的人员的意见，包括行政管理人员、管理和技术人员以及当地社区的意见。风险评估和风险沟通团队应努力了解有关设施危险的认识程度，以及对与从事这些危险工作相关的风险的感知。了解不直接从事危害工作相关的人员的意见和担忧是另一项重要的数据收集和数据沟通活动，必须告知风险评估过程。

风险评估

一旦识别出危险，风险评估团队必须提出一个简单的问题："什么会出错？"回答这个问题会揭示风险。风险不仅涉及危险，还涉及与危险有关的特定工作、开展工作的人员、工作所用的仪器以及工作地点。风险评估人员、实验室工作人员和管理人员之间的沟通对于识别所有风险至关重要。一旦识别出所有风险，风险评估团队必须分析每个风险的可能性和后果，然后对这些风险进行优先级排序。同样，不能在封闭状态中进行这种风险评估，必须在风险评估专家、熟悉危险和实验室具体工作活动的人员以及熟悉设计、管理和程序控制的人员之间有明确的沟通。由于一次会议通常不足以让所有利益相关方充分参与风险评估过程，透明的沟通是将风险评估阶段联系在一起的黏合剂。未成功吸引所有有关利益相关方的风险评估是一种失败，它将显著影响风险治理过程的后续阶段。

在这一阶段，风险评估和风险沟通团队应与设施内不直接从事危险工作的人员进行沟通，包括行政管理人员、管理和技术人员以及当地社区。风险评估和风险沟通团队需要敏锐地了解有关设施内工作的任何内部或外部情绪变化，这可能影响技术风险评估过程。此外，对于不直接参与设施危险工作的人员来说，了解设施执行严格且智能健全的风险评估系统至关重要。应该与这些利益相关方共享风险评估方法。

容忍度和接受度判断（风险容忍度和接受度）

风险评估的最重要后果或结果是风险的优先级。一般来说，只考虑一个风险的风险评估比将多个风险相互比较的风险评估更难解释。中等的单一风险对那些被要求审查该风险评估的人来说并不是很重要，但是当该实验室中的所有其他风险都是低或高时，中等的单一风险突然变得更为重要。在大多数情况下，在一个实验室中从事一种病原体的工作将涉及多种风险，并且该实验室的风险评估应反映出这一现实。

在这一阶段，风险评估团队必须将风险的优先级传达给实验室主任和行政管理层，清楚地解释为什么某些风险被判定高于其他风险。实验室主任和行政管理层必须利用这些信息来决定哪些风险是可接受的，哪些风险是不可接受的。即使风险完全相同，一个风险承受能力强的管理团队也会比一个风险承受能力弱的管理团队接受更多的风险。高风险不一定是不可接受的，低风险也不一定是可接受的。在这一点上，风险评估团队与管理层之间的沟通必须聚焦于实施额外的控制措施是否能够将不可接受的风险降低到可接受的水平。应增加专家参与讨论，例如熟悉技术工作和各种安全和安保措施的专家。管理团队应决定实施哪些额外的控制措施以应对哪些特定风险，以及如何衡量这些控制措施的性能。有了这些新的控制措施，管理层应该相信以前不可接受的风险现在是可以接受的。如果仍然存在不可接受的风险，则不应继续工作。最终可接受的风险，包括各自的缓解措施及其性能指标，应在管理层的签字下明确记录。

这一阶段的关键步骤是将管理层的风险接受度以及所需的缓解和性能措施传达给所有相关的利益相关方。理想情况下，管理层、风险评估团队和相关利益相关方之间的沟通是频繁和透明的，因此可以很好地理解这些决策。不管怎样，那些直接从事危险工作的人必须完全接受使用特定风险缓解措施的理由（Hance 等，1988；Lundgren，1994）。有效的风险沟通将有助于建立一个信任的环境，以评估和缓解机构内的风险和相关担忧，培养对冲突观点的容忍度，并为其解决提供基础。

在此阶段，风险评估和风险沟通团队应再次与设施内不直接从事危险工作的人员（包括管理和技术人员）以及当地社区进行沟通。风险评估和风险沟通团队需要敏锐地了解有关设施工作的任何内部或外部情绪变化，以及这可能如何影响技术风险评估过程。根据这些信息，风险评估和风险沟通团队必须确定如何最好地将风险评估结果传达给当地社区。这种特殊的外部沟通是功能良好的生物风险管理系统的基本要素。

风险管理（风险缓解和评估）

风险管理阶段包括实施指定的风险缓解措施，并持续评价这些缓解措施的性能。参与活动的每个人都有责任确保按照风险评估的预期使用缓解措施和性能指标。管理层必须确保通过培训或其他方式，将风险、风险评估、控制措施和性能指标传达给对特定环境不熟悉的任何人。即使是正式员工也需要定期接受培训，以确保他们仍然熟悉整个生物风险管理系统。

除了为工作人员提供定期培训外，风险评估团队以及实验室主任、科学家和技术人员必须密切关注研究方案、仪器或任何其他可能改变风险评估的因素的任何变化。风险沟通必须贯穿整个研究项目，以便在必要时修订风险评估。

在这一阶段，内部风险沟通最重要的作用也许在于对控制措施的评价。许多不同的利益相关方应参与监测缓解措施的执行情况；应在活动开始前明确阐明这些角色和责任。参与工作的每个人都必须了解具体的性能指标，以及如何在整个项目期间收集这些数据，这一点至关重要。需要透明、定期地与所有相关利益相关方分享这些性能评价的结果。应制定沟通方案，以便立即修改未按预期执行的缓解措施，或修订风险评估。

在此阶段，风险评估和风险沟通团队应再次与设施内不直接从事危险工作的人员（包括管理和技术人员）以及当地社区进行沟通。风险评估和风险沟通团队需要敏锐地了解有关设施工作的任何内部或外部情绪变化，以及这可能如何影响指定控制措施的性能。根据这些信息，风险评估和风险沟通团队必须确定如何最好地沟通风险缓解措施性能监控的任何结果。

危机沟通

风险与危机沟通的最大区别在于，在危机中信息是不完整和不断演变的。此外，在危机沟通过程中，人们的行为和对信息的反应会受到噪声或多余信息的很大影响。当个体专注于基本需求，如生理需求（空气、食物、水、住房）以及安全和安保时，噪声的概念会干扰认知功能（Maslow，1943）。如果收到信息的人察觉到对他们个人健康的威胁，噪声会增加风险。或者，如果一条信息让他们确信，他们的基本需求将得到满足，他们将是安全和安保的，那么他们更有可能选择适当的应对方式（Slovic，1980）。

大多数机构没有做好危机沟通的准备，因为他们没有考虑到最坏的情况。人们往往过于自信或自满，认为系统将像工程设计的那样运行，而且它已经被工程设计成能够承受灾难性的系统故障。大多数机构没有制定明确说明如何应对灾难性系统故障的应急沟通计划。尽管人类的天性是将重点放在极不可能发生的事件上，但一个实质性的风险评估过程将迫使机构考虑所有可能出错的每件事，包括低概率事件。

在危机中，信息需要被提炼成最相关的信息以最简单和最及时的方式进行传输。最初沟通的及时性往往反映出准备程度和对意外后果的预期。风险评估越严格，设施越有可能及早发现潜在的漏洞，并为潜在的灾难性事件做好准备。总的来说，一个建立了可靠风险沟通声誉的机构，将比一个在风险沟通方面记录不佳的机构更顺利、更成功地进行危机沟通。机构可以使用年度演练等工具以及建立收集反馈的方法来衡量其性能和准备情况。监控沟通性能对于指导和调整未来消息很重要（Johansson and Harenstam，2013）。

危机沟通人员，通常是机构的领导，必须表现出同情心、解释已知的事实、承认不确定性，并说明为缓解不利结果正在采取的步骤。他们还应该关注人们可以控制的东西，并为他们提供明确的指导。频繁、精心准备的更新可以在沟通人员和受众之间建立信任，并有助于控制谣言和管理期望。显然，准备不足的信息可能会产生反效果。

卡特里娜飓风（Hurricane katrina）期间的风险和危机沟通

卡特里娜飓风是 2005 年最致命的大西洋热带气旋，造成 1080 亿美元的损失（National Oceanic and Atmospheric Administration，2005），它是一个很好的例子，即糟糕的风险评估导致了糟糕的风险沟通，进而导致灾难性的危机沟通。路易斯安那州新奥尔良市（New Orleans，Louisiana）飓风保护系统的相关风险从未通过严格的风险评估过程进行量化。没有人考虑过堤防系统是否会在它所处的位置打开一个缺口。事实上，尽管事后调查发现设计和施工不充分是导致洪水泛滥的主要原因，但堤防系统的故障发生在最没有预料到的地方。灾难性堤防系统故障的一个特定风险未包括在风险评估中，即生命损失。

由于对堤防系统风险评估不充分，从未向公众传达堤防系统失效的风险，那些生活在堤防系统阴影下的人们并不知道系统故障可能导致死亡。他们相信堤坝和海堤可以保护他们免受飓风和洪水的侵袭。他们依靠历史经验做出决定，尽管政府指示做好准备和撤离（Elder 等，2007）。这种行为类似于对其他飓风幸存者及其决策过程的采访。这些人发现政府的警告不可信，因为他们过去曾遭受过许多飓风（Tierney 等，1999）。

新奥尔良市的风险沟通不畅显示了政府在危机期间的沟通能力。公众对负责危机沟通的政府官员的能力或知识缺乏信心（Cordasco 等，2007）。一些人认为强调暴风雨的严重性是一种恐吓策略，而另一些人担心高速公路上的事故不仅仅是"一点点水"。此外，疏散警告没有使用"强制"一词。卡特里娜飓风过后，许多接受采访的人提到，这条信息并没有传达风暴带来的全部风险；相反，它是一条混合信息，预期会出现5级风暴，但包括"如果你能离开，请离开"。

2007 年，美国土木工程师协会（American Society of Civil Engineers）发布了一份关于卡特里娜飓风的报告，题为"哪里出了问题，为什么出了问题"（What Went Wrong and Why）。该报告提出了一系列建议，包括建立一个严格的风险评估过程以及一个实质性的公共风险沟通计划来量化人群的风险。报告声称，州政府和地方政府应致力于创造一个公众知情且积极参与的计划，这意味着确保公众认识到与最坏情况相关的风险（American Society of Civil Engineers，2007）。

结论

卡特里娜飓风的例子表明，最大的沟通故障通常发生在危机期间。对于波士顿的 NEIDL 来说，危机开始于公众组织了一场运动来防止 NEIDL 从事危险病原体工作，这是在建筑施工开始、科学家和工作人员被雇佣、数亿美元被投入到设施运行之后。但是 NEIDL 的倡导者没有在风险评估中考虑到这一风险，也没有制定一个完善的、积极的风险沟通计划，因此 NEIDL 对随后发生的危机准备不足。

正如本章所讨论的，风险沟通必须建立在全面风险评估的基础上，并且必须有助于进行全面风险评估，其中包括考虑可能出错的所有事项。作为风险评估的一部分，必须考虑社区中的风险感知。风险评估人员和沟通人员必须在这个过程的早期与所有利益相关方（包括公众）接触，努力倾听和理解每个人的关注点和观点。在风险评估和缓解过程之前、期间和之后，必须与所有利益相关方建立联系。如果一个机构能将公众纳入生物风险管理系统的许多要素中，那么风险沟通将更加成功。在重大或灾难性事件发生前与公众建立透明、积极、基于风险的沟通是缓解危机事件中潜在不良反应的最佳方法之一。

参考文献

American Society of Civil Engineers. 2007. The New Orleans Hurricane Protection System: What Went Wrong and Why. http://www.asce.org/uploadedfiles/publications/asce_news/2009/04_april/erpreport.pdf (accessed October 2, 2014).

Beecher, N., E. Harrison, N. Goldstein, M. McDaniel, P. Field, and L. Susskind. 2005. Risk Perception, Risk Communication, and Stakeholder Involvement for Biosolids Management and Research. *Journal of Environmental Quality*, 34(1): 122-128.

Boston University Medical Campus National Emerging Infectious Diseases Laboratory. n.d. Frequently Asked Questions. http://www.bu.edu/neidl/resources/faq/ (accessed September 10, 2014).

Boston University Medical Campus National Emerging Infectious Diseases Laboratory. 2014. Statement on Classified Research. http://www.bu.edu/neidl/research/no-classified-research/ (accessed August 14, 2014).

Cedrone, A. 2012. Residents Oppose BU Biolab for Deadly Diseases in South End. Boston Globe, April 20. http://www.bu.edu/neidl/2012/04/20/residents-oppose-bu-biolab-for-deadly-diseases-in-south-end/.

Cordasco, K.M., D.P. Eisenman, D.C. Glik, J.F. Golden, and S.M. Asch. 2007. "They Blew the Levee": Distrust of Authorities among Hurricane Katrina Evacuees. *Journal of Healthcare for the Poor and Underserved*, 2007: 277-282.

Elder, K., S. Xirasagar, N. Miller, S.A. Bowen, S. Glover, and C. Piper. 2007. African Americans' Decisions Not to Evacuate New Orleans before Hurricane Katrina: A Qualitative Study. *American Journal of Public Health*, 2007: S124-S129.

Finkel, A.M. 2008. Perceiving Others' Perceptions of Risk. *Annals of the New York Academies of Sciences*, 2008: 121-137.

Friday, L. 2012. NEIDL Goes Public. BU Today, January 26. http://www.bu.edu/today/2012/neidl-goes-public/ (accessed June 03, 2014).

Golding, D., S. Krimsky, and A. Plough. 1992. Evaluating Risk Communication: Narrative vs Technical Presentations of Information about Radon. *Risk Analysis*, 1992: 27-35.

Hance, B.J., C. Chess, and P.M. Sandman. 1988. *Improving Dialogue with Communities: A Risk Communication*. New Brunswick, NJ: Rutgers University, Environmental

Communication Research Programme.

Handy, D. 2013. Residents Continue to Fight against BU Infectious Disease Lab. Boston NPR. http://www.wbur.org/2013/04/11/infectious-disease-lab-fight (posted April 11, 2013).

International Risk Governance Council. 2005. IRGC White Paper No. 1: Risk Governance— Toward an Integrative Approach. Geneva. http://www.irgc.org/IMG/pdf/IRGC_WP_No_1_Risk_Governance__reprinted_version_.pdf.

Johansson, A., and M. Harenstam. 2013. Knowledge Communication: A Key to Successful Crisis Managment. *Biosecurity and Bioterrorism: Biodefense Strategy, Practice, and Science*, 11: s260-s263.

Leiss, W. 2004. Effective Risk Communication Practice. *Toxicology Letters*, 149(1-3): 399-404.

Lundgren, R.E. 1994. *Risk Communication: A Handbook for Communicating Environmental, Safety, and Health Risks*. Columbus, OH: Battelle Press.

Maslow, A.H. 1943. A theory of human motivation. *Psychology Review*, 50(4): 370-396.

Mooney, C., and S. Kirshenbaum. 2009. Unpopular Science. *The Nation*, August. http://www.thenation.com/article/unpopular-science?page=full.

National Academies. 2010. *Continuing Assistance to the National Institutes of Health on Preparation of Additional Risk Assessments for the Boston University NEIDL, Phase I*. Washington, DC: National Academies Press.

National Hurricane Center. 2013. Saffir- Simpson Hurricane Wind Scale. May 24. http://www.nhc.noaa.gov/aboutsshws.php.

National Institute of Allergy and Infectious Diseases. 2004. NIAID Biodefense Research Agenda for Category B and C Priority Pathogens. Progress Report. National Institutes of Health.

National Institute of Allergy and Infectious Diseases, NIH. "Final Environmental Impact Statement National Emergency Infectious Diseases Laboratory." Boston University Medical Campus National Emerging Infectious Diseases Laboratory. December 2005.

National Institute of Allergy and Infectious Diseases. 2007. NIAID Strategic Plan for Biodefense Research. National Institutes of Health. National Institute of Allergy and Infectious Diseases. 2010. The Need for Biosafety Laboratory Facilities. Biodefense and Emerging Infectious Diseases. July 23. http://www.niaid.nih.gov/topics/biodefenserelated/biodefense/publicmedia/pages/biosafetylabfacs.aspx (accessed June 04, 2014).

National Oceanic and Atmospheric Administration. 2005. Hurrican Katrina. Extreme Events Special Reports. December 29. http://www.ncdc.noaa.gov/extremeevents/ specialreports/Hurricane-Katrina.pdf.

Patterson, A., K. Fennington, R. Bayha, D. Wax, R. Hirschberg, N. Boyd, and M. Kurilla. 2014. Biocontainment Laboratory Risk Assessment: Perspectives and Considerations. *Pathogens and Disease*, 71(2): 1-7.

Rayner, S., and R. Cantor. 1987. How Fair Is Safe Enough? The Cultural Approach to Societal Technology Choice. *Risk Analysis*, 7(1): 3-9.

Reid, S.G. 1999. Perception and Communication of Risk, and the Importance of Dependability. *Structural Safety*, 21(4): 373-384.

Scheer, D., C. Beninghaus, L. Beninghaus, O. Renn, S. Gold, B. Roder, and G.F. Bol. 2014. The Distinction between Risk and Hazard: Understanding and Use in Stakeholder Communication. *Risk Analysis*, 34(7): 1270-1285.

Slovic, P. 1980. Facts and Fears: Understanding Perceived Risk. In *Societal Risk Assessment*, ed. R.C. Schwing and W.A. Albers Jr. New York: Springer, pp. 181-216.

Tierney, K.J., M.K. Lindell, and R. Perry. 1999. *Facing the Unexpected: Disaster Preparedness and Response in the United States*. Washington, DC: Joseph Henry Press.

Wernly, J.A., C.A. Dietl, C.E. Tabe, S.B. Pett, C. Crandall, K. Milligan, and M.R. Crowley. 2011. Extracorporeal Membrane Oxygenation Support Improves Survival of Patients with Hantavirus Cariopulmonary Syndrome Refractory to Medical Treatment. *European Journal of Cardio-Thoracic Surgery*, 40(6): 1334-1340.

第十章

最近的三个案例研究：生物风险管理的作用

雷诺兹·M. 萨莱诺（*Reynolds M. Salerno*）

摘要

本章回顾了 2014 年美国 CDC 和 NIH 发生的三起事件。然后接着分析生物风险管理系统如何降低未来发生此类事件的频率。

简介

2014 年上半年发生了三起引人注目的事件。这些事件发生在美国 CDC 和 NIH，这两个美国政府组织发布了《微生物和生物医学实验室生物安全》（BMBL），该文件最清晰地阐明了当前美国的生物安全模式（US Department of Health and Human Services，2009）。正如这本书的引言所解释的那样，美国生物科学界在接受生物风险管理概念方面进展缓慢，这与 BMBL 所支持的观点有着根本的不同。

本章回顾了这三起事件，以及美国政府对它们的反应。此外，本章还讨论了生物风险管理的哪些要素可能没有得到充分实施或完全缺失，并表明全面的生物风险管理系统可能已经预防这些事故，或者至少更早地识别了这些事故。

我们认识到事后的领悟可以让我们看到当时不明显的东西。但我们认为，对生物科学界来说，仔细评估过去作出的选择，并考虑不同的管理决策是否会导致不同的后果，这一点很重要。

案例研究 1：CDC 对炭疽处理不当

2014 年 6 月，CDC 的生物恐怖主义快速反应与先进技术（Bioterrorism Rapid Response and Advanced Technology，BRRAT）生物安全三级（BSL-3）实验室将炭疽芽孢杆菌提取物转移到细菌特殊病原体科（Bacterial Special Pathogens Branch，BSPB）和生物技术核心设施科（Biotechnology Core Facility Branch，BCFB）的生

物安全二级（BSL-2）实验室。在转移之后，BRRAT 实验室的一位科学家查明从 BSL-3 实验室转移出来的炭疽芽孢杆菌没有完全灭活。该事故立即报告给 CDC 的环境、安全和健康合规办公室（Environment, Safety, and Health Compliance Office, ESHCO）和 CDC 的管制因子和毒素司（Division of Select Agents and Toxins, DSAT）。最终，11 天后，ESHCO 确定，至少 67 名 CDC 工作人员和 3 名 CDC 访客可能在无意中接触到活的炭疽菌体或芽孢，所有人都向 CDC 门诊报告，并使用抗生素和疫苗进行暴露后预防（US Centers for Disease Control and Prevention, 2014a; Russ and Steenhuysen, 2014）。

虽然看起来没有工作人员染上炭疽，但 CDC 关于该事故的官方报告得出结论："这是一个严重的、不可接受的事故，本不该发生"（US Centers for Disease Control and Prevention, 2014a）。BRRAT 实验室的工作立即中止，并暂停从 CDC 的 BSL-3 或 BSL-4 实验室转移任何生物材料，直到实施改进措施。7 月初，国会举行了充满争议的听证会，当月晚些时候，6 月份重新任命的 BRRAT 实验室主任迈克尔·法雷尔（Michael Farrell）辞去了 CDC 的职务（Morgan, 2014）。

生物风险管理的角色？

CDC 关于这起事件的官方报告指出："导致这起事件的首要因素是缺乏经高级工作人员或科学领导审查的经批准的书面研究计划，以确保研究设计是适当的并满足所有实验室安全要求。"（US Centers for Disease Control and Prevention, 2014a）。按照生物风险管理的表述，这个特殊的实验缺乏一个全面的、有记录的风险评估。

CDC 官方报告的结论部分指出，未来，CDC 的实验室应"使用一种方法来确定任何项目中潜在错误将产生最严重后果的要点，并提供具体措施来避免这些错误"。按照生物风险管理的表述，这正是实验特定的或活动等级的风险评估应该做的。世界上最负盛名的生物科学设施之一未能系统地对其工作进行风险评估，这反映出当前基于生物安全等级和生物安保条例的模式存在缺陷。

正如第 3 章所解释的，每一个实验都应该有自己的风险评估，阐明可能出错的一切事情（风险），并评估所有这些风险的可能性和后果。该文件应由对工作最了解的人，以及对活动本身没有个人或专业投资的人编制。风险评估应由一个独立的同行组织审查，如机构生物安全委员会，并由管理层批准。在 CDC 这个特殊实验室的运行中，甚至似乎缺乏一个非正式的风险评估过程。

任何生物风险评估的另一个基本方面是熟悉所研究领域的同行评审文献也应记录在案。根据 CDC 的报告，对文献的回顾会发现过滤被推荐用于灭活炭疽芽孢杆菌……德雷维内克（Drevinek）等（2012）得出结论，甲酸法（如 BRRAT 实验室所用）并不能对炭疽芽孢杆菌进行灭菌；他们也使用离心过滤法从炭疽芽孢杆菌因子中去除活颗粒（包括芽孢）（US Centers for Disease Control and Prevention,

2014a）。对科学文献不熟悉是风险评估和管理过程中的一个重大缺陷。

完成风险评估后，首先要问的问题之一是：是否可以从实验中消除危险，或者是否可以用较小的危险代替它？在这个案例中，似乎从来没有考虑过这些基本问题。根据 CDC 的报告，BRRAT 实验室主任指示实验室科学家使用有毒菌株，因为无毒菌株可能不会产生相同的 MALDI-TOF 数据。然而，仪器制造商声明，系统只根据物种水平识别细菌，不会区分同一物种的菌株。使用无毒菌株制定方案是适当的，尤其是在进行预试验时（US Centers for Disease Control and Prevention，2014a）。

事实上，CDC 报告的结论部分建议，今后，CDC 的实验室应"尽可能促进在研究和培训活动中使用非致病性生物"。很明显，CDC 的专家明白，消除和替代是最有效的生物安全风险缓解措施，但其运行的系统似乎没有优先考虑这一观点。

正如第 5 章所解释的，每个实验的实践和规程应该直接从风险评估过程中产生。换言之，规程应明确设计为特定工作已识别风险的风险缓解的一部分。在这个案例中，BRRAT 实验室依赖于 BSPB 实验室用于布鲁氏菌的规程。虽然 BRRAT 实验室对炭疽芽孢杆菌的所有规程都包括一个过滤步骤，但在本案例中，BRRAT 实验室没有过滤提取物，因为它不属于 BSPB 实验室布鲁氏菌规程的一部分。根据 CDC 的报告，"由于炭疽芽孢杆菌形成的芽胞比营养细胞更能抵抗化学物质的灭活，因此，BRRAT 实验室科学家认为同样的处理方法也适用于炭疽芽孢杆菌是不正确的…… BRRAT 实验室用于确保无菌性的 SOP 专门用于 DNA 制备，而其他材料的 SOP 似乎没有到位"（US Centers for Disease Control and Prevention，2014a）。

此外，BRRAT 实验室还没有书面的、批准的规程用以可靠地确保生物体在从 BSL-3 安全防护实验室移除之前已被灭活。虽然 DNA 制备的实验室 SOP 表明炭疽芽孢杆菌的无菌检查平板应保持 48h 的培养时间，但是一位 BRRAT 科学家修改了 BSPB 实验室的方法，并将培养时间缩短到 24h。在培养箱中，无菌培养板上炭疽芽孢杆菌的生长大约发生在第 1 天到第 8 天之间。

这起事件最引人注目的方面之一是它只是意外被发现的。在 16 个无菌培养皿培养 24h 后，没有观察到任何生长，实验室科学家计划对这些培养皿进行高压灭菌，然后丢弃。然而，"这个人很难打开高压锅门。结果，培养皿被送回培养箱，并多培养 7d。 如果按计划在 24h 后对培养皿进行高压灭菌，就不会发现这一事件。"（US Centers for Disease Control and Prevention，2014a）。

正如第 8 章所解释的，功能良好的生物风险管理系统的一个关键要素，是一个持续评估现有缓解措施性能的明确过程，但在大多数生物安全实验室中是被广泛忽视的。风险评估应是为特定实验或活动制定风险缓解措施的性能指标的基础。根据 CDC 的报告，"未制定书面协议来证明转移到 BSL-2 实验室的材料的无菌性，而且 BSL-2 实验室也没有一个 SOP，要求在接受微生物材料之前收到无活性物质转移的书面证明。"（US Centers for Disease Control and Prevention，2014a）。在这个案例中，在将材料转移到 BSL-3 实验室外之前，应该有一个特定的测试方案来证明这些材料已失活。这样的性能指标将有效地帮助缓解个体暴露于防护外的活性因子的风险。

CDC 报告的结论显示了导致这一事件发生的下述条件："该实验室的政策、培训、科学知识、监督和判断的失误"（US Centers for Disease Control and Prevention，2014a）。缺乏监督和培训似乎尤为明显。BRRAT 实验室的科学家以前没有使用致病因子执行过这一特定的程序，并且科学家以前没有将除 DNA 制备物以外的管制因子来源物质从 BSL-3 转移到 BSL-2 实验室的经验。BRRAT 实验室的科学家对当前的文献不熟悉，大概实验室主任也不熟悉。没有提交完整的方案供审查和批准之前，科学家不应该被指示继续进行工作。在科学家完成必要的培训，证明对记录的程序有足够的了解之前，不应给予这种批准。

虽然 CDC 的报告暗示这起事件的主要责任在于 BRRAT 实验室，但很明显，缺乏制度政策、培训和监督也是导致这起事件的原因之一。例如，该报告指出，CDC 有一项政策要求每个人在进入安全区域之前刷自己的身份证明钥匙，但承认存在"授权员工捎带行为"或跟随授权同事进入安全区域现象。这一做法未能消除是管理层的责任，它大大延迟了 CDC 应急人员确定谁可能接触炭疽芽孢杆菌的能力。

正如第 6 章所讨论的，一个机构的培训计划应该具有明确的风险缓解功能。换句话说，应该建立一个管理系统，将风险评估的结果转化为一个特定于活动的持续培训计划。设计培训计划的一个关键方面是了解和记录哪些人需要培训，以及他们当前的知识、技能和能力。然后，在分析现有知识与所需知识之间的差距的基础上，设计并实施一个培训计划，以降低已识别的风险。虽然培训是生物安全界最常见的活动之一，但通常被视为独立于特定实验或实验室活动的工作。生物安全界在很大程度上依赖于一般性的培训，培训很少被设计来减轻实验特定风险评估中确定的风险。

CDC 的官方报告还确认了沟通故障，特别是在事故发生时。事发当天，两名 CDC 的工作人员前往埃默里大学（Emory University）的急诊室。最终，经过数天的事件调查，多达 84 人被确定为潜在暴露者。受影响实验室的工作人员，以及生物安全反应小组，甚至不愿与 CDC 的同事就此事进行任何沟通。根据 CDC 的报告，"在受影响实验室附近工作的 CDC 科学家评论说，他们首先是通过目睹 CDC 关闭和（或）消毒实验室而不是通过直接沟通了解到这一事件的"（US Centers for Disease Control and Prevention，2014a）。一旦发现有可能发生大范围炭疽芽孢杆菌暴露，"在应对过程中，CDC 门诊有时会不知所措"（US Centers for Disease Control and Prevention，2014a）。未能迅速披露事件细节也导致尽量减少暴露后果的消毒方法的不一致。CDC 的报告承认，"在第一周内没有明确的事件的总体线索"，并且"回顾过去，很明显在这一过程中应该更早地进行广泛的沟通"（US Centers for Disease Control and Prevention，2014a）。未能有效地就这一事件进行沟通，导致事件升级为危机事件。

正如第 9 章所讨论的，风险沟通是生物风险管理系统的关键要素。特别是，风险沟通应理解为风险缓解过程的另一个组成部分。在这种情况下，实质性的风险评估会考虑最坏的情况，并确定在不完全失活的情况下将致病物质转移到低防护实验室的风险。风险沟通计划包括将此风险传达给每个人，甚至是远程参与此项工作的个人。此外，该计划通过详细说明明确的角色和责任，提前确定即时、透明的沟通将最好地促进响应，并将混乱和恐惧降至最低。正如第 9 章所解释的，一个建立了可靠风险沟通声誉的机构将比一个在风险沟通方面记录不佳的机构更顺利、更成功地过渡到危机沟通。

归根到底，CDC 的这一事件是机构生物风险管理领导层的失职。尽管责任已分配给每个实验室，特别是每个实验室的主任，但很明显，许多故障是系统性的，并不是由一个人或一个实验室造成的。在这起事件发生时，CDC 似乎没有一个广泛的生物风险管理系统。相反，正如在生物科学界很常见的那样，CDC 显然依靠生物安全等级和生物安保法规的范式来管理其风险。事故发生后不久，CDC 主任托马斯·弗里登（Thomas Frieden）被一名记者问到，CDC 在实验室生物风险管理方面如何严格遵循 CWA 15793 指南。弗里登回答说："这些指导方针在全球范围内都有。它们不一定是美国实验室最合适、最有用或最具保护性的。"相反，他指出，美国依赖许多管理如何处理危险病原体的法规（Russ and Steenhuysen，2014；Steenhuysen and Begley，2014）。然而，生物风险管理系统的设计应补充实验室操作规程，而不仅仅是主要依赖于遵守国家法规。

案例研究 2：CDC 对 H5N1 流感处理不当

2014 年 1 月，CDC 病毒学监测和诊断科（Virology Surveillance and Diagnosis Branch，VSDB）的一个实验室无意间将低致病性甲型流感病毒（H9N2）培养物与高致病性甲型流感病毒（H5N1）毒株交叉污染。CDC 于 2014 年 3 月向美国农业部（US Department of Agriculture，USDA）东南地区家禽研究实验室（Southeast Poultry Research Laboratories，SEPRL）运送了一小部分受污染的 H9N2 病毒。由于 VSDB 流感实验室不知道污染情况，因此将该材料作为 B 类生物物质按照感染性物质的标准运输程序运往 SEPRL，并没有作为 A 类感染性物质。未遵循适当的管制品转移程序，包括许可、通知和安全预防措施。随后，一些受污染的培养物被转移到其他 CDC 流感实验室（US Centers for Disease Control and Prevention，2014b）。

2014 年 5 月，SERPL 通知 CDC，他们收到的材料被高致病性 H5N1 污染，VSDB 流感实验室立即确认了错误。由于 CDC 和 SEPRL 对受污染物质的处理都发生在 BSL-3 设施内，因此相信没有工作人员暴露于高致病性的 H5N1。到 6 月底，所有受污染的 H9N2 库存已被销毁，或被安放在经批准用于储存管制品的冰箱中。然而，CDC 的管理监督链，包括 CDC 的领导层，在将近 3 周的时间里没有收到这一事件的通知（US Centers for Disease Control and Prevention，2014b）。

生物风险管理的角色？

CDC 关于这一事件的官方报告集中在 VSDB 实验室工作的技术细节上，在这个实验室里发生了交叉污染。该报告没有指出是否已经为这项特定工作记录了正式的风险评估，或者风险评估是否已经识别了交叉污染的风险（US Centers for Disease Control and Prevention，2014b）。然而，根据发生的事件，可能是没有在风险评估中阐明交叉污染的风险，或者没有落实到位或未确认为按设计执行可能解决这一风险的缓解措施，或者可能没有采取缓解措施，或者是未进行正式的风险评估。不管怎样，这起事件的根源在于 CDC 的风险评估过程。

正如第 3 章所解释的，每一个实验或工作活动都应该有自己的风险评估文件，其中描述了可能发生的错误。可以公平地假设，一个同时从事低致病性和高致病性禽流感病毒工作的实验室将关注交叉污染。是否识别了该风险，并专门制定了哪些控制措施来缓解该风险？在本案例中，BSL-3 实验室无法控制这种风险。BSL-3 实验室可以降低从实验室防护区泄漏病原体的风险，并为该区域内的人员提供一些保护。但实际上，BSL-3 实验室并不能防止交叉污染。相反，政策和规程以及管理控制（如培训和性能指标）将在缓解这一特定风险方面发挥重要作用。全面的风险评估既能识别这种风险，又能认识到 BSL-3 实验室的物理和工程控制必须通过具体的规程和管理控制加以强化。

CDC 的官方报告解释说，完成这项工作大约需要 3h。由于参加会议的时间压力和实验室的繁重工作，本案例中的工作在一半时间内完成。CDC 报告指出，采用"标准方案"将 H9N2 和 H5N1 病毒接种到独立的 MDCK（Madin-Darby canine kidney）细胞培养液中。CDC 科学家进一步描述了遵循"最佳实践"方案暂时分离低致病性禽流感（low pathogenic avian influenza，LPAI）和高致病性禽流感（high pathogenic avian influenza，HPAI）病毒培养物。然而，根据 CDC 的报告，"针对这项工作这个实验室没有一个书面的、经批准的实验室团队特定 SOP"。此外，科学家在实验室内没有保存他们的工作的书面文件，"包括病毒接种的顺序、使用的试剂或 BSC 的消毒方式"（US Centers for Disease Control and Prevention，2014b）。

同样，正如第 5 章所解释的，直接从风险评估中制定的实践和程序应作为风险缓解过程的一个明确要素进行设计和记录。如果交叉污染的风险被认为是重大的，那么对于这项工作有一个书面的、经批准的 SOP 将是一个高优先级的事项。

这起事件的一个特别令人尴尬的方面是，这个错误最初不是由 CDC 本身发现的，而是由美国农业部实验室发现的，该实验室从 CDC 接收了被污染的 H9N2 病毒。如第 8 章所述，这反映了 CDC 实验室缺乏性能指标体系。如果风险评估已将交叉污染确定为一种风险，实验室应建立性能指标，定期对其运行进行测试，以应对这种特定的风险。在本案例中，应采取所谓的质量控制措施，在将材料转移到实验室外之前，对材料进行检测，以排除其他生物体的存在。值得注意的是，在其建议中，CDC 报告呼吁"在所有 CDC 实验室建立全面的质量控制措施"。生物风险管理系统将把这些性能指标纳入风险评估和缓解过程中，而不是不管风险如何，对所有实验室施加相同的要求。

CDC 报告中的另一项建议是"确保所有流感科工作人员都经过适当培训，了解何时应报告生物安全事件以及向谁报告"（US Centers for Disease Control and Prevention，2014b）。参与调查的 CDC 科学家认为，没有必要向 CDC 管制因子负责人提交报告，因为没有发生任何泄漏；H5N1 仅在 BSL-3 即管制因子注册设施内进行处理。然而，被 H5N1 污染的 H9N2 已被转移到未注册管制因子的 CDC 实验室，并且已被运出 CDC，就好像它不是管制因子一样。显然，有必要对监管要求进行更好的培训。

虽然 CDC 的报告强调需要改进对监管要求的培训，但合规培训的效果有限。正如第 6 章所解释的，培训应作为另一种特定的风险缓解技术纳入实验室的生物风险管理系统。实验室的科学家和技术人员应接受对风险评估结果、采取哪些物理和工程控制措施来应对一些风险，以及哪些风险主要通过规程和管理控制来缓解。在本案例中，培训应侧重于制定规程特定的 SOP、记录保持预期、性能指标以及监管要求。专门为减少已识别的、独特的风险而设计的培训，必然比法规遵从性培训更有价值。

案例研究 3：NIH 库存处理不当

2014 年 7 月初，美国 FDA 的一名科学家准备将位于马里兰州贝塞斯达（Bethesda，Maryland）的 NIH 园区 29A 楼的一个 FDA 实验室，转移到位于马里兰州银泉（Silver Spring，Maryland）的 FDA 新总部。在工作中，科学家发现了 12 个纸板箱，里面装着 327 瓶不同生物材料。这些药瓶含有许多危险因子，包括引起登革热、流感、Q 热、立克次体和其他未知病毒的因子。32 个小瓶中的材料立即被销毁，因为其中 28 个小瓶被标记为正常组织，4 个被标记为"牛痘"。还有 6 个小瓶贴有"天花"标签，另有 10 个小瓶的标签不清楚，但被怀疑含有天花（US Food and Drug Administration，2014）。

玻璃制热封瓶被存放在一个装有棉垫的盒子里。没有证据表明任何小瓶曾经被打破，或有实验室的工作人员暴露于这些材料。这些瓶子似乎可以追溯到1946—1964 年间。天花药瓶上贴有特定日期：1954 年 2 月 10 日（Dennis and Sun，2014a）。

16 个疑似含有天花的小瓶被立即存放在 NIH 园区的防护实验室里。联邦调查局（Federal Bureau of Investigation，FBI）与 CDC 和 NIH 合作，以确保 16 个小瓶的安全包装和安保运输，这些小瓶被空运到亚特兰大的 CDC。检测证实 16 个小瓶中有6 个小瓶含有天花病毒 DNA。至少在其中两个小瓶中发现活的天花病毒。剩余的279 个生物样本被转移到美国国土安全部（US Department of Homeland Security）的国家生物法医分析中心（National Bioforensic Analysis Center）进行保存（US Food and Drug Administration，2014）。

CDC 立即通知 WHO，WHO 对国际法允许只在两个机构内保藏的天花材料负有专属责任，即亚特兰大的 CDC 和俄罗斯新西伯利亚的 VECTOR。这是自 1979年致命天花病毒被根除以来，在这两个机构外首次发现天花病毒（Sun and Dennis，2014）。

2014 年 9 月初，NIH 宣布，在上个月发现了另外 5 瓶未正确储存的管制因子。在 NIH 临床中心实验医学部（NIH Clinical Center Department of Laboratory Medicine）发现了三种管制因子，包括伪伯克霍尔德菌（*Burkholderia pseudomallei*）、土拉热弗朗西丝菌（*Francisella tularensis*）和鼠疫耶尔森菌（*Yersinia pestis*），在其他 NIH 实验室也发现了蓖麻毒素和肉毒神经毒素。所有因子均未在管制因子实验室中，或存储在符合管制因子法规的条件下（Collins，2014）。

同样在 2014 年 9 月初，FDA 宣布，7 月在该局食品安全和应用营养中心（Center for Food Safety and Applied Nutrition）的一个非管制因子实验室发现了几瓶葡萄球菌肠毒素（staphylococcal enterotoxin）。这些药瓶含有 8 mg 的毒素，比作为一种管制因子处理所需的量多出 3 mg。在这两起事件中，NIH 和 FDA 向 CDC 管制因子计划报告了这些发现，并将这些材料重新安置到注册的实验室中，以保藏它们（Dennis and Sun，2014b）。

生物风险管理的角色？

虽然主流媒体把这些发现不当存储的管制因子作为安全事件来描述，但它们实际上代表了安保方面的严重失误。很明显，这些因子不会发生导致 NIH 的某个人感染某种传染病的意外暴露或泄漏。然而，这些因子可能被不具备 NIH 或 FDA知识的有恶意意图的人偷走，随后被用作武器造成故意伤害。传统的基于生物安全等级的生物安全系统从属于安保问题，并且通常只将安保性放在执行管制因子规则上。将这些事件描述为安全事件忽略了所涉及的全部风险。相比之下，生物风险管理系统考虑了事故、故意滥用和自然事件风险对生物科学设施的所有风险，并将它们优先于彼此。

然而，NIH 继续描述这些储存不当的病原体仅仅是安全问题。7 月，FDA 员工没有在 7 天内收到有关这一发现的官方信息。一位在大楼里工作的、担心受到报复而不愿透露姓名的科学家说，当他的主管阅读媒体报道时才知道了这件事。NIH 的一位发言人在 7 月份说，官方没有通知员工这一发现，是因为这些药瓶经过检查，没有发现任何泄漏（Sun and Dennis，2014）。然而，将这些物品存储在缺乏足够安保性的区域代表了一个潜在的严重安保漏洞。

9 月，负责协调 NIH 实验室“清除（clean sweep）”工作的 NIH 研究服务办公室（NIH's Office of Research Services）主任阿尔弗雷德·约翰逊（Alfred Johnson）对《华盛顿邮报（Washington Post）》说：“所有这些材料都是在完好无损的容器中发现的，而且没有暴露”（Dennis and Sun，2014b）。

NIH 主席弗朗西斯·柯林斯（Francis Collins）在 9 月初向他的 NIH 同事发送了一份备忘录，承认发现了另外一些储存不当的管制因子。他再次强调，他只关注事态的安全方面，而不关注安保风险或影响：“我想重申，没有发生与这些小瓶或样品有关的储存风险或发现有关的人员暴露。没有证据表明实验室、周围区域或社区中的任何人存在安全风险”（Collins，2014）。

8 月底，NIH 发布了“指导通知”，以回应“联邦实验室安全实践的失误”，表示 NIH 将于 2014 年 9 月启动国家生物安全管理月（National Biosafety Stewardship Month），包括对“重新检查现行政策和规程的 24 小时停工……对所有实验室的感染性因子进行清点……加强生物安全培训。”NIH 说，国家生物安全管理月将为“全国各地的科学家提供机会，以强化现有做法；重新审视现有的指导方针和资源；进一步优化生物安全监督；强化伙伴关系，以实现我们共同的生物安全目标”（National Institutes of Health，2014）。除了专注于安全之外，似乎没有考虑安保问题，该指南通知的基调还反映出 NIH 现有的实践、指南、资源和监督是适当的；它们只是需要得到强化、重新审视和优化。

FDA 对这些事件缺乏关注也令人不安。7 月初，在 FDA 实验室发现天花时，FDA 发布了一份关于该事件的官方声明，其结论是：“忽视此类样本采集显然是不可接受的”（US Food and Drug Administration，2014）。具有讽刺意味的是，在 7 月中旬，FDA 在一个没有登记存储该物质的实验室里发现了葡萄球菌肠毒素。但 FDA 代理首席科学家和 FDA 主任玛格丽特·汉姆博格（Margaret Hamburg）直到近 3 周后才得知葡萄球菌肠毒素的发现（Dennis and Sun，2014b）。

正如本书一直所强调的，生物风险管理系统是基于风险评估的概念和过程。根据定义，风险评估是问什么可能出错。NIH 或 FDA 进行全面风险评估就可以合理地得出以下结论，以下情况将是重大风险：在设施的某个区域可能存在一种危险的管制因子，该区域没有足够的安保防止盗窃和滥用，材料可以被发现、盗窃和恶意使用。在这种情况下，NIH 将成为潜在的严重性甚至毁灭性生物恐怖主义事件的源头。针对这种情况的缓解措施相当简单：确保在有限的访问、安保区域之外不存在此类"孤立"的管制因子。似乎 NIH 或 FDA 在 2014 年 8 月之前没有进行此类风险评估，或者风险被认为不足以要求实施必要的缓解措施。

结论

2014 年在 CDC 和 NIH 发生的生物安全和生物安保事件表明，这两个主要的美国生物科学机构可能没有建立全面的生物风险管理系统。毫不奇怪，这些设施继续依赖当前的生物安全等级模式和当前的美国生物安保条例。然而，这些事件表明，美国生物安全事业已经到了考虑替代方法和系统的时候。

从这些简短的案例研究中得出的结论是，长期缺乏包括对特定活动的文件化研究、涉及的特定因子和特定实验室、进行的特定工作、使用的特定设备和方案以及由特定的执行人员在内的全面的生物风险评估。在真正的生物风险管理系统中，这些全面的生物风险评估应是确定实验或活动特异性的风险缓解措施的基础，例如特定的培训、政策、规程以及实验或活动特异性的性能指标。从最高管理层到实验室工作人员明确定义的角色和职责，以及对安全和安保、监控、评估和持续改进的组织承诺，也将无缝地纳入实验室运行中。如果这些程序和系统已经到位，本章中描述的事件可能不会发生，或者至少可以更快地被识别出来。

相反，现在的生物安全界只有少数机构执行实质性的风险评估，更不用说全面记录这些评估。特别是当我们考虑到广泛的国际生物安全界时，大多数人采取了同一种方法，即假定一种因子的风险将是相同的，而不管它是如何在实验室中使用的。这就导致了对一种因子的内在生化特性的通用风险评估——实际上，这只是一种危险评估。数以百计的实验室进行数千次不同的实验或活动，都使用完全相同的材料安全数据单进行风险评估。这些通用性危险评估评估了一种因子在其使用范围之外所造成的危险，并将其转化为假设包含适当的缓解措施的通用性生物安全等级。然而，现在工作的多样性使这些通用的危险评估和通用的风险缓解等级不再够用。

当今美国和海外生物安全界的另一个趋势是将安全和安保责任下放给一个几乎没有或根本没有管理权的所谓生物安全官。这些官员对实验室进行监管，并指出它们不符合既定的规章制度之处。但归根结底，是首席研究员或实验室主任决定实施什么样的安全和安保措施。一个实验室可能会选择在安全和安保方面投入大量资源；而同一设施中的另一个实验室可能不会。生物安全官被授予所有的职责，但缺乏促进个人或组织行为改变所需的任何权力或预算支持。相比之下，在生物风险管理系统中，组织的整个文化都包含安全和安保，每个人的绩效都取决于风险管理系统的有效性。

通常，对此类安全和安保事件的反应是在复杂的工程控制中投入更多的资源，或者要求仅在更高等级的防护下进行这些工作。这两种方法都大大增加了科学成本，同时也意味着只有资源最丰富的机构才能安全地从事危险因子工作。然而，这些案例研究表明，依赖当前生物安全模式的资金非常充足的实验室也会犯错误，并且额外的工程控制或更高等级的防护措施也不会有任何不同。相比之下，功能良好的生物风险管理系统可扩展到从小型医院实验室到大型国家研究所的世界上任何生物科学机构。安全并非完全取决于机构的可用资源或财富，而是取决于机构对安全的广泛管理承诺。

最后，对这些事件的官方指责似乎是针对个别员工或涉及的特定实验室。在许多方面，官方政府对这些事件的报告都是典型的根本原因分析，旨在确定单一的初始事件。正如麻省理工学院（MIT）学者南希·列维森（Nancy Levson）所解释的那样，这种事件链所失去的是，多年前就已经有了可能发生这种事件的环境。如果这些具体事件没有发生，将来还会发生类似事件吗？（Leveson，2011）。

尚未出现的，但希望最终会出现的是，认识到允许这些事件发生的组织文化[①]或管理系统可能存在问题。美国生物科学设施中的安全和安保文化[②]是否存在问题，使此类事件成为可能？实施一个全面的生物风险管理系统，是否能使包括行政管理在内的全体员工积极参与识别和减轻生物风险，是否能够显著提高美国和国际生物科学设施和操作的安全和安保？

参考文献

Collins, F.S. 2014. Interim Update on Comprehensive Sweep at the NIH. Memo to NIH staff. September 5. Published in Kaiser, J. NIH Finds More Forgotten Risky Pathogens and Toxins. *Science*, September 8, 2014. http://www.sciencenow.org/biology/2014/09/nih-finds-more-forgotten-risky-pathogens-and-toxins.

Dennis, B., and L.H. Sun. 2014a. FDA Found More than Smallpox Vials in Storage Room. *Washington Post*, July 16. http://www.washingtonpost.com/national/health-science/fda-found-more-than-smallpox-vials-in-storage-room/2014/07/16/850d4b12-0d2211e4-8341-b8072b1e7348_story.html.

Dennis, B., and L.H. Sun. 2014b. More Deadly Pathogens, Toxins Found Improperly

---

① 组织文化指的是"机构或组织的一整套共同态度、价值观、目标和实践"（Merriam–Webster，2014）。

② 文化指的是"与特定领域、活动或社会特征相关的一整套价值观、惯例或社会实践"（Merriam–Webster，2014）。

Stored in NIH and FDA Labs. *Washington Post*, September 5. http://www.washingtonpost.com/national/health-science/six-more-deadly-pathogens-found-improperly-stored-in-nih-and-fda-labs/2014/09/05/9ff8c3c2-3520-11e4-a723-fa3895a25d02_story.html.

Leveson, N.G. 2011. *Engineering a Safer World: Systems Thinking Applied to Safety*. Cambridge, MA: MIT Press.

Merriam- Webster. 2014. http://www.merriam-webster.com/dictionary/culture.

Morgan, D. 2014. Exclusive: CDC Says Lab Director Behind Anthrax Mishap Resigns. Reuters News Service. July 23.

National Institutes of Health. 2014. Promoting Health, Science, and Public Trust through Laboratory Safety. Director's Blog. August 27. http://directorsblog.nih.gov/2014/08/27/promoting-health-science-and-public-trust-through-laboratory-safety/.

Russ, H., and J. Steenhuysen. 2014. CDC Reassigns Director of Lab Behind Anthrax Blunder. Reuters News Service. June 24.

Steenhuysen, J., and S. Begley. CDC Didn't Heed Own Lessons from 2004 Anthrax Scare. Reuters News Service. June 30.

Sun, L.H., and B. Dennis. 2014. Smallpox Vials, Decades Old, Found in Storage Room at NIH Campus in Bethesda. *Washington Post*, July 8. http://www.washingtonpost.1com/1national/1health-1science/1smallpox-1vials-1found-1in-1storage-1room-1of-1nih-1campus-1in-1bethesda/2014/07/08/bfdc284a-06d2-11e4-8a6a-19355c7e870a_story.html.

US Centers for Disease Control and Prevention. 2014a. Report on the Potential Exposure to Anthrax. July 11.

US Centers for Disease Control and Prevention. 2014b. Report on the Inadvertent Cross-Contamination and Shipment of a Laboratory Specimen with Influenza Virus H5N1. August 15. http://www.cdc.gov/1about/1pdf/1lab-1safety/1investigationcdch5n1contaminatio1neventaugust15.pdf.1

US Department of Health and Human Services. 2009. *Biosafety in Microbiological and Biomedical Laboratories*. 5th ed.

US Food and Drug Administration. 2014. Update on Findings in the FDA Cold Storage Area on the NIH Campus. July 16. http://www.1fda.gov/1newsevents/1newsroom/11pressannouncements/1ucm405434.htm.

第十一章

生物风险管理的未来发展　挑战和机遇

本杰明·布罗德斯基（Benjamin Brodsky）和乌韦·穆勒－多布里斯（Uwe Müeller-Doblies）

摘要

作为一门独立学科，生物风险管理在过去的 10 年里发展迅速。系统性生物风险管理方法的实施在全球范围内仍然不平衡，新的、鲜为人知的生物风险继续出现，挑战传统的生物安全和生物安保方法。[①] 在本章中，我们将讨论生物风险管理学科面临的一些挑战，并考虑解决这些挑战的方法。其中许多挑战与生物风险固有的多样性和可变性、现有的评估和解决这些风险的不同系统、国家和国际层面的风险承受能力变化、数据的可用性以及在不同的地理、社会和法律环境中运行的组织内支持选择和应用这些系统的标准的确定有关。本章将考虑如何理解生物风险评估和控制方面的区域差异，从而最终对基于评估、缓解和性能模型的生物风险管理基础进行背景比较。

简介

在过去的 10 年里，实验室生物风险管理已经发展成为一门独立的学科，包括生物安全、生物防护和实验室生物安保。鉴于针对生物风险的规定性控制系统过于僵化，无法有效地管理在指数级生物发现时代出现的快速发展和变化的生物风险，监管机构和机构运营商（在法律背景下有时被称为"责任人"）正在探索基于风险和基于性能的方法，包括已成功应用在其他高风险行业的方法。在 2008 年制定了 CEN 研讨协议 15793 之后，一些国际组织已采用或主张采用这种方法来处理

---

① 生物安保这一术语在两个不同的环境中仍然被广泛使用。首先是从微生物到高等生物控制和排除外来物种（包括动物和植物）。这也被称为（兽医）生物安保，或植物检疫控制。最近，（实验室）生物安保被用来描述用于防止恶意挪用和泄漏生物因子的控制措施。

生物风险管理。最近，在 2014 年 5 月，世界动物卫生组织（office Internationale des Epizooties，OIE）开始用一种新的基于风险的实验室生物安全和生物安保方法，取代了已经存在 20 多年的已建立的防护等级分类（见下文）。本章研究了当前生物风险管理的评估－缓解－性能模型，以及可能发现改进机会的地方。

　　如前几章所述，通过仔细和全面的生物风险评估，以风险为基础的方法可以提供针对现有特定风险的风险缓解措施，使其具有更大的风险相称性和可持续性，从而具有更好的价值。这一概念是基于这样的假设：数据可用于量化导致危险释放的替代风险路径，也可用于替代风险控制系统的性能特征。然而，尽管经过多年的研究，我们对危险生物材料的一些关键特性以及用于缓解相关风险的风险控制系统的参数的认识仍然存在重大差距。如果这些数据是可用的，它将为基于风险的方法提供证据，并支持更具成本效益的风险控制系统。但如果缺少数据，它可能会停止工作或使工作成本过高。在许多情况下，相同的风险控制系统已在世界各地得到应用，但没有文件证明其在具体的、当地的应用环境中的性能。在实验室生物安保方面尤其如此，目前缺乏对各种环境下生物安全控制措施有效性的详细研究。在危险识别和风险评估强有力的基础上，生物风险管理方法从本质上迫使设施关注生物安全和生物安保，适当考虑危险的性质、正在进行的工作的性质和物理、人员、环境、法律等多种因素。这些可能影响已识别的生物安全和生物安保风险（生物风险）的可能性和后果，而不是依赖于制定的不考虑当地风险背景的通用性规定措施。

　　基于对机构特异性风险评估的风险缓解（也称为风险控制）与规定性方法形成鲜明对比，后者为设施提供了关于如何做但不一定是为什么要做的指导。在健全的生物风险评估基础上实施的生物风险缓解措施更有可能解决特定的已识别的生物风险，提高运行效率，重要的是，改善组织内部对适当风险缓解实施要求的理解。实现这些效益的成本是为了更深入地了解生物危险、潜在风险路径、后果和风险缓解措施所需的投资。它还要求监管机构和组织确定可接受的剩余风险等级（采用风险缓解措施后可接受的风险等级）。规定性方法也假定了可接受的风险，但往往缺乏对风险接受的正式认识或关键分析。在社会中，所有利益相关方之间往往很难进行协商。即使在对生物风险控制系统有最先进监管要求的国家，集体学习建立、运行和维护设施以实现和维持目标风险状况的过程也不容易实现，而且是资源密集型的。相关的风险越高，为了交付安全和安保的风险缓解系统以及证明其性能所必须分配的资源也就越多。

　　最后，性能在生物风险管理方法中起着关键作用（见第 8 章）。性能评估是许多设施的生物风险管理中经常被忽视的一个方面，对于确保生物风险管理系统按预期执行和确定改进机会至关重要。开发新的性能评估方法，比较各种生物风险管理方法的性能，是进一步推进生物风险管理领域的关键。

本章将介绍这些问题，并强调需要生物风险管理界的投入才能有效克服的挑战。对于这些问题，有效的解决方案尚未确定或尚未在全球范围内实施。其中一些挑战，如金融资源限制和基础设施限制，往往超出了特定设施的控制范围，但新型、创新的生物风险管理方法可能有助于解决这些外部限制。在对这些挑战和机遇进行讨论时，希望本章将有助于采取积极行动，解决生物风险管理更困难的方面，迄今为止，这些方面的解决方案已被证明是难以捉摸的。

挑战和机遇

世界各地的机构正在开发和采用实验室生物风险管理方案，这是令人鼓舞的。展望未来，生物风险管理界必须确定并应对阻碍进一步实施基于风险的生物安全和生物安保的主要挑战。许多这些挑战都需要大量的资金和科技投资才能解决。本章中提出的挑战和机遇并不是一个全面的说明；相反，这是一种试图确定当今业界所面临的一系列关键挑战的尝试，这些挑战在该领域的进一步发展中可能被视为速率限制。确定并广泛实施应对这些挑战的解决方案，可以大大促进该领域的进一步发展，并建立更加安全和安保的生物科学设施。

生物风险评估

如第3章所述，生物风险评估是生物风险管理的基础。生物风险评估的核心是识别潜在的生物危险、威胁以及相关的生物安全和生物安保风险，根据后果的可能性和严重性来表征这些风险，并确定所表征的风险是否可接受。从理论上讲，这个过程很简单。然而，在实践中，由生物风险管理界实行的风险评估是一个复杂的过程，在该领域应用了各种各样的方法，无论是正式的还是非正式的。除了本书所述的一般原则外，不存在普遍接受的进行风险评估的方法，包括要采取的特定风险评估过程、应由谁进行风险评估、何时和多久进行风险评估、是否和如何记录、沟通和审查风险评估，以及什么是可接受的风险。

这种多样性对评估的可信度提出了重大挑战，使得不同的风险评估和风险缓解系统之间的比较变得困难甚至不可能。对生物安全和生物安保指南，例如 WHO 和 OIE 发布的指南没有在全球范围内得到实施，现在正被更基本的挑战所取代，即不同机构进行的生物安全和生物安保风险评估不容易进行比较。

该领域的既定资源提供了如何进行风险评估的一般指导方针。然而瓦格纳（Wagener）等（2008）观察到，"尽管目前正在进行风险评估，但缺乏统一的方法和适当的工具，使得这种评估变得不必要的困难。"在各种各样的可用的风险表征方法中，每种方法都有其优缺点。其中，开发和采用了许多正式的风险评估方法。组织和个人必须确定这些方法中的一种，或方法的组合，以适用于其具体情况和确定用于评估的风险。不同的从业者可能更喜欢其中的一些方法。许多组织，特别是较小的组织，根本不采用任何正式的、书面的风险评估方法，而是依赖于主题专家判断、咨询、经验、常识、可用的生物安全和生物安保指南以及基本途径信息的结合来制定关键风险缓解决策。因此，就金融投资和完成所需的时间而言，风险评估的成本可能存在很大差异。

风险表征方法之间缺乏可比性，这是仅仅基于本地风险评估的生物安全和生物安保方法的局限性。如果没有能力比较各自的风险评估，包括在不同机构之间交换人员、样品和试剂的机构间合作可能是一个相当大的挑战。

应用多种可用的风险表征方法是多种原因的结果。首先，如上所述，在现场进行风险评估时，明显缺乏一种或一套公认的标准规程。评估生物风险的各种方法也表明，这些方法都不完全令人满意。更正式、半定量和定量的方法可以产生更一致、可重复和可比较的结果，但这是资源密集型的，需要可靠的数据来实现其潜力。

在这一领域工作的风险分析师也面临着一个挑战，但并非唯一的问题，即必须考虑定义不清或完全不具有特征的生物危险。不幸的是，生物风险管理专业人员经常必须面对新兴的、自然发生的危险：最近著名的例子包括自然发生的新型病原体，如引起人类暴发的新型流感病毒株（H7N9、H1N1）和新发现的病毒（中东呼吸系统综合征冠状病毒，MERS–CoV），严重急性呼吸综合征冠状病毒（SARS–CoV）。至少在这些新型病原体首次出现的时候，生物风险评估通常依赖的关键生物数据很少。从生物风险管理的角度来看，许多关注的生物材料仍然未知，这进一步使生物风险评估过程复杂化，并引入了显著的不确定性。这种不确定性的传统方法是一种预防性方法，它在缺乏证据的情况下应用更多的风险缓解控制，以支持对较低控制水平的依赖。

此外，随着生物技术领域的进步，修饰甚至创造已知或以前未知的微生物的愿景也已成为一种司空见惯的现实。与从事自然发生的病原体工作一样，必须考虑和解决与基因工程（或修饰）微生物操作相关的生物风险。已经在前面提到在实验室操纵自然发生的和基因修饰的微生物时使用的风险管理方法之间的密切一致性，尽管国家监督操作这两类微生物的框架可能是不同的（Kimman 等，2008）。

这些实验室活动的一部分可以被视为值得关注的两用研究（dual–use research of concern，DURC）。[①] 最近文献发表的几个研究实例引起了相当大的关注，包括围绕所谓的涉及流感病毒的功能获得性实验展开的持续辩论（Roos，2014）。这些实验的发表引起了研究人员、生物风险管理专家、国家当局和公众之间就这些实验

_____

① 美国政府将 DURC 定义为"根据目前的理解，生命科学研究合理地预见它将提供的知识、信息、产品或技术可能会被直接误用，从而对公众健康和安全、农业作物和其他植物、动物、环境、物资或国家安全造成重大威胁，并产生广泛的潜在后果"（US Office of Science and Technology Policy，2013）。

的安全性以及其他人滥用实验规程的可能性进行激烈的对话。了解与 DURC 相关的安全和安保风险，其重要性不亚于表征操作自然发生的病原体和其他基因工程微生物的生物风险。在某些情况下，由于所涉及的工程微生物的未知或未经测试的特性，有关 DURC 实验的一些争议可能归因于难以准确确定与工作相关的风险的可能性和后果。

预测基因工程微生物的特性，特别是这些微生物如何与人类和动物宿主相互作用，往往是困难的、耗时的和昂贵的。这种不确定性使为处理自然发生的和工程化的微生物和毒素进行的研究和确定适当的生物安全和生物安保缓解措施的风险 – 效益分析复杂化。尽管近年来已采取措施开发风险评估方法来分析 DURC，但许多从业人员认为，当前的风险评估程序需要进一步加强。例如，最近的一份报告描述了 2013 年威尔顿庄园会议（Wilton Park conference）上关于两用生物学的讨论，其中指出：需要做很多工作来确定与 DURC 相关的适当的风险评估因素，同时考虑到各种可能的安保问题。未来，更广泛的风险评估方法可以评估人身安全、经济安保成本、外交安保、社会和政治稳定、恐惧和愤怒以及导致对政府信任度下降的研究风险。它还应该考虑可能性，并考虑到可能的行动者的动机以及有关恐怖分子行动者的才智。目前的 DURC 风险评估主要是"风险 – 收益"分析，需要更全面和定量的风险评估，具体评价某些研究可能出现的问题（Wilton Park，2013）。

即使对于特征明确的病原体，如口蹄疫病毒（FMDV），也可以使用额外的数据来更好地了解风险评估过程。例如，口蹄疫病毒被公认是通过空气长距离传播的，半数气溶胶感染剂量（ID_{50}）从牛的 1~10 个粒子到猪的几千个感染粒子不等。然而，在理解气溶胶是如何产生的以及传递率如何受到湿度、温度和颗粒尺寸的影响方面，仍然存在很大的差距。因此，几乎没有数据来量化这种病毒的风险缓解措施的性能。

缺乏定量数据是缓解生物风险的各种风险缓解（控制）系统性能的一个更基本的问题（Kimman 等，2008）。正如引言中所讨论的，其他高危险行业也面临着类似的挑战，为了应对这一挑战，这些行业已经收集了有关安全关键部件性能的数据，并同意参考风险评估方法，例如危险可操作性研究和保护层分析（layer of protection analysis，LOPA）。如果共享数据可用于支持风险评估过程，甚至可以在合理的时间框架内执行更复杂的方法。如果数据不可用，设施运营者和监管机构将面临一项困难的任务。缺乏数据将引导风险评估朝着预防性方法发展，这将大大增加风险缓解的成本，包括设施设计、施工和运行。特别是对于公共卫生关注的病原体，可能会出现这样一种情况：实验室活动带来的益处比循证风险缓解系统更为优先，后者超过了该疾病的公共卫生预算。

由于在管理生物风险时很难衡量风险缓解措施的有效性，过去的经验表明，在缺乏公认的标准风险缓解系统的情况下，监管当局将要求证明符合风险评估的性能。因此，在可接受的标准风险缓解系统和替代风险缓解策略之间可能会出现一种自然的紧张关系，在这些替代方案中缺乏已证明的性能数据，例如在新设施的设计和施工中实施新的风险缓解方法。在英国的 4 级防护（CL）设施中使用了正压防护服是其中一个例子。根据英国《有害健康物质管制条例》（Control of Substances Hazardous to Health Regulations，COSHH，2002），必须采用一系列控制措施。根据防护服是个体防护装备的解释（控制等级中最低的一级），送风型正压防护服最初被认为是 CL-4 实验室运行的控制措施。因此，尽管在 2006 年英国的指南中引入了一但无法在安全柜或隔离器中开展工作时可选择防护服型实验室的选项，但只有Ⅲ级安全柜式 CL-4 实验室获准在英国运行（Advisory Committee on Dangerous Pathogens，Health and Safety Executive，2006）。然而，当组织计划在防护服型实验室工作时，他们要承担全部举证责任，必须向监管机构证明这些合适的系统同样安全。最近，出现了对新的一级防护装置的开发和正压防护服性能的研究（Steward and Lever，2012）。

同样，风险接受度或由工作开展机构确定的风险缓解后可接受的残余风险等级因行业和文化而异。如第 3 章所述，风险接受度受组织内外许多因素的影响。例如，外部利益相关方，如一般公众、监管机构、合作组织和其他人，可能根据当地的认识水平、利益相关方之间的沟通频率和内容、媒体报道、文化因素、当地和社会以往涉及特定病原体和疾病的经验等，对风险的看法存在很大分歧。这种对风险的社会接受度被更好地定义和传达是至关重要的，因为它是一个基于风险的方法成功的基本前提。除非在当地或国家立法文件中对可接受的风险等级进行了适当的定义和捕捉，否则设施运行者可能无法证明其已适当地履行了其职责，因此可能面临法律挑战。

观察到的不同地区风险特征和风险接受方法的多样性给生物风险管理界带来了一个重大挑战：是否可以客观地确定指定的风险评估是否得到充分执行？正如生物风险管理从业人员必须确定给定的生物安全或生物安保风险是否可接受一样，也必须决定风险评估本身的可接受性（就所选方法的适用性、数据的质量和相关性以及数据解释和分析而言）。能否建立一个最低限度的标准（一套标准的客观标准），通过该标准，内部和外部利益相关方可以对生物风险评估（无论是定性的还是定量的、正式的还是非正式的）的充分性和完整性进行评估？

在考虑这一挑战时，立法者、监管者和其他负责确定生物风险评估要求的人，必须在生物风险评估可实现的证明与生物风险管理相关工作预期的社会效益之间取得微妙的平衡。如果所需的举证责任过于繁重，组织无法满足要求，那么保护生命的重要工作将被阻止，或转移到风险承受能力更强或风险意识较低的地方组织。换言之，如果过于狭隘地考虑实验室生物风险，而不考虑这些风险的影响和控制它们的措施对其他相关风险的影响，那么对实验室生物安全和生物安保的规避风险方法施加的限制可能会产生意想不到的后果。必须考虑实验室生物风险与其他社会风险管理之间的平衡。例如，在为公共卫生实验室制定针对特定实验室生物风险的生物风险管理措施时，管理人员必须考虑这些风险缓解措施对在疾病暴发时实验室执行其公共卫生任务的能力的潜在影响，以及这种影响如何作用于暴发所造成的风险。

涉及危险病原体的实验室活动的社会可接受风险将在很大程度上取决于该疾病在该地区/国家的自然发生（流行率），以及开展与病原体有关的实验室活动的实际效益（图 11.1）。例如，随着社会风险容忍度的增加，在常见的地方性病原体的情况下，实验室控制与病原体相关的实验室生物风险所需的生物风险缓解降低。

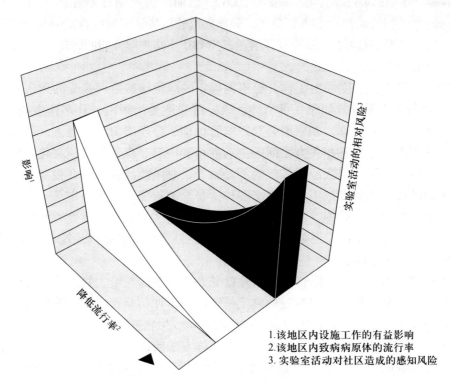

1.该地区内设施工作的有益影响
2.该地区内致病原体的流行率
3.实验室活动对社区造成的感知风险

图 11.1　社会风险接受与所需生物风险缓解之间的反向关系

参照生物防护实验室运行的可接受风险（或目标风险等级），与本地或区域环境中疾病的实际流行率进行比较，可实现实验室生物风险管理性能的现实目标设定，同时实现成本和效益之间的伦理平衡。

例如，实验室中为控制季节性流感而采取的控制措施比不活跃的历史性流感菌株的控制措施要少，即使每个菌株引起的发病率/死亡率可能相同。实验室不会对季节性流感病毒株的流行率产生影响，但却是重新引入历史性流感病毒株的唯一关键控制点（Wertheim，2010；Shoham，1993）。

生物风险管理界还应考虑某些已定义的风险评估方法，如上文所述的方法，是否最适合评估某些类别或类型的生物安全和生物安保风险。这与所谓的低概率（可能性）、高后果风险尤其相关，往往难以用定量的方式来描述这些风险。此类风险的例子可能包括高致病性因子的意外环境泄漏，或出于恐怖主义目的盗窃高致病性因子。

如果一种或一组标准的风险表征方法可以应用于全球所有设施的特定生物安全或生物安保风险，在理想情况下这些分析的预期产出将在所有设施和区域内一致，从而具有可比性。这并不意味着风险的可能性和后果，以及相关的风险可接受性将是相同的，但它将为这些产出的差异提供更强有力的解释。

与主要依赖风险等级和相应的生物安全等级类别的方法不同，针对特定环境进行生物风险评估的另一个巨大优势是能够考虑设施特定的后果。例如，特定疾病/病原体的地域性极大地影响在特定国家或地区病原体泄露的后果，进而影响风险接受度。这可以为不同国家/地区的风险缓解系统的不同性能要求提供非常合理的理由。考虑到在实验室所在的任何地方，人类的生命都应该具有相同的价值，一些设施的资助者坚持认为，他们只接受为非感染性人畜共患病而设计的风险控制系统，即使在这种疾病非常普遍的国家也是如此。与此同时，拥有相对先进的实验室基础设施的国家尚未对 HIV 等病原体实施此类缓解措施，即使在没有可用的治疗的时候。解决这个难题的一个可能方法是相对风险法。与其考虑设施本身所造成的绝对风险，还不如考虑与自然发生疾病相关的风险。如果疾病是非感染性的，从自然环境中感染疾病的风险很低，因此在实验室应用的控制措施相对较高。如果该疾病已经在国家或地区内流行，实验室应确保实验室活动对例如实验室工作人员和公众等产生的风险不大于社区风险。这使得风险控制成比例、更加可持续。例如，这意味着非洲一些国家可能对非感染性病毒性疾病（如西方马脑炎病毒（Western equine encephalitis））实施相对较高的风险控制，但对裂谷热病毒（Rift Valley fever Virus）或西尼罗病毒（West Nile Virus）的控制相对较低。

无口蹄疫国家的实验室生物风险管理标准也采取了类似的方法。在疾病暴发期间，对实验室防护的要求有所降低，但保持在一个可确保不会发生实验室传播水平。这减少了国家参考实验室的负担，仅在疾病暴发时处理活病毒，但参与基于灭活材料的能力测试计划（（European Commission for the Control of Foot-and-Mouth Disease，2013）。

虽然生物风险管理界持续发展自己的风险评估方法，但生物风险管理专业人员可能有机会与其他领域的同事互动，这些领域正在生产新材料，人类和动物群体接触这些材料的风险未知，例如纳米材料毒理学。这种相互作用有助于建立、发展和完善风险评估方法，从而使研究人员能够更好地了解拟用新型生物材料工作的最关键风险。业界应采取积极措施，鼓励与其他领域的风险分析师交换意见，这些分析师在评估与定义不明确的危险相关的风险时面临类似的挑战和限制。

尽管风险分析师将继续推进风险评估方法，但必须做更多的工作，以确保从事生物材料（自然发生或工程化的）工作的所有机构都有可用于执行风险评估的工具和资源。如前所述，一刀切式执行风险评估的方法是不可行的。不同类型的风险需要不同的方法来正确分析它们。在实验室执行标准规程时，对工作人员遭受针刺伤害和可能暴露于感染性物质的可能性和后果进行的详细评估，将与由于废水处理系统故障导致生物有害物质大规模泄漏到环境中的风险特征，或决心潜入设施的敌方窃取敏感数据的风险特征非常不同。然而，在机构层面，有必要对这些不同的风险进行比较，以建立一个平衡的风险档案，允许将应对最高相对风险的风险缓解措施资源进行优先排序。

所有生物风险的一个共同主题是，它们可能具有风险路径的特征，该路径从危险到危险泄漏，并随后导致不利后果。关键是授权机构选择适当的风险表征和沟通工具，以满足特定的机构需求。例如，蝴蝶结风险控制图可以通过系统分析导致常见危险泄露事件的风险路径来完善风险评估。它们允许比较设施内类型类似的风险，以确定改进工作的优先顺序。它们已成为石油和天然气行业的标准工具，并在生物风险管理中被证明是有用的。蝴蝶结生物风险图可用于帮助提供支持管理层决策过程的文档。图 11.2 所示为一个生物风险蝴蝶结模型的例子，该模型用于从一个假设的实验室中泄漏外来动物病原体。

根据实验室活动和实验室设施，风险路径可分为七个主要类别，每个类别都有若干单独的风险路径。根据生物因子和实验室活动造成的风险（可能性和后果），缓解措施适用于特定的风险路径。这些措施也被称为保护层。所选择的最适当的缓解措施不仅会因风险路径的不同而有所不同，还会因当地的可用性、财务约束和后勤考虑因素而有所不同。可以进一步开发蝴蝶结风险图，以比较缓解策略，并在需要时为保护层分析（LOPAs）提供逻辑框架。

然而，蝴蝶结图并不能取代所有其他的风险评估方法。相反，它们补充了其他风险评估方法，这些方法更适合捕捉个别风险和缓解措施的细节，但对于向利益相关方（包括可能缺乏全面了解风险评估过程的细节技术背景的利益相关方）沟通整体风险管理系统的效果较差。

为了帮助设施确定哪些风险评估方法最适合对特定项目、过程或规程进行分析，并帮助这些设施达到适当风险评估的可接受标准，生物风险管理界应考虑建立一个文件化风险评估库，适合公开披露，作为寻求额外指导和范例设施的例子。

生物风险缓解

实验室生物安全和生物安保以及生物风险缓解的原则已在许多公开的参考文献中阐明，包括《实验室生物安全手册》、《实验室生物风险管理：生物安保指南》

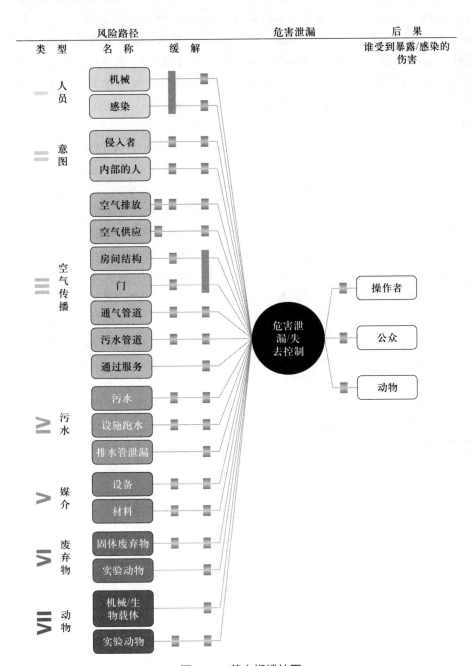

图 11.2　基本蝴蝶结图

和 CEN 研讨协议 15793：2011- 实验室生物风险管理等（World Health Organization，2004、2006；European Committee for Standardization，2011a）。重要的是，全球公认的标准仅适用于生物风险管理的几个方面，例如 WHO 总结的关于感染性生物材料国际运输的条例（World Health Organization，2012a）。此外，某些已从自然环境中根除的病原体的实验室操作，尤其是天花病毒和牛瘟病毒，适用于特别国际管制文件监管 [World Assembly of Delegates of the World Organisation for Animal Health（OIE），2011；Sixtieth World Health Assembly，2007]。

在一些国家，生物风险管理原则形成了国家法律和法规的基础，负责操作、储存、运输和处理致病性生物材料。然而，这些法规出台后，经过一段时间的实践之后从不同的方向得到了推动。这些推动包括公共卫生问题、保护（实验室）工作人员健康的措施、保护公众免受基因改造潜在负面影响的措施、使动物和动物产品国际贸易得以开展的控制措施以及在国家层面控制动物健康的动物卫生立法。因此，目前各国的法律和法规错综复杂，一些国家（随着时间推移）制定了相对稳健的国家措施，而其他国家可能很少或根本没有国家措施来监督生物材料的工作。也很难直接比较跨越国界的不同法律和监管结构。例如，虽然许多国家利用风险或危险等级对生物材料进行分类（风险等级 1–4），并帮助确定适当的风险缓解措施，但每个风险等级的确切定义在不同国家之间以及在同一国家中不同主管当局之间有所不同（American Biological Safety Association，2014a）。

由于这些原因和许多其他原因，在国际层面，生物设施和野外作业期间的生物风险管理实施现状极不平衡。这是可以预期的：不仅国家法律要求不同，而且与不同组织和活动相关的风险也不同，利益相关方之间的风险认知也不同，可用于缓解这些风险的资源也不相等。一些组织努力将生物风险管理的一般原则转化为特定机构的政策、计划和风险缓解规程，从而引发了一个挑战：尽管取得了重大进展，生物风险管理界在为生物风险管理系统建立通用、基于风险的标准和基准的过程中仍面临着许多挑战，这些标准和基准能够适应地方、国家和区域各级生物风险和生物风险缓解能力的差异。

与适当风险缓解的不同实施相关的挑战早已被认识到，不是一朝一夕能够解决的。存在多种标准会影响生物风险管理的具体方面，从实验室设计到工程控制，再到个体防护装备，这些标准较多，此处无法详细叙述。此外，生物科学界不断制定更多的国家和国际标准，以及评价实验室是否符合这些标准的方法，以协调整个生物风险管理。最近的一个例子是 ANSI/ASSE Z9.14–2014，"生物安全 3 级（BSL–3）和动物生物安全 3 级（ABSL–3）设施通风系统的测试和性能验证方法"的开发（American Biological Safety Association，2014b）。提高生物风险管理标准化的好处是很多的。它们包括通过更有效的生物风险管理、促进国际科学交流和研究协作以及更有效的传染病检测，建立一个更安全和安保的生物科学社区。当然，建立普遍标准和基准的努力仍相对初期，还需要大量投资。

　　在生物风险管理领域，需要一个基于性能的国际标准已经得到许多人的认可。2008 年，CEN 研讨协议 15793：2008——实验室生物风险管理（称为 CWA 15793）发布。该文件是一个专题讨论的结果，专题研讨会包括来自 24 个国家的 76 名与会者，以及来自相关国际组织的意见。该文件于 2011 年更新延期 3 年（European Committee for Standardization，2011a）。2012 年，在另一个类似的研讨会讨论结束后，发布了一份相关的指导文件，即 CWA 16393：2012——实验室生物风险管理：实施 CWA 15793：2008 的指南（CWA 16393）（European Committee for Standardization，2012）。CWA 16393 为寻求遵守 CWA 15793 要求的组织提供了额外的实施指南。

　　CWA 15793 为生物风险管理系统建立了 64 个基于性能的要求。这些要求旨在与任何现有的地方或国家法规以及其他常用管理体系标准（如 ISO 9001：2008、ISO 14001：2004 和 BS OHSAS 18001：2007）的要求相兼容。CWA 16393 及 CWA 15793 为组织提供了建立全面生物风险管理系统的基于性能的标准，该系统可以使用评估－缓解－性能（AMP）模型来实施。此外，CWA 15793 为生物风险管理领域常用的术语提供了一套有用的定义。虽然最初计划用于实验室，但许多人认为 CWA 15793 的要求适用于任何从事生物材料或毒素工作的组织，以及那些寻求建立正式和全面的生物风险管理系统的组织。重要的是，与其他管理体系标准一样，CWA 15793 没有制定具体的规定性要求；组织负责确定如何满足 CWA 15793 的基于性能的要求。

　　自发布以来，CWA 15793 已经作为生物风险管理专业人士的标准参考。原则上，无论使用中的具体生物危险如何，任何组织、任何地方环境都可以应用基于性能的要求。该文件没有采用基于生物风险等级或实验室生物安全等级的风险管理方法，尽管该文件的要求与这些更传统的实验室生物安全和生物安保方法不冲突。相反，该文件要求组织识别危险和威胁，并进行风险评估。这种设计为组织提供了必要的灵活性，以满足要求的方式识别和实施特定的生物风险管理措施，同时也促进了比纯粹的规定性方法更大的有效性和可持续性。由于该文件并非规定性文件，各组织必须在实施风险缓解措施之前仔细表征和评价危险和相关生物风险，这是 AMP 生物风险管理模型的一个重要原则。该文件强调了组织必须落实的关键因素，以支持有效的生物风险管理系统。这些措施包括：最高管理层承诺持续改进系统，制定生物风险管理的组织政策，确定明确的角色和责任，以及建立监测生物风险管理系统的程序、纠正措施和评审。这些因素对于许多基于计划－执行－检查－处理（Deming）循环的知名管理系统标准来说是常见的（参见第 2 章和第 8 章中的更多信息），也是组织生物风险管理系统的关键要素，但有时被忽略。最后，该文件包含一个术语和定义部分，旨在帮助协调该领域术语的使用。

　　尽管截至本文撰写之日已有近 6 年的时间，但尚无组织采用 CWA 15793 比率的可量化数据。一些研究机构目前正在使用CWA 15793。例如，位于3个欧洲国家（法国、荷兰和瑞典）的5个研究机构最近报告了一个目标为在新的欧洲实验室响应网络（European Laboratory Response Network）内实施CWA 15793的项目成果（Sundqvist等，2013）。但是，尚不清楚采用该文件的组织总数以及这些组织如何使用该文件。没有基于CWA 15793的正式认证方案；因此，没有关于符合该文件要求的组织认证数量的数据。欧洲生物安全协会（EBSA）提供了最全面的CWA 15793认知和使用的全面信息。2013年，EBSA对其成员进行了一次自愿调查，以检查其成员对CWA 15793的认识和执行情况。[①] 调查数据表明，在欧洲生物风险管理界内（85%）对该文件有相当程度的认识，尽管仅有一小部分（33%）业界报告，它们的组织目前正在采用该文件的要求（European Biosafety Association，2013）。大多数调查受访者表示支持维持该文件：72%的受访者认为，在2014年之后保持CWA 15793"重要"或"非常重要"。本次调查的重点仅是一个区域和一个团体（EBSA成员），但也强调需要更深入地了解对CWA 15793所述的生物风险管理系统方法认识和采用的全球水平。

很明显，无论当前采用率如何，CWA 15793的发展和生物风险管理的管理系统方法对当代实验室生物安全和生物安保产生了重大影响。这一影响的一个主要例子是，于2014年5月世界动物卫生组织世界代表大会在2014年OIE陆生动物手册（OIE Terrestrial Manual 2014）中采用了一项以风险为基础的"兽医实验室和动物设施中管理生物风险的标准（Standard for Managing Biorisk in the Veterinary Laboratory and Animal Facilities）"（World Organisation for Animal Health，2014）。这一新标准旨在支持并可能取代OIE以前的生物安全和生物安保指南，以前的指南侧重于利用风险等级和防护等级。相反，该新标准采用了符合CWA 15793的基于风险的方法。WHO也广泛使用了CWA 15793，例如通过2012年出版的《实验室操作结核分枝杆菌的生物安全指导手册（biosafety guidance manual for laboratories handing Mycobacterium tuberculosis）》（World Health Organization，2012b）。该手册采用了基于风险的方法，该方法是基于CWA 15793的要求和WHO实验室生物安全手册中提供的技术指导。最近，WHO还建议将CWA 15793作为处理可能含有某些新兴病原体（如MERS-CoV）的人类标本的实验室的关键生物风险管理资源（World Health Organization，2013）。

从2013年开始，国际标准化组织（ISO）开始考虑采用CWA 15793作为ISO可交付成果。目前正在进行的这一过程最终可能产生生物风险管理的ISO国际标准。生物风险管理界的许多利益相关方都对这一过程感兴趣。ISO生产几种类型的可交付成果，每种都有独特的要求和特点（International Organization for

---

① 2013年，美国生物安全协会（ABSA）还针对CWA 15793对其成员进行了自愿调查。2013年10月第56届生物安全年会上公布了初步结果；但截至本文撰写时，调查结果尚未正式发布。

Standardization，2014）。将 CWA 15793 转化为 ISO 可交付成果可能会提高国际意识水平，并采用基于性能的生物风险管理系统。按照 CWA 15793 和 CWA 16393 的规定，生物风险管理的正式标准的近期前景将在很大程度上取决于采用的成本以及它们为生物科学界提供的生物安全和生物安保效益。

如果出现基于 CWA 15793 的自愿的国际标准，另一个潜在的结果是最终建立基于该标准的国际认证方案。目前，至少有一个组织（ABSA）已经建立了一个相对较新的自愿的实验室认证方案，重点是实验室生物风险管理，其部分是基于 CWA 15793（American Biological Safety Association，2013）。虽然这一特定的实验室认可计划的范围目前仅限于位于美国的高等级防护实验室，可以想象，从实施该认证计划中吸取的经验教训可以为建立一个更为全球性的实验室生物风险管理认证方案提供依据。

如果实施得当，基于国际生物风险管理标准的认证方案可以为组织提供机会，根据协调一致的合格评定过程，证明符合标准的可接受水平，从而有可能在从事生物材料工作的实验室之间开展更大程度的国际合作。如果出现认证方案，未来研究的一个领域将是调查基于国际生物风险管理标准的生物风险管理体系认证的实现与实际生物风险管理性能的可衡量改进之间的因果关系。

无论这一过程最终结果如何，基于性能的生物风险管理标准的持续发展是生物风险管理界的一个关键问题。关于目前采用 CWA 15793 和 CWA 16393 的更多信息，以及对哪些因素可能会妨碍有关组织采用这些文件的分析，将是对当前对话的宝贵贡献。

在努力建立生物风险管理标准的同时，也正在努力建立生物风险管理教育、培训和能力的通用基准。例如，2011 年发布的 CWA 16335：2011：生物安全专业能力确立了生物风险管理专业人员的专业能力和培训要求（European Committee for Standardization，2011b）。然而，迄今为止，尚无国际公认的系统来评估和比较在不同实验室工作的生物风险管理专业人员的能力。IFBA 目前正致力于建立一个国际专业认证计划，根据 CWA 16335 的部分规定认证生物风险管理专业人员的能力（International Federation of Biosafety Associations，2012）。

与此同时，生物风险管理领域的教育和培训机会也越来越多。一些学术中心和生物安全协会正在为生物风险管理界的成员提供专业发展机会。尽管最近取得了这些进展，但相对富裕国家的专业人员目前更容易获得这些新的职业发展和认证机会，他们有更多机会获得大学水平和专业水平的教育。生物风险管理领域教育和职业发展机会的相对质量也难以客观地得以评估和比较。向前推进的挑战将是进一步建立现有的由国家和国际生物安全协会提供的国际交流和合作机制，以及在拥有新兴生物实验室基础设施的国家的生物风险管理专业人员与那些技术更先进国家的同行之间建立联系和专业网络。建立这些伙伴关系需要创新的解决方案，包括基于网络的教育、培训和指导、现代交流平台（如社交网络）、联合培训、实地研究机会以及其他方法。为了在全球范围内建立专业能力，显然需要能够跨越地理、语言和文化障碍的更具有成本效益的解决方案。

生物风险管理性能——评价成熟的生物风险管理系统的组织效益

如果实施生物风险管理系统不是一项监管要求，那么各机构不仅必须能够实现，而且必须认识到切实的生物安全和生物安保效益，以便证明采用生物风险管理的 AMP 模式的资源投资是合理的。CWA 15793 提供了一个越来越多地用于衡量生物风险管理性能的框架。WHO 使用 CWA 15793 作为其 2009 年和 2012 年用于评估保藏天花病毒的两个实验室生物安全和生物安保实践的检查方案的基础（World Health Organization，2012c、2012d）是一个突出的例子。随着该领域的不断发展，需要对生物风险管理系统方法的影响进行强有力的测量，以激励对该过程的承诺。各组织必须认识到，生物风险管理的好处可能不是显而易见的，也不容易测量。从风险管理（自然状态）到风险管理（智能状态）的组织发展是一段旅程。需要理解的是，生物风险管理投资的主要回报是已经避免可能发生的事故和事件，因此很难用货币计算或量化。然而，AMP 方法为机构提供的设计定制生物风险管理系统的灵活性可能会使比较和评价各种组织生物风险管理系统的充分性和性能的工作变得复杂化，特别是当它们位于不同的国家或地区时。

生物风险管理是一种新兴的概念性方法，迄今为止很少有证据证明 AMP 模型在生物风险管理方面优于传统的、更成熟的生物安全和生物安保方法。这一点很复杂，因为在全球范围内没有任何机制来跟踪与生物安全和生物安保相关的事件和事故，如果可能的话，这些机制可以作为基于 AMP 方法的生物风险管理系统相对有效性的一个有用的高级晴雨表。例如，关于 LAIs 的公开数据通常分散在科学文献中，可能低估了全球范围内发生的真实的 LAIs 数量，这其中许多数据可能不容易被发现，没有被描述为 LAIs 或公开报告。虽然在过去 20 年中已经发表了一些 LAIs 事故率的重要研究，但缺乏全面的数据使得任何旨在比较或概括不同实验室、国家和地区的事故率的尝试都变得困难（Sewell，1995；Harding and Brandt Byers，2006；Walker and Campbell，1999）。关于生物安保事件的相关和可靠的历史信息，如生物材料盗窃，甚至更为罕见。美国最近的一项研究表明，在 2004—2010 年期间，没有发生过从受严格的美国生物安保条例约束的实验室盗窃最危险的生物材料的事件，这些生物材料即所谓的生物管制因子和毒素[①]（Henkel 等，2012）。虽然这一结果令人鼓舞，但仅适用于部分美国生物实验室，并不一定反映出全球加强实验室生物安全的趋势。这里也需要更多的数据。此外，正如本章开

---

① 生物管制因子和毒素清单可在 http://selectagents.gov/Select Agents and Toxins List.html 上找到（访问日期：2014 年 10 月 1 日）。

头所提到的，需要考虑实验室生物安保法规增加的后果，并权衡潜在的生物安保风险。例如，对试剂和生物因子的有益交换对诊断能力发展和诊断性能实验室间比较的潜在影响。

不太严重的事件，如未造成重大不利后果、但提供机会识别和解决可能导致事故的因素，其发生率也无相关数据。根据用于报告的阈值，这些低级别事件可能是更好改进的指标。但是，由于尴尬、担心对相关工作人员的负面影响或当地安全文化，即使在组织内部也可能报告不足。如第 8 章所述，其他生物风险管理性能指标，可作为可靠的事件数据的有效代表，以支持我们对生物风险管理性能的理解。然而，这些性能指标尚未在生物风险管理领域得到标准化。目前，这阻碍了使用性能指标衡量采用生物风险管理系统对其他风险控制方法的影响。

缺乏可靠的事件相关数据，因此无法在全球范围内观察到可衡量总体事件率下降，以及目前缺乏标准化、公开的生物风险管理性能指标，这引发了最终的挑战：迫切需要一种新的手段，使人们更全面地了解生物风险管理体系实施在推动组织和全球两级生物风险降低方面的绝对和相对有效性。

这种挑战并不是生物风险管理有效性评估的唯一挑战。正如引言中所讨论的，一些高风险行业的组织已采用基于性能的风险管理方法，以提高安全性能和业务连续性。安全管理系统的突出例子包括化学、核能和海上石油天然气钻井行业采用的安全管理系统（Committee on the Effectiveness of Safety and Environmental Management Systems，2012）。同时，改善工作人员职业健康和安全的管理体系方法，如国际职业健康和安全规范 BS OHSAS 18001 中的要求，变得越来越普遍。显然，生物风险管理的发展受到其他领域广泛采用类似方法的强烈影响。我们可以尝试通过查找其他更为成熟和更广泛实施的管理体系在各自行业中所产生影响的证据来预测采用生物风险管理的影响。

例如，几项研究试图评估职业健康和安全系统（如采用 BS OHSAS 18001）对工作场所健康和安全的影响。有趣的是，根据一项文献综述，尽管经过多年的研究，职业健康和安全管理体系的有效性仍然没有得到严格的证明（Robson 等，2007）。然而，综述的作者承认，如果一起考虑，先前的研究确实提供了采用这些管理系统可能对工作人员健康和安全产生积极影响的迹象。最近的一项研究得出了类似的结论，尽管该研究的作者指出，"需要额外的研究来评估安全管理系统（safety management system，SMS）实施与公司安全水平提高之间可能的因果关系"（Bottani，2009）。这些例子提供了一个警示性的教训：证明采用生物风险管理对生物风险控制的影响可能需要几年的仔细研究。

当然，生物风险管理不仅关注降低工作人员的职业健康风险，而且还关注管理设施和更广泛社区的安全和安保风险。从这个意义上讲，设计用于控制安全和安保风险的其他管理系统，包括之前提到的，其历史性能可能为生物风险管理提供经验教训。

生物风险管理界有哪些机会应对这一挑战？当然，正如前几章所讨论的，迫切需要为基于 AMP 的生物风险管理系统开发超前和滞后的安全及安保性能指标。在可能的范围内，应在整个社区进行协调和标准化这些性能指标的制定，以促进相对的、可靠的生物风险管理性能衡量。生物风险管理界可以利用现有的方法来定义目前在其他部门用于制定和标准化性能指标的指标。英国卫生与安全执行局领导了 4 级防护实验室（Atkins，2011）安全性能指标（safety performance indicators，SPIs）框架的开发，该框架基于建立核和化学工业过程安全性能指标的方法（Organization for Economic Cooperation and Development，2008）。性能指标的制定将有助于理解 AMP 生物风险管理模型如何有助于更安全和更安保的运行。如果最终制定生物风险管理的国际标准，性能指标也可能在基于标准要求的内部和外部符合性评估过程（如审计）中发挥重要作用。

作为这项工作的一部分，生物风险管理界应考虑如何随着时间推移更好地捕捉生物安全和生物安保事故率的趋势。虽然在短期内为此类事件（如 LAIs）建立国际数据库或报告机制可能是不可行的，但可以建立检验平台以检验可用于捕获这些信息的各种机制。例如，建立一个涉及一类参与实验室的自愿 LAIs 报告机制，就可能提供一种比当前机制更系统地测量和分析 LAIs 事故率数据的方法。生物风险管理界可以探索以前在相关部门采用的方法。例如，自 1991 年以来，美国弗吉尼亚大学（University of Virginia）的国际医疗人员安全中心（International Healthcare Worker Safety Center）实施了一个名为暴露预防信息网络（Exposure Prevention Information Network，EPINet）的项目。依照 EPINet 网站，参与的医疗组织自愿分享其设施内发生经皮损伤或接触血液和体液的事件（International Healthcare Worker Safety Center，2014）。类似地，可以采用自愿机制报告一系列更广泛的生物安全和生物安保事件。

最后，生物风险管理界应进行严格、科学的研究，收集和分析证据以支持或反驳一种假设，即基于 AMP 的生物风险管理系统以一种比传统的、规定性的和合规性驱动的生物安全和生物安保方法更具成本效益和可持续性的方式降低实验室人员、设施和社区的生物风险。正如对职业健康安全管理体系的研究所证明的那样，这一假设虽然完全合理和可信，但不一定简单到可以科学地证实。生物风险管理界必须小心避免将 AMP 模型有效性改进的合理性与有效性改进的证据混为一谈。深入开展科学研究以批判性地评价这一假设的重要性是不可低估的。不仅是实验室工作人员的安全和安保、设施运行和社区卫生，甚至可能是国家和国际卫生安保，都会受到影响。鉴于生物科学界面临如此多的危险，评估基于 AMP 的生物风险管理系统如何影响实验室、实验室工作人员和公众的安全和安保的其他循证方法至关重要。

结论

"生物风险管理"一词作为制定 CEN 实验室生物风险管理研讨协议——CWA 15793 的一部分，是在 2007 年左右提出的。生物风险管理所依据的 AMP 方法，包括增加风险管理措施的严格性以应对增加的风险的概念，吸引了大多数利益相关方，因为从一开始就有人担心，正式的生物安全和生物安保管理体系方法将需要大量的管理工作，而这些工作对低风险组织获得同等程度的保障不是必需的。在高危险病原体部门，有一个明确的认识，即该部门应用的管理控制缺乏结构，会导致技术标准不总是按预期执行和遵守。同时，由于不同国家的法律和监管要求不同，实验室生物安保（物理安保、库存控制、工作人员安保和信息安保）的要求也不均衡。管理系统方法承诺提供可由外部审计的管理安排，并使设施所有者能够证明与生物科学设施运行相关的风险得到了有效识别和管理。这过去是、现在也是一个非常重要的目标，朝着这个目标努力，最终在设施运行人员、实验室工作人员、监管机构和其他当局以及更广泛的公众之间建立信任。

因此，基于 AMP 的生物风险管理模型的未来是光明的。这种方法越来越被认识和接受为生物科学组织评估和控制生物风险的一种有效和适当的方法，而不管它们处理的危险或可利用的资源是什么。然而，生物风险管理界不能自满。尽管人们对这一方法给予了广泛的赞扬，但成功实施了符合 CWA 15793 所有要求的全面生物风险管理系统的组织总数仍然很小，而且似乎没有迅速增长。发展跨行业组织的风险管理成熟度是推进生物风险管理系统方法的必要条件。有足够的支持来启动 CWA 15793 向 ISO 管理体系文件的过渡，但正如本文所讨论的，有许多挑战导致了组织层面的实施缓慢。在本章中，概述了我们认为这些挑战中最重要的几个。这些挑战包括与生物风险评估、生物风险管理系统实施和生物风险管理系统性能评价有关的挑战，特别是与其他控制生物安全和生物安保风险的方法相比。

必须考虑的一个重要问题是，CWA 15793 中所述的生物风险管理方法如何与许多地区目前的正式监管方法相对应。特定地区的法律和监管框架影响设施运行人员对实验室生物风险管理系统实施相关的额外管理费用的能力和容忍度。向基于生物风险管理的监管方法过渡还需要地方政府确定他们有足够的资源来实施和监督基于风险的生物风险管理框架，因为这样的框架可能需要更高水平的资源和技术能力。虽然受生物风险管理影响最大的业界支持基于风险的方法，以获得本书各章所讨论的利益，但仍需要与更多的利益相关方沟通，以获得更广泛的支持，尤其是与作为一个利益相关方的公众沟通。

应对这些挑战将最大限度地降低未来发生涉及生物材料的事件的可能性，包括重大事件。为此，生物风险管理界必须继续完善生物风险管理从业人员的工具。

这包括更好的风险评估和沟通工具，识别和证明奖励组织实施正式生物风险管理系统方法的有形利益的手段（尤其是在生物安全和生物安保风险可能带来较小后果的危险范围的低端），以及更好地衡量和比较生物风险管理系统性能的方法。随着越来越多的组织衡量其与生物风险相关的生物风险管理性能，这些数据将可用于生成证据库，以提高组织效率和简化与风险缓解相关的成本，同时进一步降低风险。这将使生物风险管理界继续为生物科学界创造切实的利益，包括保持社会和环境安全，同时更有效地促进科学的交付。

参考文献

Advisory Committee on Dangerous Pathogens, Health and Safety Executive. 2006. *Biological Agents: The Principles, Design and Operation of Containment Level 4 Facilities*. Health and Safety Executive (UK).

American Biological Safety Association. 2013. ABSA High Containment laboratory Accreditation Program. July. http://www.absa.org/aiahclap.html (accessed May 1, 2014).

American Biological Safety Association. 2014a. Risk Group Classification for Infectious Agents. http://www.absa.org/riskgroups/index.html (accessed April 2, 2014).

American Biological Safety Association. 2014b. ANSI/ ASSE Z9.14-2014 Standard: Background Materials. http://www.absa.org/resansiasse.html (accessed July 1, 2014).

Atkins, WS. 2011. *Development of Suitable Safety Performance Indicators for Level 4 Bio- Containment Facilities: Phase 2*. Health and Safety Executive (UK).

Bottani, E., L. Monica, and G. Vignali. 2009. Safety Management Systems: Performance Differences between Adopters and Non- Adopters. *Safety Science*, 47: 155-162.

Committee on the Effectiveness of Safety and Environmental Management Systems for Outer Continental Shelf Oil and Gas Operations, *Transportation Research Board. 2012. Transportation Research Board Special Report 309: Evaluating the Effectiveness of Offshore Safety and Environmental Management Systems*. Washington, DC: National Academies Press.

Control of Substances Hazardous to Health Regulations (COSHH). 2002. United Kingdom. http://www.legislation.gov.uk/uksi/2002/2677/contents/made.

European Biosafety Association. 2013. Survey on the Awareness and Usage of Laboratory Bio risk Management CWA 15793: 2011 and Its Guidance Document CWA 16393: 2012. Brussels.

European Commission for the Control of Foot- and- Mouth Disease. 2013. Minimum Bio risk Management Standards for Laboratories Working with Foot- and-

Mouth Disease Virus. April 22-24. http://www.fao.org/fileadmin/user_upload/eufmd/40thGeneral_session_documents/40General_Session/App7_RFMD_Minimumstandard.pdf (accessed September 25, 2014).

European Committee for Standardization. 2011a. *CEN Workshop Agreement 15793: 2011: Laboratory Biorisk Management.* Brussels.

European Committee for Standardization. 2011b. *CEN Workshop Agreement 16335: 2011: Biosafety Professional Competence.* Brussels.

European Committee for Standardization. 2012. *CEN Workshop Agreement 16393: 2012: Laboratory Biorisk Management—Guidelines for the Implementation of CWA 15793: 2008.* Brussels.

Harding, A.L., and K. Brandt Byers. 2006. Epidemiology of Laboratory- Associated Infections. In *Biological Safety: Principles and Practices*. Washington, DC: ASM Press, p. 53.

Henkel, R.D., T. Miller, and R.S. Weyant. 2012. Monitoring Select Agent Theft, Loss and Release Reports in the United States—2004-2010. *Applied Biosafety*, 17(4): 171-180.

International Federation of Biosafety Associations. 2012. IFBA Certification Program.

International Healthcare Worker Safety Center, University of Virginia. 2014. EPINet. http://www.healthsystem.virginia.edu/pub/epinet/about_epinet.html (accessed January 9, 2014).

International Organization for Standardization (ISO). 2014. ISO Deliverables. http://www.iso.org/iso/home/standards_development/deliverables-all.htm (accessed April 2, 2014).

Kimman, T.G., E. Smit, and M.R. Klein. 2008. Evidence- Based Biosafety: A Review of the Principles and Effectiveness of Microbiological Containment Measures. *Clinical Microbiology Reviews*, 21(3): 403-425.

Organization for Economic Cooperation and Development. 2008. *Guidance on Developing Safety Performance Indicators Related to Chemical Accident Prevention, Preparedness and Response: Guidance for Industry*. 2nd ed. Paris.

Robson, L.S., et al. 2007. The Effectiveness of Occupational Health and Safety Management System Interventions: A Systematic Review. *Safety Science*, 45: 329-353.

Roos, R. 2014. Experts Call for Alternatives to 'Gain- of- Function' Flu Studies. May 22. http://www.cidrap.umn.edu/news-perspective/2014/05/experts-call-alternatives-gain-function-flu-studies (accessed July 3, 2014).

Sewell, D.L. 1995. Laboratory- Associated Infections and Biosafety. *Clinical Microbiology Reviews*, 8(3): 389-405.

Shoham, D. 1993. Biotic- Abiotic Mechanisms for Long Term Preservation and Re-Emergence of Influenza Type A Virus Genes. *Progress in Medical Virology*, 40: 178-192.

Sixtieth World Health Assembly. 2007. Smallpox Eradication: Destruction of *Variola Virus Stocks*. Presented at WHA 60.1, Geneva, May 18.

Steward, J.A., and M.S. Lever. 2012. Evaluation of the Operator Protection Factors Offered by Positive Pressure Air Suits against Airborne Microbiological Challenge. *Viruses*, 4: 1202-1211.

Sundqvist, B., U.A. Bengtsson, H.J. Wisselink, B.P. Peeters, B. van Rotterdam, E. Kampert, S. Bereczky, N.G. Johan Olsson, A. Szekely Björndal, S. Zini, S. Allix, and R. Knutsson. 2013. Harmonization of European Response Networks by Implementing CWA 15793: Use of a Gap Analysis and an "Insider" Exercise as Tools. *Biosecurity and Bioterrorism: Biodefense Strategy, Practice, and Science*, 11(Suppl. 1): S36-S44.

US Office of Science and Technology Policy. 2013. United States Government Policy for Institutional Oversight of Life Sciences Dual Use Research of Concern. February 22.

Wagener, S., A. Bennett, M. Ellis, M. Heisz, K. Holmes, J. Kanabrocki, J. Kozlovac, P. Olinger, N. Previsani, R. Salerno, and T. Taylor. 2008. Biological Risk Assessment in the Laboratory: Report of the Second Bio risk Management Workshop. *Applied Biosafety*, 13(3): 169-174.

Walker, D., and D. Campbell. 1999. A Survey of Infections in United Kingdom Laboratories, 1994-1995. *Journal of Clinical Pathology*, 52: 415-418.

Wertheim, J.O. 2010. The Re- Emergence of H1N1 Influenza Virus in 1977: A Cautionary Tale for Estimating Divergence Times Using Biologically Unrealistic Sampling Dates. *PLoS One*, 5(6): e11184.

Wilton Park. 2013. *Conference Report—Dual- Use Biology: How to Balance Open Science with Security*.

World Assembly of Delegates of the World Organisation for Animal Health (OIE). 2011. Resolution No. 18: Declaration of Global Eradication of Rinderpest and Implementation of Follow- Up Measures to Maintain World Freedom from Rinderpest (Adopted by World Assembly of Delegates of the OIE). May 25.

World Health Organization. 2004. *Laboratory Biosafety Manual*. 3rd ed. Geneva: World Health Organization Press.

World Health Organization. 2006. *Biorisk Management: Laboratory Biosecurity Guidance*. Geneva: World Health Organization Press.

World Health Organization. 2012a. *Guidance on Regulations for the Transport of*

Infectious Substances: 2013-2014. Geneva: World Health Organization Press.

World Health Organization. 2012b. *Report of the World Health Organization (WHO) Biosafety Inspection Team of the Variola Virus Maximum Containment Laboratories to the Centers for Disease Control and Prevention (CDC): Atlanta, Georgia, USA, 7-11 May 2012*. Geneva: World Health Organization Press.

World Health Organization. 2012c. *Report of the World Health Organization (WHO) Biosafety Inspection Team of the Variola Virus Maximum Containment Laboratories to the State Research Centre of Virology and Biotechnology ("SRC VB VECTOR"), Federal Service for Surveillance on Consumer Rights*. Geneva: World Health Organization Press.

World Health Organization. 2012d. *Tuberculosis Laboratory Biosafety Manual*. Geneva: World Health Organization Press.

World Health Organization. 2013. *Laboratory Biorisk Management for Laboratories Handling Human Specimens Suspected or Confirmed to Contain Novel Coronavirus: Interim Recommendations*. Geneva: World Health Organization Press.

World Organisation for Animal Health (OIE). 2014. Standard for Managing Bio risk in the Veterinary Laboratory and Animal Facilities. In *OIE Terrestial Manual* 2014. May.